LEÇONS ELEMENTAIRES DE MATHEMATIQUES;

OU

ELEMENS D'ALGEBRE ET DE GEOMETRIE.

A PARIS,
Chez HIPPOLYTE-LOUIS GUERIN, Libraire, ruë Saint Jacques, à S. Thomas d'Aquin.

M. DCC. XLIV.

AVERTISSEMENT.

EN écrivant ces Elémens, je ne me ſuis pas propoſé de développer, & d'expliquer en détail, les premiers principes des Mathématiques. Ce deſſein a déja été exécuté avec ſuccès, par des auteurs connus, & dont les livres ſont entre les mains de tout le monde. Mon but a été de renfermer en très-peu de paroles, le plus clairement cependant qu'il m'a été poſſible, tout ce qu'il eſt néceſſaire de ſçavoir d'Elémens des Mathématiques.

Ceux qui font profeſſion d'enſeigner les Principes de ces ſciences, conviendront ſans peine, que lorſqu'un Eleve joint à des diſpoſitions favorables, une envie marquée d'étudier plus que ſuperficiellement, il ſeroit néceſſaire de mettre entre ſes mains un livre, qui contînt en une ou deux pages, tout ce qu'on lui auroit expliqué au long dans chaque leçon; afin qu'en voyant d'un coup d'œil ce qu'il vient d'entendre, & ce qu'il a à apprendre, il ne tombe pas dans l'ennui & le découragement, que cauſe infailliblement la vûë d'une longue ſuite de raiſonnemens abſtraits & chargés de détail, dont on peut ſuivre le fil en les écoutant, & en ſe faiſant expliquer ſur le champ ce qu'on ne comprend pas d'abord, mais dont on auroit bien de la peine à entreprendre la lecture entiere. Au lieu que rien ne soulage tant l'esprit, & même la mémoire, que d'avoir seulement à relire un abrégé, dont chaque mot rappelle tous les raisonnemens & toutes les démonstrations qu'on a entendues. Par-là on acquiert l'habitude d'étudier avec attention, & d'exercer beaucoup plus son jugement que sa mémoire.

Mais si un tel Livre est sans contredit le plus utile de tous ceux qu'un Maître puisse donner à ses Eleves, il est aussi le plus difficile à bien faire. A moins que d'avoir un talent tout particulier, il est presque impossible d'être en même-tems, dans des matieres si abstraites, méthodique, concis, clair & exact.

Pour satisfaire aux devoirs de la place que j'occupe, je me suis trouvé dans la nécessité de faire sur ce plan un Essai de Leçons. Cette premiere ébauche, quoique grossiere, m'ayant confirmé dans mes idées, je me suis hâté de la retoucher, en attendant qu'une plus longue expérience me mette en état de la perfectionner davantage. Ne pouvant donc pas encore remplir mon projet tel que je l'avois conçû, je me suis proposé de faire des Elémens, à la portée de toute personne capable d'une application raisonnable, mais qui auroient besoin d'être expliqués, à ceux qui ne seroient pas encore accoutumés à étudier des matieres abstraites.

J'ai mis dans ce livre beaucoup moins de propositions, mais beaucoup plus de choses qu'on n'a coutume d'en mettre dans ceux de cette espece, quoi que pour éviter l'obscurité, j'aye été obligé d'étendre la plupart de mes démonstrations. J'ai mis en gros caractere les connoissances purement élémentaires, & absolument nécessaires, pour les distinguer de celles qui le sont un peu moins. Ainsi ceux qui voudront s'en tenir aux premiers principes des Mathématiques, pourront passer tout ce qui est en petit caractere, mais ceux qui voudront se mettre en état de lire des Livres où les choses ne sont pas traitées d'une façon élémentaire, doivent tout étudier avec soin. Il faut cependant bien remarquer, que ce qui est en petit caractere suppose une connoissance parfaite de tous les principes qui sont en gros caractere, & qu'ainsi ce n'est qu'après les avoir conçus parfaitement, qu'on doit apprendre le reste dans une seconde lecture.

J'ai inséré ici (depuis l'article 234. jusqu'à l'article 255.) la traduction d'un excellent morceau de M. s'Gravesande sur les Equations du premier & second degré. Ce fameux Professeur convaincu par une longue expérience de la nécessité de donner à ses Eleves l'abrégé seulement des leçons qu'il leur expliquoit, en a publié un à Leyde en 1727. Ce petit Livre est dans ce qu'il contient, parfaitement tel qu'on le peut souhaiter, & j'en aurois peut-être fait une traduction entiere pour mon usage, si l'Auteur y avoit mis des Elémens de Géométrie & de Trigonométrie.

TABLE DES SOMMAIRES.

SECONDE PARTIE.

LEÇONS

LEÇONS ELEMENTAIRES DE MATHEMATIQUES.

Idée générale des Mathématiques, & définitions des principaux termes.

1. ON appelle *Mathématiques* toutes les Sciences qui ont pour objet la grandeur ou la quantité. I. LEÇON.

2. Par ces mots, *quantité* ou *grandeur*; on entend tout ce qui se peut concevoir composé de parties; tout ce qui est susceptible d'augmentation & de diminution.

3. On peut concevoir la quantité ou comme composée de parties séparées les unes des autres, ou comme composée de parties unies & liées entr'elles. Par exemple, un tas de Sable, est une quantité qu'on conçoit composée de parties séparées entr'elles; un Bâton, est une grandeur qu'on conçoit composée de parties unies ou continues.

4. La Quantité composée de parties séparées, s'exprime par des Nombres, & c'est l'objet de l'*Arithmétique*.

5. La Quantité dont les parties sont continues, est ce qu'on appelle l'*Etendue*, & c'est l'objet de la *Géométrie*.

6. De sorte que l'Arithmétique & la Géometrie renferment toutes les Sciences Mathématiques; & que celles qu'on appelle par exemple l'Astronomie, la Méchanique, l'Optique,

&c. ne ſont qu'une application de l'Arithmétique & de la Géométrie à des objets particuliers, tels que les mouvemens des Aſtres, les loix du choc & de l'Equilibre, les propriétés de la Lumiere, &c. On ne peut donc poſſeder ces Sciences ſans ſçavoir l'Arithmétique & la Géométrie.

7. Les Mathématiques s'étendent ſur preſque toutes les connoiſſances humaines; elles ſervent à diſtinguer les fauſſes d'avec les vrayes; à convaincre l'eſprit des vérités déja connues, à en découvrir de nouvelles, & à porter avec une entiere certitude la perfection dans toutes les Sciences que l'homme peut acquérir par ſa raiſon ſeule.

8. Pour parvenir à cette perfection, les Mathématiciens ſe ſervent d'abord de *définitions*, c'eſt-à-dire, ils déterminent par une explication nette & préciſe la ſignification des mots, & la nature des choſes dont ils parlent; puis ils poſent des *Axiomes*, c'eſt-à-dire, des Principes ſi clairs que l'on en ſent tout d'un coup l'évidence, ſans pouvoir raiſonnablement former aucun doute ſur leur certitude; quelquefois ils y joignent des *demandes*, c'eſt-à-dire, ils demandent qu'on leur paſſe la ſuppoſition d'une choſe ſi facile, qu'on ne puiſſe la leur refuſer. Enſuite ils déduiſent de ces Principes & de ces demandes, des *Propoſitions* dont ils font voir la connexion néceſſaire avec les Axiomes, par un raiſonnement qu'ils appellent *Démonſtration*; enfin ils tirent de ces propoſitions démontrées des *Corollaires*, qui ſont des vérités qui en coulent ſi naturellement, qu'elles n'ont pas beſoin d'autre preuve.

Procéder de cette maniere en traitant une matiere, cela s'appelle *ſuivre la Méthode des Géométres.*

9. Il y a deux ſortes de Propoſitions; les unes qu'on appelle *Théorêmes*, font connoître les propriétés de la grandeur; les autres qu'on nomme *Problêmes*, propoſent la maniere de réduire en pratique les propriétés démontrées par les Theorêmes, ou d'en inventer de nouvelles.

10. Pour préparer, ou pour éclaircir une démonſtration, on ſe ſert quelquefois de *Conſtruction*, de *Lemmes*, & de *Scholies*.

11. La Conſtruction eſt un arrangement des parties qui doivent ſervir à la démonſtration d'un Théorême, ou bien c'eſt

l'ordre qu'il faut ſuivre pour réſoudre un Problême.

12. Un Lemme eſt une verité qu'on ne démontre que pour ſervir aux démonſtrations des Propoſitions ſuivantes.

13. Une Scholie eſt ſouvent une remarque ſur quelque choſe; quelquefois c'eſt une autre démonſtration de la même propoſition; quelquefois auſſi c'eſt un réſumé général d'une Théorie qu'on vient d'expliquer au long.

Principaux Axiomes.

14. I. Le Tout eſt plus grand que ſa partie.

15. II. Le Tout eſt égal à toutes ſes parties priſes enſemble.

16. III. Les Quantités qui ſont chacunes égales à une même quantité, ſont égales entr'elles.

17. IV. Des quantités égales entr'elles qui ont reçû des augmentations, ou ſouffert des diminutions égales, reſtent toujours égales.

18. V. Des quantités qui étant d'abord égales entr'elles, ont eu des augmentations, ou des diminutions inégales, ſont devenues inégales entr'elles.

19. VI. Des quantités qui étant inégales entr'elles, ont eu des augmentations ou des diminutions égales, reſtent toujours inégales.

PREMIERE PARTIE.

DE L'ARITHMETIQUE.

De la nature des Nombres, de leur formation, & de leur valeur.

20. UNE quantité exprimée par des Nombres, eſt une quantité qu'on a conçue partagée en pluſieurs Parties égales; une de ces Parties conſiderée ſeule, s'appelle l'*Unité*. Un nombre eſt donc un aſſemblage d'unités; ainſi ſi à une

unité on en ajoute une autre, leur somme formera le nombre *deux* ; si on lui en ajoute encore une autre, il se formera le nombre *trois*, & ainsi de suite.

21. Une quantité quelconque est réellement composée d'une infinité de parties égales. Mais on ne peut exprimer cette quantité par un nombre fini, à moins qu'on ne suppose toutes ces parties partagées en plusieurs tas égaux ; Un nombre qui exprime une quantité ou grandeur, exprime en combien de tas égaux on conçoit ses parties partagées, & un de ces tas, est ce qu'on appelle ici l'unité. L'unité n'est donc pas un indivisible, elle est composée elle-même de parties, & elle est nombre à leur égard. C'est-là l'origine des fractions.

22. Pour exprimer toutes sortes de nombres, on se sert de ces dix caracteres Arabes, qu'on nomme Chiffres.

Zero	0	Cinq	5
Un	1	Six	6
Deux	2	Sept	7
Trois	3	Huit	8
Quatre.	4	Neuf	9

En sorte que pour signifier *dix*, on écrit 10, ce qui exprime une dixaine; pour marquer *onze*, on écrit 11, c'est-à-dire, une dixaine avec une unité; pour marquer *douze*, on écrit 12, c'est-à-dire, une dixaine avec deux unités, &c. pour marquer *cent*, on écrit 100, c'est-à-dire, une dixaine de dixaine; pour marquer *cent-un*, on écrit 101, c'est-à-dire, une dixaine de dixaine avec une unité, &c.

23. On voit donc que les chiffres étant seuls, ne valent pas plus qu'on ne l'a exprimé dans la Table précédente; mais que quand ils sont plusieurs rangés de suite sur une même ligne, ils prennent différentes valeurs suivant le rang qu'ils occupent. On compte ces rangs de droite à gauche, & chaque chiffre vaut toujours dix fois plus que celui qui le suit immédiatement sur la droite : ou ce qui est la même chose, tout chiffre exprime des dixaines à l'égard de celui qui le suit sur la droite. Ainsi les valeurs successives des nombres suivent cet ordre. Nombre simple ou *unité*, *dixaine*, *centaine*, *mille*, *dixaine de mille*, *centaine de mille*, *million*, *dixaine de millions*, *centaine de millions*, *billions*, *dixaine de billions*, *centaine de billions*, *trillions*, &c.

24. Pour énoncer la valeur d'un nombre écrit, par exemple de 2639, il faut remarquer que le caractere 9, qui est le premier sur la droite, est un nombre simple de neuf unités; que le caractere suivant 3, marque 3 dixaines ou trente; que le suivant 6, marque 6 centaines ou six cens; qu'enfin le dernier 2, marque deux mille; ainsi en résumant ces valeurs par ordre renversé, on voit que ce nombre 2639, vaut deux mille six cens trente-neuf.

25. L'usage du caractere o est, ou de signifier absolument rien, sçavoir quand il ne suit aucun nombre, ou d'occuper une place vuide pour faire garder aux dixaines leur rang de valeur; ainsi quand pour exprimer *dix* ou *une dixaine*, on écrit 10, c'est afin que 1 soit au second rang, où il marque une dixaine. Pour exprimer deux cens sept, on écrit 207, afin qu'en mettant o entre 2 & 7, on connoisse que 2 est au rang des centaines.

26. Pour exprimer par des nombres une grandeur donnée, comme soixante-trois mille quatre cens trois: on doit remarquer que ce nombre est composé de *six* dixaines de mille, de *trois* mille, de *quatre* centaines, de *zero* de dixaines, & de *trois* unités. Il faut donc d'abord poser 6 pour les six dixaines de mille, puis à droite 3 pour les trois mille, ensuite 4 pour les centaines, zero pour les dixaines, enfin 3 pour les unités. L'expression demandée est donc 63403.

27. J'appellerai dans la suite *Nombre simple* ou seulement *unités* tout nombre qui vaut moins que 10, c'est-à-dire, depuis 1 jusqu'à 9 inclusivement; & *Nombres composés* tous ceux qui s'expriment par plusieurs chiffres; c'est-à-dire, depuis 1 jusqu'à l'infini.

Des Opérations de l'Arithmétique.

28. PUISQUE les Mathématiciens ne considerent la quantité qu'en tant qu'elle est susceptible d'augmentation ou de diminution, il suit qu'*on peut faire deux sortes d'opérations sur les nombres; l'une par laquelle on augmente une ou plus* II. LEÇON.

ſieurs quantités données, *ce qu'on appelle faire une* Addition; *l'autre par laquelle on diminue une grandeur donnée d'une certaine quantité*, *ce qu'on appelle* Souſtraction.

Des Regles de l'Addition.

29. L'Addition ſert à compoſer un tout de pluſieurs grandeurs données, & ce tout s'appelle le *Total* ou la *Somme* de ces grandeurs.

30. I°. Si les grandeurs données ſont des nombres ſimples, on n'a pas beſoin de Regle pour en avoir la ſomme; ainſi il eſt clair, & on ſçait tout d'abord, que la ſomme de 2 ajoûtés à 2, eſt 4; ce qui s'exprime ainſi pour abréger $2+2=4$ (ce ſigne $+$ ſignifiant *plus*, & ce ſigne $=$ ſignifiant *égal à*) On ſçait de même que 3, 6 & 8 ajoûtez enſemble, ſont 17 ou $3+6+8=17$, &c.

31. II°. Si les grandeurs données ſont des nombres compoſés, il faut faire par parties, ce qu'on ne peut faire tout d'un coup; parce que l'eſprit ne ſe repréſente pas auſſi diſtinctement les nombres compoſés, que ceux qui ſont ſimples. Ainſi, par exemple, ſi on demande la ſomme de ces grandeurs 432 & 363, voici la Regle qu'il faut ſuivre. *Ecrivez ces grandeurs l'une au-deſſous de l'autre, en ſorte que les unités ſoient ſous les unités, les dixaines ſous les dixaines, les centaines ſous les centaines, en colomne, &c. tirez un trait au-deſſous; & allant de droite à gauche, prenez la ſomme des unités, enſuite celle des dixaines, puis celle des centaines, &c. écrivez ces ſommes ſucceſſivement au-deſſous du trait dans les colomnes correſpondantes.* Ainſi dans la premiere colomne je dis, $2+3=5$, j'écris 5 au-deſſous; dans la ſeconde, $3+6=9$, je poſe 9; dans la troiſiéme, $4+3=7$, j'écris 7, & j'ai la ſomme cherchée 795.

$$\begin{array}{r} 432 \\ 363 \\ \hline 795 \end{array}$$

La raiſon de cette opération eſt tirée de l'axiome II. Que le tout eſt égal à toutes ſes parties priſes enſemble.

32. REMARQUE. *Lorſque la ſomme d'une des colomnes ſurpaſſe* 9, c'eſt-à-dire, *lorſqu'elle eſt compoſée de dixaines & d'unités, il faut écrire ſeulement les unités au-deſſous de la colomne, & ajouter à la colomne ſuivante un nombre égal à celui des*

dixaines. Les exemples suivans éclairciront ceci.

Qu'il faille ajoûter ensemble ces trois nombres 6078, 9198, 483, je les écris en colomne suivant la Regle, & je dis 8+8=16, +3=19; c'est-à-dire, la somme de la premiere colomne est 19, ou 1 dixaine & 9 unités, je n'écris que 9 au-dessous de la colomne des unités, & je tiendrai compte de la dixaine dans la somme de la colomne suivante. Je dis donc 1+7=8, +9=17, +8=25, par la même méthode je n'écris que 5 sous la seconde colomne, & je retiens les 2 dixaines pour la colomne suivante. Je dis donc 2+0=2, +1=3, +4=7, je pose 7; enfin je dis 6+9=15; & parce que c'est la derniere colomne, j'écris 15 tout de suite. Ainsi la somme cherchée est 15759.

6078
9198
483
15759

Voici des Additions toutes faites pour servir d'autres Exemples.

4950	101740	147	40000
5050	270	45	59697
10000	21909	312	190
	123919	56	1009
		200	9897
		760	110793

33. II. Pour connoître si on ne s'est pas trompé dans l'Addition, il faut recommencer l'opération, en prenant la somme des colomnes de bas en haut; car il est évident qu'elle doit être la même que celle qu'on aura prise de haut en bas.

34. III. S'il falloit ajoûter un nombre à lui-même plusieurs fois, comme 6, 8, 20 ou 100 fois, &c. alors on se serviroit d'une Addition abrégée, qu'on appelle *la Multiplication*: Nous en parlerons bientôt.

De la Soustraction.

35. LA Soustraction sert à diminuer une grandeur donnée d'une certaine quantité aussi donnée: elle sert à connoître combien une grandeur est plus grande ou plus petite

qu'une autre ; quel eſt l'*excès* de la plus grande ſur la plus petite, ou quelle eſt *la différence* entre les deux.

36. La Souſtraction eſt facile dans les nombres ſimples. On voit aiſément que *ſi on ôte 2 de 5, il reſte 3*, & qu'ainſi 3 eſt l'excès de 5 ſur 2, ou bien la différence qu'il y a entre 2 & 5. Cette opération s'exprime ainſi en abrégé, 5—2=3; (ce ſigne — ſignifiant *moins*, & celui-ci = ſignifiant toujours *égal à*) ; de même 9—4=5 ; & 8—7=1.

37. Voici la Regle des nombres compoſés. *Pour ſouſtraire un nombre d'un autre, il faut qu'il ſoit plus petit ; mettez donc le plus petit au-deſſous du plus grand comme dans l'Addition ; puis écrivez ſous chaque colomne ſucceſſivement les excès des unités, dixaines, centaines, &c. du nombre ſupérieur, ſur les unités, dixaines, centaines, &c. du nombre inférieur, & vous aurez l'excès total ou la différence entre ces deux nombres.*

EXEMPLE. Qu'il faille ôter 243 de 795, les ayant écrits comme on voit ici, je dis 5—3=2, je poſe 2 au-deſſous ; enſuite 9—4=5 ; j'écris 5 ; enfin 7—2=5, je poſe 5. La différence, ou le reſte cherché, eſt donc 552.

795
243
552

38. La Raiſon eſt, qu'ayant ôté de 795 autant d'unités, autant de dixaines, autant de centaines, &c. que 243 en contient, il doit reſter un nombre d'unités, de dixaines, de centaines, &c. égal à l'excès de 795 ſur 243.

39. REMARQUES. I. *Lorſque dans une colomne le chiffre inférieur ſurpaſſe le ſupérieur, il faut ajoûter une dixaine à ce ſupérieur, écrire au-deſſous l'excès du ſupérieur ainſi augmenté ſur l'inférieur, & pour compenſer cette dixaine, il faut diminuer d'une unité le chiffre ſupérieur qui ſuit à la gauche.*

EXEMPLE. Il faut ôter 38 de 64 ; les ayant écris ſuivant la Regle, je dis 4—8 ne ſe peut, mais 14—8=6 ; j'écris 6 au-deſſous dans ſa colomne, & à cauſe de la dixaine que j'ai ajoûtée à 4, au lieu de dire dans la ſeconde colomne, comme à l'ordinaire, 6—3, je dis ſeulement 5—3=2, je poſe 2, & j'ai pour différence 26.

64
38
26

Autres Exemples.	48500	50000	56078	489249
	402	30000	1003	299999
	48098	20000	55075	189250

40. II. *Pour verifier si la soustraction est bien faite, il faut ajoûter l'excès trouvé au plus petit nombre ;* car il est clair que la somme doit être égale au plus grand.

41. III. Si d'un nombre donné il en falloit retrancher un autre plusieurs fois, comme 6, 20, 100 fois, &c. pour sçavoir combien de fois le plus grand excede le plus petit, alors on se doit servir d'une soustraction abrégée, qu'on appelle *la Division.*

Des autres Opérations de l'Arithmétique.

QUOIQUE suivant l'idée qu'on a donnée de l'Arithmétique (28), elle ne consiste qu'en deux opérations ; cependant comme il y a des cas (indiqués n° 34 & 41) où ces opérations seroient trop longues, on a inventé les abrégés suivans. III. LEÇON.

De la Multiplication.

42. ON se sert de la Multiplication pour trouver la somme d'un nombre qu'il faudroit ajoûter plusieurs fois à lui-même ; ainsi si l'on vouloit sçavoir la somme de 12 répété neuf fois, il faudroit (31) faire une colonne de neuf 12, & en prendre la somme 108 ; la Multiplication fait trouver cette même somme 108 sans tant de calcul.

43. Dans cet Exemple on appelle 12 *le Multiplicande*, 9 *le Multiplicateur*, & 108 *le Produit ;* d'où il suit que *le produit est la somme du multiplicande autant de fois répété qu'il y a d'unités dans le multiplicateur :* ou, ce qui est le même : que le produit contient autant de fois le multiplicande, que le multiplicateur contient de fois l'unité.

44. Toute multiplication donne donc cette Proportion. L'unité est au multiplicande, comme le multiplicateur est au produit.

45. Si au lieu d'écrire neuf 12 en colomnes pour en prendre la somme, on écrivoit douze 9, il est clair qu'on trouveroit la même somme 108; d'où il suit que *le produit de deux nombres est le même, quelque soit celui qu'on prenne pour multiplicateur ou pour multiplicande.*

46. Il n'y a pas d'autre Regle pour la Multiplication des nombres simples, que l'évidence; ainsi il est clair que 2 multiplié par 3, a 6 pour produit; ce qui s'exprime en abrégé $2\times3=6$, (le signe $\times$ signifiant *multiplié par;*) de même $3\times4=12$, $7\times5=35$; &c. Il faut même sçavoir par mémoire le produit des nombres simples, avant que de pratiquer facilement les Regles de la Multiplication. Voici une Table du produit des nombres simples un peu grands.

3×3 = 9	4×3 = 12	5×3 = 15	6×3 = 18
3×4 = 12	4×4 = 16	5×4 = 20	6×4 = 24
3×5 = 15	4×5 = 20	5×5 = 25	6×5 = 30
3×6 = 18	4×6 = 24	5×6 = 30	6×6 = 36
3×7 = 21	4×7 = 28	5×7 = 35	6×7 = 42
3×8 = 24	4×8 = 32	5×8 = 40	6×8 = 48
3×9 = 27	4×9 = 36	5×9 = 45	6×9 = 54

7×3 = 21	8×3 = 24	9×3 = 27
7×4 = 28	8×4 = 32	9×4 = 36
7×5 = 35	8×5 = 40	9×5 = 45
7×6 = 42	8×6 = 48	9×6 = 54
7×7 = 49	8×8 = 56	9×7 = 63
7×8 = 56	8×7 = 64	9×8 = 72
7×9 = 63	8×9 = 72	9×9 = 81

47. Etant donnés deux nombres composés, comme 32 & 24, pour en avoir le produit, *il faut poser celui qu'on a choisi pour multiplicateur*, (c'est ordinairement le plus petit) *au-dessous du multiplicande*, comme dans l'Addition, ainsi je pose 24 sous 32; il faut *ensuite écrire au-dessous, en allant de droite à gauche, le produit de chaque chiffre du multiplicande par les unités du multiplicateur*, en disant, par exemple, $4\times2=8$, je pose 8, $4\times3=12$, je pose 12, après cela *il faut écrire aussi de droite à*

```
  32
  24
 ---
 128
 64
 ---
 768
```

gauche ; en commençant par la colonne des dixaines, le produit des chiffres du multiplicande par les dixaines du multiplicateur ; en disant, $2\times2=4$, je pose 4 au-dessous du multiplicateur 2; $2\times3=6$, je pose 6 à gauche. *Enfin il faut prendre la somme de ces* deux *produits*, & j'ai 768 pour produit total.

48. Pour concevoir cette opération, on peut, en la faisant, raisonner de la sorte. Le produit de 32 par 24 est évidemment égal (43) aux dixaines & aux unités de 32 répétées autant de fois qu'il y a d'unités dans 24, c'est-à-dire, répétées 4 fois, & deux dixaines de fois. Il faut donc dire d'abord, les 2 unités du multiplicande répétées 4 fois produisent 8 unités que j'écris. Ensuite les 3 dixaines du multiplicande répétées 4 fois produisent 12 dixaines; j'écris 12 à gauche de 8 afin qu'il soit au rang des dixaines. Ainsi les 3 dixaines & les 2 unités de 32 répétées 4 fois produisent 128.

Je viens maintenant aux deux dixaines du multiplicateur, & je dis, les 2 unités du multiplicande répétées 2 dixaines de fois produisent 4 dixaines. J'écris 4 dans la seconde colomne à gauche, ou, ce qui revient au même, j'écris 4 dans la colomnè de son multiplicateur, parce que 4 exprime des dixaines, & qu'ainsi il doit être dans la colomne des dixaines. Enfin je dis, les 3 dixaines du multiplicande répétées 2 dixaines de fois produisent 6 dixaines de dixaines, c'est-à-dire, 6 centaines : j'écris 6 à gauche de 4, afin qu'il se trouve dans le rang des centaines. Donc les 3 dixaines & les 2 unités du multiplicande répétées 2 dixaines de fois produisent 6 centaines & 4 dixaines. Il faut ajoûter ce produit à celui qu'on a trouvé plus haut, afin d'avoir le produit de toutes les parties du multiplicande par toutes celles du multiplicateur. Ce produit total est donc 768.

AUTRE EXEMPLE de la Multiplication des nombres un peu plus composés. On cherche le produit de 564 par 249; ayant disposé ces nombres suivant la Regle, je multiplie d'abord 564 par les 9 unités du multiplicateur, en disant, $4\times9=36$, je pose 6, & retiens 3; $6\times9=54$, mais à cause de 3 que je viens de retenir, je

```
   564
   249
  ----
  5076
 2256
1128
------
140436
```

dis 54+3=57, je pose 7 & retiens 5. 5×9=45; or 45+5 que j'ai retenus =50, je pose 50 de suite, parce qu'il n'y a plus rien à multiplier par 9.

Je viens ensuite aux 4 dixaines du multiplicateur, par lesquelles je multiplie 564, en disant, 4×4=16, je pose 6 au rang des dixaines, & retiens 1; 6×4=24, +1=25, je pose 5, & retiens 2. 5×4=20, +2=22, j'écris 22.

Enfin je multiplie 564 par les 2 centaines du multiplicateur, en disant, 4×2=8, je pose 8 au rang des centaines. 6×2=12, je pose 2, & retiens 1. 5×2=10, +1=11, je pose 11.

```
   564
   249
------
  5076
 2256
1128
------
140436
```

Je prends la somme de ces produits partiaux, & j'ai 140436 pour produit total.

49. REMARQUES. I. Lorsqu'il y a un ou plusieurs zero à la fin de l'un ou des deux nombres donnés, on abrege beaucoup l'opération, en ne multipliant que les chiffres, & mettant à la suite de leur produit autant de zero qu'il y en a au bout des nombres donnés. Par exemple, pour multiplier 406000 par 10700, on multiplie seulement 406 par 107, & on ajoûte cinq zero au produit 43442, & le produit total est 4344200000.

La raison en sera évidente à celui qui ayant fait l'opération tout au long, verra ce qu'il y a de zero inutiles.

Voici des Exemples de multiplications.

```
   466                                65464
  1002          1000000                4053
------             1000           ---------
   932       ----------              196392
466          1000000000             327320
------                             261856
466932                            ---------
                                  265325592
```

50. II. Pour reconnoître si on ne s'est pas trompé dans la multiplication, il faut changer l'ordre des nombres donnés, c'est-à-dire, du multiplicateur en faire le multiplicande, & réciproquement; car on doit toujours trouver le même produit (45).

De la Division.

51. LA Division est une Soustraction abregée, pour retrancher une grandeur d'une autre, autant de fois qu'il est possible. IV. LEÇON.

Son principal usage est de faire connoître combien de fois une quantité en contient une autre; combien de fois une quantité est plus grande qu'une autre; combien d'unités contient chacune des parties d'une quantité qu'on veut partager en un certain nombre de parties égales; ou enfin quel est le multiplicande d'un produit connu, & dont on connoît aussi le multiplicateur.

52. La quantité qu'on veut diviser, s'appelle *le Dividende*, celle par laquelle on la veut diviser, s'appelle *le Diviseur*, & le nombre qui exprime combien de fois le diviseur est contenu dans le dividende, se nomme *le Quotient.*

53. Il suit de là I°. *Que le quotient est autant de fois contenu dans le dividende, que l'unité est contenue de fois dans le diviseur.*

Et par conséquent on a toujours cette proportion, l'unité est au diviseur, comme le quotient est au dividende.

54. II° Que le diviseur répété autant de fois que le quotient a d'unités, doit être égal au dividende: ou ce qui est la même chose, *le produit du diviseur par le quotient est égal au dividende*, & qu'ainsi pour examiner si un quotient est exact, il faut le multiplier par le diviseur, & comparer le produit au dividende.

Il y a trois Cas dans la division.

55. I. Cas. *Lorsque le dividende & le diviseur sont des nombres simples*, on en connoît le quotient sans opération. Par exemple, on sçait que si on divise 8 en quatre parties égales, chacune en aura 2, ou que le quotient de 8 divisé par 4 est 2. En effet $4 \times 2 = 8$. Pour abréger on se sert de cette expression $\frac{8}{4} = 2$. On écrit le diviseur immédiatement au-dessous du dividende, & on les sépare par un trait; qui signifie *divisé par.* De même $\frac{9}{3} = 3$, puisque $3 \times 3 = 9$. Et $\frac{6}{2} = 3$, puisque $2 \times 3 = 6$.

56. *Quand on ne trouve pas un quotient exact;* comme si on

vouloit divifer 9 par 4, c'eft une marque que le divifeur n'eft pas contenu juftement un certain nombre de fois dans le dividende ; ce qui arrive très-fouvent : *alors on prend le quotient le plus approchant, on le multiplie par le divifeur, on en retranche le produit du dividende, pour avoir un refte qu'on écrit à côté du quotient, en mettant le divifeur au-deffous de ce refte dont on le fépare par un trait.* Par exemple, il faut dire, 9 contient 4 deux fois & plus, le quotient le plus proche eft donc 2, je fais $2 \times 4 = 8$. Enfuite $9 - 8 = 1$, & j'ai $\frac{9}{4} = 2\frac{1}{4}$; ce qui fignifie, que 9 divifé par 4, a 2 pour quotient, & qu'il refte encore une des unités de 9 à partager en quatre parties. De même $\frac{7}{2} = 3\frac{1}{2}$. $\frac{8}{3} = 2\frac{2}{3}$; $\frac{6}{5} = 1\frac{1}{5}$.

57. REMARQUES. I. La divifion confifte donc en trois opérations. 1°. Dans une divifion proprement dite, on cherche un quotient ; 2°. dans une multiplication, on multiplie le quotient par le divifeur, 3°. dans une fouftraction, on ôte du dividende le produit de cette multiplication.

58. II. Si on ne trouve aucun quotient, comme s'il falloit divifer 4 par 7 ; alors on fe contente d'écrire $\frac{4}{7}$ comme un refte de divifion, & cette expreffion repréfente le quotient. De même le quotient de 3 divifé par 5 eft $\frac{3}{5}$ ou $0\frac{3}{5}$.

On appelle ces fortes de quotients, ou ces reftes de divifions, *des fractions*. Nous en traiterons au long dans la fuite.

59. II. Cas. *Si le dividende eft un nombre compofé, & le divifeur un nombre fimple.* Par exemple, pour divifer 639 par 3. Il faut divifer chaque chiffre du dividende par 3, *en allant toujours de gauche à droite*, & en opérant comme on va voir. $\frac{6}{3} = 2$ je pofe 2 au quotient, enfuite $\frac{3}{3} = 1$ je pofe 1 à côté de 2, enfin $\frac{9}{3} = 3$ je pofe 3, & parce qu'il ne refte plus rien à divifer, j'ai pour quotient 213.

$$\frac{639}{3} = 213$$

La raifon en eft claire : divifer 639 par 3, c'eft divifer 6 centaines, 3 dixaines, & 9 unités par 3. Or 6 centaines étant partagées en 3 parties égales, chacune eft de 2 centaines : 3 dixaines étant partagées en 3 parties égales, chacune eft de 1 dixaine ; enfin 9 unités étant partagées en 3 parties, chacune eft de 3 unités : Donc 639 étant partagé en trois parties égales, chacune est de 2 centaines, de 1 dixaine & de 3 unités, c'est-à-dire, de 213.

60. AUTRE EXEMPLE plus composé. Il s'agit de diviser 15867 par 5. Je dis 1 ne contient pas 5, mais 15 le contiennent 3 fois, ou $\frac{15}{5}=3$, je pose 3 au quotient; ensuite $\frac{8}{5}=1\frac{3}{5}$, je pose 1 au quotient, & le reste 3 au-dessus de 8 que je ne compte plus, mais je rapporte le 3 au chiffre suivant, à l'égard duquel il vaut 3 dixaines (23): de sorte qu'il faut maintenant diviser 36 par 5, & dire $\frac{36}{5}=7\frac{1}{5}$, je pose 7 au quotient; au-dessus de 6 j'écris le reste 1, qui vaut 1 dixaine, par rapport au chiffre suivant 7. Je dis $\frac{17}{5}=3\frac{2}{5}$, je pose 3 au quotient & $\frac{2}{5}$ à côté, parce qu'il ne reste plus rien à diviser. Ainsi le quotient cherché est $3173\frac{2}{5}$.

$$\frac{\overset{3\,1}{15867}}{5}=3173\frac{2}{5}$$

Voici encore d'autres Exemples.

$$\frac{\overset{3\ \ 1}{48516}}{5}=9703\frac{1}{5} \qquad \frac{\overset{3\,2\,3}{10043}}{7}=1434\frac{5}{7} \qquad \frac{\overset{5}{24050}}{6}=4008\frac{2}{6}$$

61. III. Cas. *Si le dividende & le diviseur sont des nombres composés*. Par exemple, s'il faut diviser 147475 par 362. Je considere d'abord en combien des premiers chiffres du dividende qui sont sur la gauche (car la division se fait toujours de gauche à droite,) le diviseur peut être contenu; & parce que 362 ne peuvent être contenus dans les trois premiers chiffres 147, mais seulement dans les quatre premiers 1474, je les sépare des deux autres chiffres 75 par une virgule, j'écris 362 au-dessous de 1474, & le premier membre de la division consiste à diviser 1474 par 362. Comme cette division ne se peut faire tout d'un coup, je divise seulement les centaines de 1474 par les centaines de 362, en disant $\frac{14}{3}=4$ avec un reste: je pose seulement 4 au quotient, je multiplie le diviseur 362 par le quotient trouvé 4, & j'en

$$\frac{1474,75}{362}=407\frac{141}{362}$$

```
1448
----
 267
----
 362
   0
----
2675
----
 362
2534
----
 141
```

ôte le produit 1448 du dividende 1474, restent 26, & la premiere partie de la division est faite.

J'abaisse à côté du reste 26 le premier chiffre 7 que j'avois séparé ; & le second membre de la division consiste à diviser 267 par 362 : Je divise de même les centaines de 267 par celles de 362, en disant $\frac{2}{3}$=0 avec un reste : je pose 0 au quotient, je multiplie 362 par 0, & j'ôte le produit, qui est aussi 0, du dividende 267, restent 267 : & la seconde partie est finie.

$$\frac{1474,75}{362}=407\tfrac{141}{362}$$

1448
267
362
0
2675
362
2534
141

J'abaisse à côté de ce reste le second chiffre 5 que j'avois séparé, & le troisiéme membre de la division consiste à diviser 2675 par 362. Je dis donc $\frac{26}{3}$=8, je multiplie 362 par 8, & je trouve le produit 2896, lequel étant plus grand que le dividende 2675, me fait connoître que le quotient 8 que j'ai trouvé est trop grand. Je l'efface, & mets 7 à la place. Je multiplie 362 par 7, j'ôte le produit 2534 de 2675, restent 141 : Et parce qu'il n'y a plus de chiffres à abaisser, toute la division est faite : le quotient cherché est 407, & restent 141, que je mets à côté en fraction.

La preuve de l'exactitude de ces opérations se fait, en ajoutant en une somme les produits des multiplications, avec le reste, dans l'ordre où ils se trouvent. Dans cet exemple les produits sont 1448, 0, 2534 & le reste 141, j'efface tous les autres chiffres, excepté ceux-ci que j'ajoute ensemble, tels qu'ils sont disposés dans la figure ; & je trouve leur somme 147475 égale au dividende proposé. J'en conclus que la division est bien faite : car si cette somme ne se trouvoit pas égale au dividende, ce seroit une marque infaillible d'erreur. La raison en est, que la somme des produits de chaque chiffre du quotient par le diviseur, est égale au produit du quotient entier par le diviseur entier : & que (54) le produit du quotient par le diviseur, doit être égal au dividende.

62. REMARQUES. Il y a plusieurs Remarques a faire sur les differentes

différentes opérations de la division.

1°. La division a un membre de plus, & par conséquent il doit y avoir un chiffre de plus au quotient, qu'il ne se trouve de chiffres du dividende séparés par la virgule.

63. 2°. C'est toujours par le premier chiffre (qui est sur la gauche) du diviseur, qu'on fait la division de chaque membre. Ainsi si ce premier chiffre est suivi de deux autres, il faut négliger les deux derniers chiffres à droite du dividende de ce membre, & diviser les autres par le premier chiffre du diviseur. Si ce premier chiffre est suivi de trois, de quatre autres, &c. il faut négliger les trois, les quatre, &c. derniers chiffres à droite du dividende, & diviser ceux qui restent à gauche, par le premier chiffre du diviseur.

64. 3°. En opérant sur un membre on trouve souvent un quotient trop grand, c'est principalement lorsque le chiffre qui suit le premier chiffre du diviseur est un peu grand, comme 6, 7, 8 & 9.

65. 4°. Quand ayant abaissé un chiffre, on voit que le membre qui en résulte est plus petit que le diviseur, on peut pour abréger, mettre tout de suite 0 au quotient, & abaisser le chiffre suivant, ce qui donnera un nouveau membre.

66. 5°. Pour abréger encore, on n'écrit pas le diviseur à chaque membre, on se sert de celui qu'on a écrit sous le dividende. Mais il faut garder exactement l'ordre des colonnes des chiffres. Suivant cet abrégé la figure de l'Exemple précédent prendra cette forme.

$$\frac{1474,75}{362} = 407\tfrac{141}{362}$$

```
 1448
 ----
  267
    0
 ----
  2675
  2534
  ----
   141
```

Voici d'autres Exemples; dans le premier on se propose

de diviſer 473645 par 1002, dans le ſecond 200000 par 191, & dans le troiſiéme 790758 par 394.

$\frac{473{,}645}{1002} = 472\frac{701}{1002}$	$\frac{200{,}000}{191} = 1047\frac{23}{191}$	$\frac{790{,}758}{394} = 2007$
4008	900	788
7284	764	2758
7014	1360	2758
2705	1337	0
2004	23	
701		

67. 6°. Quand le diviſeur eſt terminé par des zero ; on abrége la diviſion en ſéparant à la fin du dividende autant de chiffres qu'il y a de zero à la fin du diviſeur ; on diviſe enſuite les autres par les chiffres ſeuls du diviſeur : on joint le reſte de la diviſion, s'il s'en trouve, à la gauche des chiffres qu'on a ſéparés, & on en fait la fraction : Par exemple, ayant à diviſer 238873 par 3600, je diviſe 2388 par 36, je trouve le quotient 66 & un reſte 12 : je dis donc que le quotient cherché eſt $66\frac{1273}{3600}$. Le quotient de 324755 diviſé par 300, eſt $1082\frac{155}{300}$. Le quotient de 843554 diviſés par 1000, eſt $843\frac{554}{1000}$.

68. 7°. Enfin quand le dividende & le diviſeur ſont terminés par des zero, on peut abſolument effacer le même nombre de zero dans l'un & dans l'autre ; & faire le reſte de la diviſion ſuivant les Regles & les Remarques précédentes. Ainſi ayant à diviſer 417000 par 2500, je diviſe ſeulement 4170 par 25, & le quotient eſt $166\frac{20}{25}$. Pour diviſer 43495000 par 2850000, je diviſe ſeulement 43495 par 2850, & j'ai $15\frac{745}{2850}$. De même le quotient de 100000 diviſés par 1700 eſt $58\frac{14}{17}$.

OBSERVATION. Lorſqu'on ſe ſera rendu familieres les opérations & les Remarques précédentes, en y faiſant attention, on s'appercevra aiſément qu'elles ſe réduiſent toutes aux opérations de l'article 59 un peu plus compliquées. L'intelligence de la derniere Remarque dépend aussi de la connoissance des fractions décimales, dont on parlera dans la suite.

Elemens d'Algébre.

L'ALGEBRE est une Arithmétique universelle, c'est la science de la grandeur en général, comme l'Arithmétique est la science des Nombres. V. LEÇON.

Définitions de quelques termes usités en Algebre.

69. UNE expression Algébrique, ou une quantité Algébrique, est une ou plusieurs grandeurs désignées par une ou plusieurs Lettres de l'Alphabeth; ce sont ordinairement des Lettres minuscules.

70. Une quantité algébrique peut être *complexe* ou *incomplexe.*

Une quantité incomplexe, est celle qui est seule, c'est-à-dire, qui n'est ni précedée ni suivie de quelqu'autre quantité jointe par le signe $+$, ou séparée par le signe $-$, ainsi, a, ab, acd, $-b$, $-adb$, $3abc$, sont des quantités incomplexes.

71. Une quantité complexe, est celle qui est composée de plusieurs quantités jointes ou séparées par ces signes $+$ ou $-$. Par exemple, $a+b$, $aa-b+cdd$, &c. sont des quantités complexes.

72. Une quantité incomplexe s'appelle un *Monome.* Une quantité complexe s'appelle un *Polynome*; elle s'appelle *Binome*, *Trinome*, *Quadrinome*, &c. suivant le nombre de ses termes.

73. On appelle *termes* les parties comprises entre les signes d'un Polynome: & on appelle *terme positif* celui qui est précédé du signe $+$, & *terme négatif* celui qui est précédé du signe $-$; ainsi la quantité $+a-b+c-dd$ est un quadrinome dont deux termes sont positifs, sçavoir, $+a$, & $+c$; & deux sont négatifs, $-b$, & $-dd$.

74. Le premier terme d'une quantité complexe, ou le terme

d'une quantité incomplexe, n'étant précédé d'aucun signe, est censé positif, ainsi $a+b$ sont deux termes positifs : c'est la même chose que $+a+b$.

75. Un chiffre qui précéde un terme quelconque, par exemple, 3 dans cette quantité $3abc$, s'appelle *le coefficient* de ce terme, & signifie que le terme abc est répété trois fois, ou multiplié par 3. La quantité $ab-3cc+2dd$ a deux coefficients, sçavoir, 3 & 2 ; $-3cc$ signifie que le second terme $-cc$ est multiplié par 3, & $+2dd$ signifie que le troisiéme terme $+dd$ est double ou multiplié par 2.

76. *Un terme qui n'est précédé d'aucun coefficient, est supposé avoir l'unité pour coefficient* ; par exemple, $aa=1aa$.

77. Les termes d'une quantité complexe formés des mêmes lettres, s'appellent *termes semblables*, de quelques coefficients & de quelques signes qu'ils soient précédés. Par exemple, la quantité $2ab+bd-2bd+bdd$ a deux termes semblables, sçavoir, $+bd$, & $-2bd$.

Des Opérations Algébriques.

Il y a cinq opérations en Algebre, sçavoir, la Réduction, l'Addition, la Soustraction, la Multiplication, & la Division.

De la Réduction.

78. La Réduction sert à arranger les termes des quantités Algébriques, & à les exprimer le plus brievement qu'il est possible, ce qu'il faut toujours faire après quelque opération.

79. I. Regle. *Il faut que les termes & les lettres de chaque terme gardent, autant qu'il est possible, l'ordre Alphabétique* ; ainsi la quantité complexe $ab+c-b+ed+db-cba$ doit être arrangée de cette sorte, $ab-abc-b+bd+c+de$.

80. II. Regle. *Quand il y a plusieurs termes semblables dans une expression, il faut les réduire à un seul terme, ou les effacer s'ils se détruisent.* Cette Regle renferme trois cas.

I. *Tous les termes ſemblables précédés du même ſigne ſe réduiſent à un ſeul précédé auſſi du même ſigne & d'un coefficient égal à la ſomme des coefficients de tous ces termes.* Ainſi au lieu de $ab+ab-cd$, on écrira $2ab-cd$. Au lieu de $aa+2ac+3ac$, on écrira $aa+5ac$; au lieu de $bb-3bc-bc+bd$, on écrira $bb-4bc+bd$.

81. II. *Quand des termes ſemblables ſont précédés de différens ſignes, alors il faut ſouſtraire le plus petit coefficient du plus grand, & écrire la différence avec le même ſigne du plus grand coefficient.* Par exemple, la quantité $3ab+2abb-ab$ ſe réduit à $2ab+2abb$. La quantité $7bb-3bb+8bb-18bb$ ſe réduit à $-6bb$. La quantité $ab+4ad-add+2ad+3add-4ad$ ſe réduit à celle-ci, $ab+2ad+2add$; de même on réduira la quantité $bd-2bd+bdd-3bdd$ à celle-ci $-bd-2bdd$.

82. III. *Quand des termes ſemblables précédés de ſignes contraires, ont des coefficients égaux, on efface entierement ces termes;* ainſi la quantité $aa+2ab-2ab+bb$, ſe réduit à celle-ci $aa+bb$. De même $bd-bdf+2bd+2bdf-3bd$ devient ſeulement bdf.

De l'Addition.

83. **P**OUR ajouter les quantités Algébriques, on les écrit toutes de ſuite avec leurs mêmes ſignes, & on fait enſuite les réductions néceſſaires. VI. LEÇON.

Ainſi pour ajouter ab à bc, on écrit $ab+bc$.

La ſomme de $ab+c$ & de $b-c$, eſt $ab+c+b-c$, & en réduiſant (82) $ab+b$.

La ſomme de $-b$ & de a, eſt $a-b$.

Pour ajouter $ab-ad+3bd$ à $ad-bd$, & à $ab-ad+dd$, on écrit $ab-ad+3bd+ad-bd+ab-ad+dd$, ce qui ſe réduit à $2ab-ad+2bd+dd$.

De la Soustraction.

84. *La Soustraction se fait en écrivant à la suite de la quantité donnée, celle qu'on veut soustraire, après en avoir changé les signes* $+$ *en* $-$, *& les signes* $-$ *en* $+$.

Par exemple, pour ôter b de a, écrivez $a-b$.

La différence entre $a+c$, & $b-c$, est $a+c-b+c$, & en réduisant (80) $a-b+2c$.

Pour ôter $ab-bc+dd$ de $ab+abb-dd$, il faut écrire $ab+abb-dd-ab+bc-dd$, & en réduisant, la différence est $abb+bc-2dd$.

85. C'est par une compensation nécessaire, qu'on change $-$ en $+$ dans la quantité qu'on soustrait. Quand pour retrancher $b-d$ de a, on écrit d'abord $a-b$, on retranche trop; car b n'est pas une quantité entiere, mais diminuée de la quantité d, on ôte trop de toute la quantité d; afin donc que la soustraction soit exacte, il faut ajoûter à la différence ce qu'on en a ôté de trop; c'est-à-dire, que à $a-b$ il faut ajoûter d, & écrire $a-b+d$.

On peut se convaincre plus aisément de cette verité dans les nombres : Si je veux retrancher $5-3$ de 6, suivant cette Regle je dois écrire $6-5+3$, & en réduisant, la différence est 4, ce qui est évident; car si j'écrivois $6-5-3$, je retrancherois 8 de 6, ce qui n'est pas ce qu'on se propose de faire; car $5-3$ étant $=2$, il ne faut retrancher de 6 que 2.

De la Multiplication.

86. Pour multiplier en général deux termes Algébriques, il faut opérer sur trois choses, sur les signes, sur les coefficients, & sur les lettres.

1°. *La regle des signes est que* $+\times+=+$, $+\times-=-$, $-\times+=-$, & $-\times-=+$. En general *le produit des mêmes signes est positif, le produit des signes différens est négatif.*

2°. *Si chaque terme a un coefficient, il faut les multiplier l'un par l'autre, & mettre leur produit après le signe trouvé par la Regle précédente: Et s'il n'y a qu'un terme qui ait un coefficient, il faut l'écrire après le signe.*

3°. *Il faut écrire toutes les lettres des deux termes, suivant leur ordre alphabétique, sans mettre de signes entr'elles.*

EXEMPLES. Pour multiplier $4ad$ par $-3bd$, je dis $+\times-=-$, $4\times3=12$, $ad\times bd=abdd$: Donc le produit est $-12abdd$.

Pour multiplier $-bc$ par $-3bd$; je dis $-\times-=+$, il n'y a qu'un coefficient 3, $bc\times bd=bbcd$; ainsi le produit est $+3bbcd$, ou seulement $3bbcd$.

On trouvera de même que ......

Le produit de a par b est ab.

Celui de $-bc$ par $3bd$ est $-3bbcd$.

Celui de $3aac$ par $-2bc$ est $-6aabcc$.

87. REMARQUE. Un produit de la multiplication d'une lettre par elle-même, par exemple, le produit de a par a, au lieu de s'écrire aa, se réduit à une expression plus simple, a^2; le produit aab par $-aabb$, qui est $-aaaabbb$, s'écrit $-a^4b^3$, le produit de $3aabb$ par $2abd$, s'écrit $6a^3b^3d$.

Le chiffre qu'on met ainsi au-dessus s'appelle l'*Exposant*, & il fait connoître combien de fois la lettre qui est au-dessous & qui le précede, est multipliée par elle-même.

La différence qu'il y a entre $4a$, par exemple, & a^4, est que $4a=a+a+a+a$, & que $a^4=a\times a\times a\times a$.

88. Il suit de là, que *si on a à multiplier des mêmes lettres, qui ayent des exposans*; par exemple, a^3 par a^4, *il faut ajoûter les exposans, & écrire une seule lettre*; ainsi il faut écrire a^7; car $a^3=aaa$, & $a^4=aaaa$; par conséquent $a^3\times a^4=aaaaaaa$, c'est-à-dire, (87.) a^7; de même $3a^4\times-5aa=-15a^6$, $ab\times3a^2b^3=3a^3b^4$, $-a^3b\times-3a^7b=3a^{10}b^2$, & $4a^3b^5\times-7a^2b^3cd^4=-28a^5b^8cd^4$.

89. *La multiplication des Polynomes se fait*, comme dans l'Arithmétique ordinaire, *en faisant des produits partiaux de chaque terme*, suivant les regles prescrites ci-dessus (47), *& en prenant la somme de ces produits, pour le produit total.* Toute la différence qu'il y a entre la Multiplication des nombres & celle des Polynomes, c'est que dans celle-ci il n'est pas nécessaire de suivre l'ordre des termes, il suffit qu'on ait la somme des produits de chaque terme du multi-

plicande par chaque terme du multiplicateur.

Par Exemple, pour multiplier $a+2b$ par $3ac$, je multiplie d'abord a par $3ac$; le produit eſt $3aac$; enſuite je multiplie $+2b$ par $3ac$, le produit eſt $6abc$; j'ajoûte ces deux produits, & j'ai le produit total $=3aac+6abc$.

Pour multiplier $a+3c-d$ par $2a-d$, je diſpoſe ces termes comme dans l'Arithmétique (47.) je multiplie d'abord a par $2a$, le produit eſt $2aa$, enſuite $+3c$ par $2a$, le produit eſt $+6ac$; puis $-d$ par $2a$, le produit eſt $-2ad$. Je paſſe au ſecond terme du multiplicateur, & je multiplie a par $-d$, le produit en eſt $-ad$; je multiplie $+3c$ par $-d$, le produit eſt $-3cd$; enfin je multiplie $-d$ par $-d$, le produit eſt $+dd$; j'ajoûte tous ces produits enſemble, & ayant fait la réduction, j'ai le produit total $=2aa+6ac-3ad-3cd+dd$.

$$\begin{array}{r} a+3c-d \\ 2a-d \\ \hline 2aa+6ac-2ad \\ -ad-3cd+dd \\ \hline \text{Red. } 2aa+6ac-3ad-3cd+dd \end{array}$$

Autres Exemples.

$$\begin{array}{r} a^3-3ab^4+bb \\ aabb-b^3 \\ \hline a^5bb-3a^3b^6+aab^4 \\ -a^3b^3+3ab^7-b^5 \end{array} \qquad \begin{array}{r} 2a-2b \\ 2a+2b \\ \hline 4aa-4ab \\ +4ab-4bb \\ \hline 4aa-4bb \end{array}$$

$$\begin{array}{r} aa+2ac-bc \\ a-b \\ \hline a^3+2aac-abc \\ -aab-2abc+bbc \\ \hline a^3-aab+2aac-3abc+bbc \end{array}$$

30. REMARQUES. I. Il arrive ſouvent que pour éviter la confuſion des lettres dans la multiplication des termes complexes, on ſe contente d'écrire le ſigne × entre le multiplicande & le multiplicateur, qu'on couvre chacun d'un trait. Par exemple, pour exprimer le produit de $a+3c-dd$

par $bb-6dd$, on écrit $\overline{a+3c-dd}\times\overline{bb-6dd}$. D'autres les écrivent sans les joindre par le signe ×, mais renfermés entre deux paranthèses, de cette sorte $(a+3c-dd)$ $(bb-6dd.)$ D'autres enfin se servent d'autres expressions qu'on apprendra par l'usage.

91. II. *Démonstration de la Regle des signes*. Il faut donc démontrer pourquoi $+\times-=-$, & pourquoi $-\times-=+$.

1°. Quand pour multiplier a par $b-c$, on écrit d'abord le produit de a par b qui est ab, il est clair que ce produit est trop grand; car b, n'est pas une quantité entiere, mais elle est diminuée de la quantité c. Donc la quantité c entre autant de fois de trop dans le produit ab, que la quantité b y entre de fois. Or a exprime combien de fois b entre dans le produit ab, donc il en faut retrancher c autant de fois que a contient d'unités; ou ce qui est le même, il en faut retrancher $c\times a$ ou ac. Donc le produit de a par $b-c$ est $ab-ac$.

Par les nombres. Quand pour multiplier 5 par $6-4$, on multiplie d'abord 5 par 6, le produit 30 est trop grand; car $6-4$ ne vaut que 2, & il est trop grand, parce qu'on y a fait entrer 5 fois le nombre 4 qui est retranché de 6; pour avoir un produit juste, il faut donc de 30 ôter 5 fois 4, c'est-à-dire 20, & le reste 10 est le vrai produit; donc pour écrire le produit de 5 par $6-4$, il faut mettre $30-20$.

2°. Quand on multiplie $a-b$ par $c-d$, il est constant que le premier produit de cette multiplication, sçavoir $ac-bc$, est trop grand, parce que c est diminué de la quantité d; il faut donc de ce produit $ac-bc$, ôter autant de fois d, que c y entre de fois: or $a-b$ marque combien de fois c est entré dans le produit $ac-bc$; donc il faut en ôter d multiplié par $a-b$; c'est-à-dire, il faut ôter $ad-bd$ de $ac-bc$: or (84) pour ôter $ad-bd$ de $ac-bc$, il faut écrire $ac-bc-ad+bd$; donc dans la multiplication de $a-b$ par $c-d$, le produit de $-b$ par $-d$, doit être $+bd$.

Si à la place de a, b, c, d, on met des nombres, comme 6, 4, 7, 3, on fera la même démonstration sur ces nombres: mais on peut remarquer en passant l'avantage de l'Algebre sur l'Arithmétique ordinaire, qui consiste en ce que ses démonstrations sont générales. Ainsi a, b, c, d, représentent toutes sortes de quantités possibles ; au lieu que dans l'Arithmétique, la démonstration ne paroît tomber que sur les nombres particuliers qu'on y employe.

De la Division.

92. *La division algébrique se fait en général, en mettant le diviseur au-dessous du dividende, & les séparant par une ligne.*

Ainsi l'expression $\frac{a}{b}$ représente le quotient de a divisé par b.

De même l'expression $\frac{a-bb+cc}{3ac+dd}$ représente le quotient de $a-bb+cc$, divisé par $3ac+dd$.

93. *Lorsque deux monomes qu'on divise ont des coefficients tels que le plus grand puisse être divisé sans reste par le plus petit, on efface le plus petit coefficient, & on écrit leur quotient à la place du plus grand coefficient.* Ainsi pour diviser $15cd$ par $3bb$, on met $\frac{5cd}{bb}$. Pour diviser $2cd$ par $8ab$, on met $\frac{cd}{4ab}$. Mais pour diviser $7ab$ par $3eg$, on écrit $\frac{7ab}{3eg}$.

94. La Division algébrique a encore d'autres réductions. Car 1°. *quand le diviseur est précisément le même que le dividende, le quotient est* 1. Ainsi $\frac{3abc}{3abc}$ se réduit à 1; de même $-4bd$ divisé par $4bd$ se réduit à -1. Car (54) le quotient multiplié par le diviseur est égal au dividende : or $-1 \times 4bd = -4bd$.

2°. *Quand il y a une même lettre dans tous les termes du dividende & dans tous ceux du diviseur, on l'efface par-tout.* Ainsi $\frac{aab}{ac}$ se réduit à $\frac{ab}{c}$. De même $\frac{ab}{b} = a$, $\frac{-12abd}{3a} = -4bd$, $\frac{6a^5bc^4}{2a^3bb} = \frac{3aac^4}{b}$, $\frac{a^3bbd}{abd} = aab$, $\frac{aa-2ab}{ac+ad} = \frac{a-2b}{c+d}$, &c.

95. Remarques. Pour ne se pas tromper dans ces sortes de réductions, il faut mettre 1 à la place des mêmes lettres, qui se trouvent dans tous les termes du dividende & du diviseur, & $\times$ 1 si ces lettres sont précédées de quelque coefficient

ou même de quelque autre lettre. Ainsi ayant cette expression $\frac{axx+aab^3}{aa-aab}$, où a se trouve dans chaque terme, il faut la réduire à celle-ci $\frac{1xx+1ab^3}{1a-1ab}$, qui est évidemment (76) la même chose que $\frac{xx+ab^3}{a-ab}$. Cette expression $\frac{4a^2xx+3a^3bbx}{aax-aabx}$ se réduira d'abord, pour les a, à celle-ci $\frac{4\times 1^2xx+3\times 1^2abbx}{1^2x-1^2bx}$, qui devient $\frac{4xx+3abbx}{x-bx}$; ensuite à cause des x, $\frac{4\times 1x+3abb\times 1}{1-b\times 1}$ qui se réduit enfin à $\frac{4x+3abb}{1-b}$.

Cette expression $\frac{3xx}{3axx+3bbxx}$ deviendra $\frac{1}{a+bb}$

Celle-ci $\frac{ax-2abx}{ax+axx}$ deviendra $\frac{1-2b}{1+x}$

Celle-ci $\frac{4abxx-2ab}{2aabb+4abb}$ deviendra $\frac{2xx-1}{ab+2b}$

96. Une expression ainsi réduite s'appelle le vrai quotient de la division : or en multipliant un tel quotient par le diviseur de l'expression non réduite, on trouvera un produit égal au dividende de cette même expression ; ce qui fait voir (54) la justesse de ces réductions.

Mais pour en concevoir la raison, il faut se rappeller que toute expression d'une division représente une raison géométrique, le dividende en est l'antécedent, & le diviseur est le conséquent. Une même lettre qui se trouve dans tous les termes d'une division est donc une lettre qui multiplie les deux termes d'une raison géométrique. Mais les deux termes d'une raison géométrique étant divisés par une même quantité, forment encore une raison qui a la même valeur. On peut donc diviser tous les termes d'une division par la lettre qui les multiplie. Or une lettre divisée par elle-même vaut 1, on peut donc mettre 1 à la place d'une lettre qui se trouve dans tous les termes d'une division, sans en changer la valeur, puisque c'est diviser, par exemple, a par a que d'écrire 1 à sa place.

97. *On divise aussi les Polynomes comme dans l'Arithmétique ordinaire ; en y observant la Regle des Signes comme dans la Multiplication* ; c'est-à-dire, que $\frac{+}{-}=-$, & que $\frac{-}{-}=+$.

Par exemple, qu'il faille diviser $aa+ab+ac+bc$ par $a+c$; j'arrange le tout à l'ordinaire, & d'abord je dis, aa, premier terme du dividende, divisé par a, premier terme du diviseur, a pour quotient a; car (94) $\frac{aa}{a}=a$ je pose a au quotient : je multiplie le diviseur $a+c$ par le quotient trouvé a, & je retranche du dividende le produit $aa+ac$, la réduction étant faite, restent $ab+bc$; je dis donc $\frac{+}{+}=+$, ensuite $\frac{ab}{a}=b$, je pose $+b$ au quotient, je multiplie le diviseur par $+b$, & j'ôte le produit $ab+bc$ du reste; la réduction faite, il ne reste plus rien, ce qui marque que le quotient cherché est $a+b$.

$$\frac{aa+ab+ac+bc}{a+c}=a+b$$

$$\begin{array}{ll} & aa+ac \\ \hline \text{rest.} & ab+bc \\ \hline & ab+bc \\ \hline \text{reste} & 0 \end{array}$$

AUTRE EXEMPLE. Qu'il faille diviser $4aa+ad-4bb$ par $2a+2b$, ayant disposé les termes, je dis $\frac{4aa}{2a}=2a$, je pose $2a$ au quotient; je multiplie $2a$ par le diviseur $2a+2b$, & j'ôte le produit $4aa+4ab$ du dividende, en écrivant à part $4aa+ad-4bb-4aa-4ab$, & réduisant, il me reste $ad-4ab-4bb$. Je cherche dans ces termes celui qui étant divisé par $2a$, puisse se réduire sans fractions, & je trouve que c'est $-4ab$; je dis donc $\frac{-}{+}=-$, ensuite $\frac{4ab}{2a}=2b$, je pose $-2b$ au quotient, & ayant multiplié le diviseur $2a+2b$ par $-2b$, j'en ôte le produit $-4ab-4bb$ du reste trouvé, en écrivant à part $-4ab+ad-4bb+4ab+4bb$, & réduisant, il me reste seulement le terme $+ad$, lequel n'étant pas divisible par $2a+2b$, doit être mis en

$$\frac{4aa+ad-4bb}{2a+2b}=2a-2b+\frac{ad}{2a+2b}$$

$$\begin{array}{ll} & 4aa+4ab \\ \hline \text{restent} & ad-4ab-4bb \\ \text{ou bien} & -4ab+ad-4bb \\ \hline & 2a+2b \\ & -4ab-4bb \\ \hline & +ad \end{array}$$

fraction à côté du quotient, qui sera par conséquent $2a - 2b + \frac{ad}{2a+2b}$.

Des Fractions.

NOus traiterons d'abord des Fractions en général, tant des Algébriques que des Arithmétiques; ensuite nous traiterons en particulier des Fractions Arithmétiques, qui sont en usage dans le Commerce & dans les Mathématiques. VII. LEÇON.

De la nature des Fractions en général, de leurs valeurs & de leurs comparaisons.

98. ON a vû (58) que les Fractions sont des quantités divisées par de plus grandes, ce sont des restes de divisions, ce sont des grandeurs qu'il faut partager en plus de parties qu'elles n'en sont supposées avoir.

Pour se former une idée claire des Fractions, il faut se rappeller que tout nombre exprime combien une quantité contient de parties égales, dont chacune est appellée une unité; or comme il est de l'essence de la quantité d'être susceptible de diminution comme d'augmentation, il n'y a pas d'unité, c'est-à-dire, il n'y a pas de partie déterminée de la quantité, qui ne soit composée d'autres parties plus petites. Quand donc on a déterminé une des parties égales d'une quantité pour en faire l'unité, chacune des parties qui composent cette unité, en est ce qu'on appelle la Fraction.

Par Exemple, le nombre de 100 pieds est composé d'une certaine quantité déterminée, dont on a appellé la longueur un pied, & qui est répétée cent fois: Le pied est donc l'unité par rapport au nombre 100; mais comme le pied se divise en 12 pouces, chaque pouce est une douziéme partie du pied; de sorte qu'en mesurant un espace, on ne le trouvera peut-être pas de 100 pieds justes, mais peut-être y aura-t-il un pouce ou deux de plus ou de moins, en ce cas ce pouce ou ces deux pouces ſont les fractions d'un pied, & on les exprime ainſi $\frac{1}{12}$, $\frac{2}{12}$, &c. c'eſt-à-dire, une des douze parties du pied, deux des douze parties du pied, &c.

99. Donc en général, l'unité étant diviſée en un certain nombre de parties égales, une fraction exprime combien on a pris de ces parties; ainſi la fraction $\frac{1}{3}$ ſignifie que l'unité étant diviſée en trois parties égales, on en a pris une: $\frac{4}{5}$ exprime que l'unité étant diviſée en cinq parties égales, on en a pris 4; en général $\frac{a}{b}$ ſignifie que l'unité a été diviſée en autant de parties égales que le nombre b en repréſente, & que l'on a pris autant de ces parties que le nombre a en repréſente.

100. Le terme ſupérieur s'appelle *le numerateur* de la fraction, & l'inférieur s'appelle *le dénominateur*, ainſi dans la fraction $\frac{a}{b}$, le numérateur eſt a, & le dénominateur eſt b.

101. Une fraction proprement dite eſt donc une quantité moindre que l'unité, parce que ſon numérateur doit être plus petit que ſon dénominateur. Cependant il arrive ſouvent qu'on conſidére des expreſſions en forme de fractions, dont le numérateur eſt égal, ou même plus grand que le dénominateur. Or quand le numérateur eſt égal au dénominateur, la fraction eſt égale à l'unité; car $\frac{a}{a}$ ſignifiant a diviſé par a, ou combien de fois a contient a, il eſt clair qu'il le contient exactement une fois, ainſi $\frac{a}{a}=1$. Et quand le numérateur ſurpaſſe le dénominateur, la valeur de la fraction ſurpaſſe l'unité, ainſi $\frac{3a}{a}=3$ (94.)

102. *On ne peut comparer immédiatement les valeurs de deux fractions, à moins qu'elles n'ayent un même numérateur, ou un même dénominateur:* 1°. ſi elles ont un même numérateur, celle qui a un dénominateur plus petit eſt la plus grande, ou approche le plus de l'unité; au contraire, celle qui a un dénominateur plus grand, eſt la plus petite; ainſi il eſt clair que la fraction $\frac{3}{4}$ eſt plus grande que la fraction $\frac{3}{5}$; la fraction $\frac{1}{3}$ eſt plus grande que $\frac{1}{4}$, &c.

103. 2°. Si deux fractions ont le même dénominateur, alors leur valeur est d'autant plus grande que leur numérateur est plus grand; & au contraire, elles valent d'autant moins que leur numérateur est plus petit; de sorte qu'elles sont égales quand leur numérateur est égal. Ainsi $\frac{1}{3}$ est plus petit que $\frac{2}{3}$; $\frac{3}{4}$ est plus grand que $\frac{1}{4}$, & la fraction $\frac{1155}{4891}$ est plus petite que $\frac{1158}{4891}$; de même $\frac{112}{491} = \frac{112}{491}$.

104. Donc les valeurs des fractions qui ont un même numérateur, sont entr'elles réciproquement comme les dénominateurs; & celles des fractions qui ont un même dénominateur, sont entr'elles directement comme leurs numérateurs.

105. *La valeur d'une fraction ne change pas, soit qu'on multiplie, soit qu'on divise ses deux termes par une même quantité.* Car il est évident que celui qui a $\frac{1}{2}$, a autant que celui a $\frac{2}{4}$, ou que celui qui a $\frac{3}{6}$ ou $\frac{4}{8}$, &c. Or $\frac{2}{4} = \frac{1\times2}{2\times2}$, $\frac{3}{6} = \frac{1\times3}{2\times3}$, $\frac{4}{8} = \frac{1\times4}{2\times4}$, &c. De même celui qui a $\frac{4}{8}$ n'a pas plus que celui qui a $\frac{3}{6}$ ou $\frac{2}{4}$ ou $\frac{1}{2}$, &c. Si donc on divise les deux termes de la fraction $\frac{4}{8}$ par 2 ou par 3 ou par 4, on a des fractions de même valeur que $\frac{4}{8}$. On trouvera une démonstration générale de cette propriété, dans l'article des raisons & proportions Géométriques.

106. Il suit de-là qu'*il y a une infinité de fractions de même valeur, quoique exprimées en termes différens.*

Des opérations Arithmétiques, qu'on peut faire sur les Fractions.

LEs opérations Arithmétiques sur les Fractions sont de deux espéces; les unes s'appellent *Réductions*, les autres sont les quatre Regles ordinaires. VIII. LEÇON.

Des réductions des Fractions.

107. LEs réductions des Fractions sont différentes transformations qu'on leur fait subir, sans changer leur valeur, pour en rendre les opérations & les comparaisons plus commodes.

I. *Pour réduire les entiers en Fractions.*

108. 1°. On peut réduire en général tout nombre en fraction en lui mettant 1 pour dénominateur ; ainsi $6 = \frac{6}{1}$, $ab = \frac{ab}{1}$, &c.

109. 2°. Pour réduire un nombre entier en une fraction qui ait un dénominateur à volonté, on multiplie ce nombre entier par le dénominateur qu'on a choisi, le produit est le numérateur de la fraction ; ainsi pour réduire 6 à une fraction dont le dénominateur soit 7, on a $\frac{42}{7}$: car chaque unité de 6 vaut $\frac{7}{7}$, & par conséquent 6 est égal à $\frac{7}{7}$ répétés autant de fois qu'il y a d'unités dans 6 ; c'est-à-dire à $\frac{7}{7} + \frac{7}{7} + \frac{7}{7} + \frac{7}{7} + \frac{7}{7} + \frac{7}{7} = \frac{42}{7}$: de même a se réduit à une fraction dont le dénominateur est d, en écrivant $\frac{ad}{d}$.

110. 3°. Pour réduire en une fraction seule, un nombre entier joint à une fraction, il faut multiplier le nombre entier par le dénominateur de la fraction, en ajouter le numérateur à ce produit, & de la somme faire le numérateur de la fraction cherchée ; ainsi $6\frac{3}{4}$ se réduit à la fraction $\frac{27}{4}$, $3\frac{1}{2}$ se réduit à $\frac{7}{2}$, $a + \frac{b}{x}$ devient $\frac{ax+b}{x}$.

II. *Pour réduire plusieurs Fractions au même dénominateur.*

111. Multipliez le numérateur & le dénominateur de chaque fraction par chacun des dénominateurs de toutes les autres fractions.

Par Exemple, pour réduire $\frac{1}{2}$ & $\frac{3}{4}$ au même dénominateur, je multiplie les deux termes de $\frac{1}{2}$ par 4, & j'ai $\frac{4}{8}$, je multiplie ensuite les deux termes de $\frac{3}{4}$ par 2, & j'ai $\frac{6}{8}$: les deux fractions réduites sont donc $\frac{4}{8}$ & $\frac{6}{8}$.

Pour réduire les fractions $\frac{2}{3}$, $\frac{5}{7}$, $\frac{3}{4}$ au même dénominateur, je multiplie les deux termes de $\frac{2}{3}$ par 7, puis par 4, & j'ai $\frac{2 \times 7 \times 4}{3 \times 7 \times 4} = \frac{56}{84}$. Je multiplie de même $\frac{5}{7}$ par 3, puis par 4, & j'ai $\frac{5 \times 3 \times 4}{7 \times 3 \times 4} = \frac{60}{84}$. Je multiplie enfin $\frac{3}{4}$ par 3, puis par 7, & j'ai $\frac{3 \times 3 \times 7}{4 \times 3 \times 7} = \frac{63}{84}$; & les trois fractions réduites sont $\frac{56}{84}$, $\frac{60}{84}$, $\frac{63}{84}$ qui sont

sont égales aux trois proposées (105) puisque chacun de leurs deux termes a été multiplié par les mêmes quantités.

112. On pourroit réduire par la même méthode tant de fractions qu'on voudra au même Numérateur, en multipliant les deux termes de chacune par chaque Numérateur des autres. Ainsi les trois fractions $\frac{2}{3}$, $\frac{5}{7}$, $\frac{3}{4}$, se réduisent à celles-ci, $\frac{30}{45}$, $\frac{30}{42}$, $\frac{30}{40}$.

113. III. *Pour réduire une fraction donnée à un Numerateur, ou à un Dénominateur quelconque.*

Puisque des fractions sont des rapports géométriques, on peut quelquefois changer une fraction donnée, en une autre dont le Numérateur ou le Dénominateur soit donné, & cela par une simple regle de trois. Par exemple la fraction $\frac{3}{5}$ se peut réduire à une fraction dont le Dénominateur soit 20, en disant, si 5 ont 3 pour numérateur, qu'auront 20 pour numérateur? on trouvera 12. Donc $\frac{3}{5}=\frac{12}{20}$. De même on peut réduire cette fraction en une autre qui ait, par exemple, 18 pour numérateur, en disant, si 3 ont 5 pour dénominateur, qu'auront 18? on trouve 25: Donc $\frac{3}{5}=\frac{18}{25}$. Cette réduction n'est possible que quand le nombre donné est un multiple de son homologue dans la fraction donnée.

C'est par ces sortes de réductions qu'on évalue les fractions, par exemple, celles des livres en sols, ou en parties vingtiémes; celles des sols en deniers ou en douziémes, &c.

114. IV. *Pour réduire les fractions aux expressions les plus simples.*

1°. Si le numérateur d'une fraction est plus grand que son dénominateur, on la réduit à une expression plus simple, en divisant le numérateur par le dénominateur: ainsi $\frac{12}{4}$ se réduit à 3, ou $\frac{12}{4}=3$; $\frac{8}{3}$ se réduit à $2\frac{2}{3}$, $\frac{3abx}{pax}$ se réduit à $\frac{b}{3}$ ou à $\frac{1}{3}b$.

115. 2°. Si le numérateur & le dénominateur peuvent être divisés tous deux sans reste par un même nombre, l'expression devient plus simple sans changer de valeur (103). Elle devient d'autant plus simple, que ses deux termes sont divisés par un plus grand nombre.

Cette réduction se fait aisément par la connoissance de certaines propriétés des nombres.

1°. *Tout nombre pair est divisible par* 2: Donc tant que les termes d'une fraction seront des nombres pairs, ils pourront toujours être réduits à leur moitié. Par Exemple la fraction $\frac{128}{432}$ se réduit à $\frac{8}{27}$ en divisant toujours par 2, & faisant $\frac{128}{432}=\frac{64}{216}=\frac{32}{108}=\frac{16}{54}=\frac{8}{27}$.

2°. *Tout nombre terminé par 0 est divisible par 5 & par 10.* Ainsi la fraction $\frac{20}{30}$ se réduit à $\frac{2}{3}$.

3°. *Tout nombre terminé par 5 est divisible par 5.* Ainsi $\frac{15}{85}$ se réduit à $\frac{3}{17}$. De même $\frac{120}{215}$ se réduit à $\frac{24}{43}$.

4°. *Tout nombre tel que la somme de ses chiffres est 3, 6, 9, 12, 15, 18, 21, 24, 27, 30, &c. est divisible par 3. S'il est pair, il est divisible par 6; & si cette somme est 9, 18, 27, 36, &c. il est divisible par 9.* Ainsi la fraction $\frac{288}{351}$ est divisible par 9, & se réduit à $\frac{32}{39}$, parce que la somme des chiffres du numérateur est 18, & celle des chiffres du dénominateur est 9. $\frac{42}{126}$ se réduit, en divisant par 6, à $\frac{7}{21}$, ensuite à $\frac{1}{3}$ en divisant par 7.

116. Voici la Méthode générale pour trouver le plus grand commun diviseur possible de deux quantités quelconques, *divisez la plus grande par la plus petite; & si la division se fait sans reste, la plus petite quantité est le plus grand diviseur cherché.*

Si après la division il se trouve un reste, divisez la plus petite quantité donnée par ce reste; & si la division se fait sans un nouveau reste, le premier reste est le plus grand diviseur cherché.

S'il se trouve un second reste, divisez le premier reste par ce second reste; & si la division se fait sans troisiéme reste, le second reste est le plus grand commun diviseur cherché.

En général, le reste qui divise justement le reste précédent, est le plus grand commun diviseur cherché.

Exemple. On veut réduire la fraction $\frac{91}{294}$ à l'expression la plus simple qu'il est possible. Pour cela il faut chercher le plus grand commun diviseur de 294 & de 91; divisez 294 par 91, & négligeant le quotient 3, le reste est 21; divisez 91 par 21, négligeant le quotient 4, le reste est 7; divisez le premier reste 21 par le second reste 7, & le quotient 3 se trouvant sans reste, je conclus que 7 est le plus grand commun diviseur de 294 & de 91; ainsi la fraction $\frac{91}{294}$, se peut réduire à $\frac{13}{42}$, en divisant chaque terme par 7. Et $\frac{13}{42}$ est l'expression la plus simple qui ait la même valeur que $\frac{91}{294}$.

Quand la fraction ne se peut réduire à une expression plus simple, ces divisions viennent enfin à avoir l'unité pour dernier reste. Car l'unité est un diviseur commun à tous les nombres.

Pour concevoir la raison de cette regle, il faut observer que deux quantités ne sont divisibles sans reste par un même nombre, que quand elles sont des produits exacts de ce nombre. La plus grande quantité est produite par ce nombre répété plus de fois que dans la plus petite quantité. Or deux quantités A & B étant ainsi composées, si ayant ôté la plus petite B de la plus grande A autant de fois qu'il est possible, par exemple 3 fois, il n'y a pas de reste, il est clair que A est composé de B pris trois fois, & B est composé de B pris une fois,

& que par conséquent B est dans ce cas le plus grand commun diviseur des quantités A & B.

2°. Mais si ayant retranché B de A autant de fois qu'il est possible, (c'est-à-dire, trois fois dans cet exemple) il se trouve un reste C. Alors A—C est une quantité composée de B répété 3 fois justes; ou $A-C=3B$; par conséquent si C est contenu un certain nombre de fois juste, par exemple 4 fois dans B, il sera aussi contenu un nombre juste de fois dans A—C. Il est clair en effet qu'on aura $B=4C$, & $A-C=3B$ deviendra $A-C=3\times 4C$, d'où on tire $A=13C$. Il faut donc ôter C de B autant de fois qu'il est possible, & si cela se fait sans reste, C est la quantité qui a servi à composer les quantités A & B.

3°. Mais si ayant ôté C de B autant de fois qu'il est possible, par exemple 4 fois, il se trouve un reste D: Alors B—D est une quantité composée de C répété juste 4 fois, ou $B-D=4C$. Donc si D est contenu un certain nombre de fois juste, par exemple 3 fois dans C, il le sera justement aussi dans A & dans B, il sera le nombre qui aura servi à composer les quantités A & B. Car on aura $C=3D$: donc dans l'équation $B-D=4C$, on aura $B-D=4\times 3D$. & par conséquent $B=13D$; & l'équation $A-C=3B$, deviendra $A-3D=3\times 13D$; Donc $A=42D$.

En continuant ce raisonnement, on verra que le dernier reste qui se peut retrancher un certain nombre de fois justes du reste précédent, est la quantité qui a servi à former les deux quantités A & B, & par conséquent qu'il est leur plus grand commun diviseur.

Il est évident aussi (51) que c'est la même chose, de diviser une quantité par une autre, que d'en retrancher cette autre, autant de fois qu'il est possible.

De l'Addition des Fractions.

117. POUR ajouter ensemble des fractions, *réduisez-les au même dénominateur, ajoutez ensemble tous les numérateurs, & faites-en le numerateur d'une nouvelle fraction qui ait le dénominateur commun.* X. LEÇON.

Ainsi pour ajouter les fractions $\frac{1}{2}$ & $\frac{1}{3}$, réduisez-les (121) à celles-ci $\frac{3}{6}$ & $\frac{2}{6}$, la somme $\frac{3}{6}+\frac{2}{6}$ est $\frac{5}{6}$.

Pareillement, la somme des fractions $\frac{1}{2}$, $\frac{1}{3}$, $\frac{1}{4}$ est $\frac{26}{24}$, & en réduisant (114) $1\frac{2}{24}$, ou bien (115) $1\frac{1}{12}$.

La somme des fractions $\frac{a}{b}$, $\frac{b}{c}$, est $\frac{ac+bb}{bc}$; de même $\frac{a}{b}+\frac{a}{c}+\frac{ab}{cc}=\frac{ac^3+abcc+abbc}{bc^3}$, qui se réduit (94) à $\frac{acc+abc+abb}{bcc}$.

118. S'il y a des nombres entiers joints aux fractions, il faut mettre leur somme avec celles des fractions, ainsi $4\frac{1}{2}+2\frac{1}{3}=6\frac{5}{6}$; de même $3\frac{2}{3}+4\frac{3}{4}=8\frac{5}{12}$.

De la Soustraction.

119. POUR soustraire une fraction d'une autre, *réduisez-les au même dénominateur, prenez la différence entre les deux numérateurs, & faites-en le numérateur d'une nouvelle fraction, qui ait le dénominateur commun.*

EXEMPLE. Il faut soustraire $\frac{1}{4}$ de $\frac{2}{3}$; réduisez ces fractions (111) à celles-ci $\frac{3}{12}$, $\frac{8}{12}$, il est clair que la différence est $\frac{5}{12}$.

De même, la différence entre $\frac{a}{b}$ & $\frac{c}{d}$, est $\frac{ad-bc}{bd}$.

120. S'il y a des nombres entiers à la tête des fractions, il faut les soustraire à l'ordinaire, & mettre leur différence à la tête de la nouvelle fraction; ainsi pour ôter $3\frac{1}{2}$ de $4\frac{3}{4}$, il faut écrire $1\frac{2}{8}$, ou (115) $1\frac{1}{4}$.

121. Mais si la fraction de la quantité à soustraire est plus grande, ou s'il falloit ôter une fraction d'un nombre entier, alors il faut réduire en fraction une unité de ce nombre entier (110): Par exemple, pour ôter $3\frac{2}{3}$ de $6\frac{1}{4}$, je réduis la quantité $6\frac{1}{4}$ à $5\frac{5}{4}$, & réduisant $\frac{2}{3}$ & $\frac{5}{4}$ au même dénominateur, j'ai $\frac{8}{12}$ & $\frac{15}{12}$, j'ôte $\frac{8}{12}$ de $\frac{15}{12}$, restent $\frac{7}{12}$, j'ôte 3 de 5, restent 2; ensorte que la différence cherchée est $2\frac{7}{12}$.

De même, pour ôter $\frac{2}{3}$ de 4, je réduis 4 à cette expression $3\frac{3}{3}$, de sorte que retranchant $\frac{2}{3}$ de $3\frac{3}{3}$, restent $3\frac{1}{3}$. Pour ôter $\frac{4}{5}$ de 2, je réduis 2 à $1\frac{5}{5}$, & la différence est $1\frac{1}{5}$.

De la Multiplication.

122. POUR *multiplier une fraction par un nombre entier, ou un nombre entier par une fraction, il faut en multiplier seulement le numérateur par ce nombre entier.* Ainsi $\frac{1}{2}\times 3=\frac{3}{2}$, & en réduisant (114) $=1\frac{1}{2}$. $c\times\frac{a}{b}=\frac{ac}{b}$.

Car (43) multiplier une fraction par un nombre entier, c'est ajouter cette fraction à elle-même autant de fois qu'il y a d'unités dans ce nombre entier; ainsi multiplier $\frac{1}{2}$ par 3, c'est prendre $\frac{1}{2}+\frac{1}{2}+\frac{1}{2}=\frac{3}{2}$ (117, ou (114) $1\frac{1}{2}$.

123. On multiplie aussi une fraction par un nombre entier, en divisant, quand il est possible, son dénominateur par le nombre entier : Ainsi $\frac{1}{12}\times3=\frac{1}{4}$; $\frac{7}{8}\times2=\frac{7}{4}=1\frac{3}{4}$. Car multiplier $\frac{1}{12}$ par 3, c'est rendre $\frac{1}{12}$ trois fois plus grand. Or (102) on rend une fraction d'autant plus grande qu'on rend son dénominateur plus petit : Donc pour rendre $\frac{1}{12}$ trois fois plus grand, il faut rendre 12 trois fois plus petit, ou le diviser par 3.

124. 2°. *Pour multiplier une fraction par une autre, il faut faire une nouvelle fraction des produits des numérateurs & des dénominateurs*, ainsi le produit de $\frac{2}{3}$ par $\frac{1}{2}$ est $\frac{2}{6}$ ou (115) $\frac{1}{3}$. $\frac{4}{5}\times\frac{7}{9}=\frac{28}{45}$; $\frac{a}{b}\times\frac{b}{c}=\frac{ab}{bc}=\frac{a}{c}$ (94).

125. Remarques. I. On pourroit demander comment il est possible que $\frac{2}{3}\times\frac{1}{2}$ ait pour produit $\frac{1}{3}$: c'est-à-dire, pourquoi le produit de deux fractions proprement dites, est une fraction plus petite qu'aucune de ces deux fractions ? En voici la raison. Multiplier $\frac{2}{3}$ par $\frac{1}{2}$, c'est (43) prendre $\frac{2}{3}$ autant de fois qu'il y a d'unités dans son multiplicateur $\frac{1}{2}$. Or dans $\frac{1}{2}$ l'unité n'y est qu'une demi-fois, il ne faut donc prendre $\frac{2}{3}$ qu'une demi-fois ; le produit est donc $\frac{1}{3}$.

126. II. On pourroit encore faire cette difficulté, $\frac{2}{3}$ de sol font 8 deniers, & $\frac{1}{2}$ sol vaut 6 deniers : Or $\frac{2}{3}\times\frac{1}{2}$ ont pour produit $\frac{1}{3}$ de sol, tandis que 8 deniers multipliés par 6 deniers, ont pour produit 48 deniers. Comment accorder cela ?

Pour la résoudre, il faut remarquer que les mesures changent de nature par la multiplication ; leurs parties s'élevent au quarré, quand les mesures viennent à être multipliées, ou à avoir deux dimensions ; elles s'élevent aux cubes, quand les mesures viennent à avoir trois dimensions. Ainsi une mesure simple, faite en pieds, ne peut avoir des pouces en fraction, qu'à raison de 12 pouces par pied. Mais une mesure de pieds, par exemple une longueur, multipliée par une autre mesure faite en pieds, comme une largeur, a pour produit une surface d'un certain nombre de pieds quarrés composés de 144 pouces chacun. Une dimension seule en toises à 6 pieds par toise ; Mais un corps de trois dimensions a 216 pieds cubiques à la toise. C'est par cette raison que $\frac{2}{3}$ de sols multipliés par $\frac{1}{2}$ sol, a pour produit un $\frac{1}{3}$ de sol (non à 12 deniers le sol, mais) à raison de 144 deniers chacun. Or il est évident que $\frac{1}{3}$ de sol, à raison de 144 deniers pour chacun, est la même chose que 48 deniers, qui est le produit de 8×6 deniers.

127. *Pour multiplier un nombre entier avec une fraction, par une fraction ou par un autre nombre joint à une fraction, il faut* (110) *réduire tout en fraction, & faire la multiplication comme ci-dessus* (124), *ensuite la réduction.* Par Exemple,

$2\frac{3}{4}\times5\frac{2}{3}$, c'est-à-dire (110) $\frac{11}{4}\times\frac{17}{3}=\frac{187}{12}=15\frac{7}{12}$ (114). De même, $3\frac{5}{9}\times\frac{3}{7}=\frac{96}{63}=\frac{32}{21}$ (115) $=1\frac{11}{21}$ (114).

De la Division.

XI. LEÇON. 128. 1°. POUR *diviser une fraction par un nombre entier, il faut en multiplier le dénominateur par le nombre entier donné.*

Ainsi le quotient de $\frac{4}{7}$ divisé par 2, est $\frac{4}{14}$ qui se réduit à $\frac{2}{7}$ (115). De même, $\frac{3}{11}$ divisé par 5, a pour quotient $\frac{3}{55}$. $\frac{aa}{c}$ divisé par a, donne $\frac{aa}{ac}$ qui se réduit (94) à $\frac{a}{c}$.

La raison se tire de ce que (102) une fraction devient d'autant plus petite que son dénominateur devient plus grand, son numérateur restant le même.

129. On divise aussi une fraction par un nombre entier, en divisant, quand cela se peut sans reste, le numérateur par ce nombre entier: parce qu'une fraction devient d'autant plus petite, que son numérateur devient plus petit, son dénominateur restant le même. Ainsi $\frac{4}{7}$ divisé par 2 a pour quotient $\frac{2}{7}$: $\frac{abb}{3dx}$ divisé par bb, a pour quotient $\frac{a}{3dx}$.

130. 2°. *Pour diviser un nombre entier par une fraction, il faut faire une fraction dont le numérateur soit le produit du nombre entier par le dénominateur de la fraction donnée, & dont le dénominateur soit le numérateur de cette fraction:* Ainsi pour diviser 2 par $\frac{4}{7}$, il faut écrire $\frac{14}{4}$, qui se réduit ensuite à $3\frac{1}{2}$. Car si on multiplie le quotient $3\frac{1}{2}$ par le diviseur $\frac{4}{7}$, on aura $\frac{28}{14}=2$. De même le quotient de ax divisé par $\frac{bx}{ac}$, est $\frac{aac}{b}$.

131. 3°. *Pour diviser une fraction par une autre, il faut multiplier le numérateur du dividende par le dénominateur du diviseur, & le dénominateur du dividende par le numérateur du diviseur.* (On appelle cela *multiplier les termes en croix.*) Ainsi pour diviser $\frac{4}{15}$ par $\frac{2}{5}$, j'écris $\frac{4\times5}{15\times2}=\frac{20}{30}$, qui se réduisent (115) à $\frac{2}{3}$. Pour diviser $\frac{a}{b}$ par $\frac{d}{x}$, j'écris $\frac{ax}{bd}$. Car $\frac{ax}{bd}\times\frac{d}{x}=\frac{adx}{bdx}=\frac{a}{b}$.

132. On peut auſſi quelquefois diviſer une fraction par une autre, en faiſant une nouvelle fraction des quotients des numérateurs & des dénominateurs : Ainſi pour diviſer $\frac{4}{15}$ par $\frac{2}{5}$, on diviſe 4 par 2, & 15 par 5, & on a au quotient $\frac{2}{3}$.

133. 4°. *Pour diviſer un nombre entier joint à une fraction par une fraction, ou par un autre nombre entier joint à une fraction, il faut tout réduire en fraction* (110) ; *& ſuivre la Regle précédente.* Ainſi pour diviſer $4\frac{2}{3}$ par $1\frac{4}{5}$, il faut réduire ces fractions à $\frac{14}{3}$ & $\frac{9}{4}$, & on aura $\frac{14\times4}{3\times9} = \frac{56}{27} = 2\frac{2}{27}$.

134. REMARQUE. On peut demander pourquoi le quotient d'une fraction diviſée par une autre eſt ſouvent plus grand que le dividende, & même que l'unité : par exemple, pourquoi le quotient de $\frac{3}{4}$ diviſés par $\frac{1}{2}$ eſt $1\frac{1}{2}$? En voici la raiſon. Diviſer $\frac{3}{4}$ par $\frac{1}{2}$, c'eſt (51) chercher combien de fois $\frac{1}{2}$ eſt contenu dans $\frac{3}{4}$. Or il eſt clair que $\frac{1}{2}$ étant plus petit que $\frac{3}{4}$ il doit y être contenu plus d'une fois, donc le quotient de $\frac{3}{4}$ diviſés par $\frac{1}{2}$ eſt 1 & plus. En effet le quotient doit être (53) contenu autant de fois dans le dividende, que l'unité l'eſt dans le diviſeur. Or l'unité n'eſt contenue qu'une demi-fois dans $\frac{1}{2}$, donc le quotient de $\frac{3}{4}$ diviſés par $\frac{1}{2}$ ne doit être contenu qu'une demi-fois dans $\frac{3}{4}$. Mais une quantité qui n'eſt contenue qu'une demi-fois dans une autre, eſt double de cette autre, donc le quotient de $\frac{3}{4}$ par $\frac{1}{2}$ eſt double de $\frac{3}{4}$, c'eſt-à-dire, eſt $\frac{6}{4}$ ou $1\frac{1}{2}$.

DES FRACTIONS DÉCIMALES.

De la nature des Fractions décimales.

135. OUTRE les fractions précédentes, les Mathématiciens ſe ſervent de celles qu'ils appellent *Décimales* ; ce ſont des fractions qui ont toujours pour dénominateur l'unité ſuivie d'autant de zero qu'il y a de chiffres dans le numérateur ; c'eſt pour cela qu'on n'écrit pas ce dénominateur, mais ſeulement le numérateur dont les chiffres ſont précédés d'un point, pour les diſtinguer des nombres entiers. Par exemple, au lieu de $19\frac{4}{10}$, on écrit 19.4 ; au lieu de 19 XII. LEÇON.

$\frac{4}{100}$, on écrit 19.04; afin que par le zero mis devant le 4, on connoisse que le dénominateur est 100 : au lieu de 19 $\frac{4}{1000}$, on écrit 19.004 Ainsi la valeur de la fraction se prend du rang des chiffres qui la composent, & son dénominateur est l'unité suivie d'autant de zero qu'il y a de chiffres après le point ; de même $49.01742 = 49\frac{1742}{100000}$, $0.035 = \frac{35}{1000}$.

136. Il y a des Auteurs qui se servent d'une virgule au lieu d'un point. La plûpart ne mettent pas de zero avant le point ou la virgule, pour exprimer une fraction seule : mais pour marquer, par exemple, $\frac{35}{1000}$ ils écrivent ,035, ou .035 pour écrire $\frac{4}{10000}$, ils mettent ,0004, ou bien .0004.

137. Puisque (105) en multipliant les deux termes d'une fraction par un nombre on n'en change pas la valeur, il suit 1°. que les fractions 0.1 par ex. 0.100, 0.1000, &c. sont égales, de même $4.7 = 4.7000$, &c. 2°. que 4.7 est plus grand que 4.69, ou même que 4.699999, &c. car $4.7 = 4\frac{7}{10} = 4\frac{70}{100} = 4\frac{700000}{1000000}$, & $4.69 = 4\frac{69}{100}$, $4.699999 = 4\frac{699999}{1000000}$; or $\frac{70}{100}$ est plus grand que $\frac{69}{100}$ (103.) & $\frac{700000}{1000000}$ est plus grand que $\frac{699999}{1000000}$, donc 4.7 est plus grand que 4.69 ou que 4.699999, ou enfin que 4 suivi d'une fraction d'autant de chiffres qu'on voudra, dont le premier sera moindre que 7.

138. Mais aussi il est clair que 4.699999 approche plus d'être égal à 4.7 que 4.69, ou que 4.6999; que 4.6999 approche plus de la valeur de 4.7 que 4.69; parce qu'il ne s'en faut que de $\frac{1}{1000000}$, que 4.699999 ne soit $= 4.700000 = 4.7$, au lieu qu'il s'en faut de $\frac{1}{10000}$ que 4.6999 ne soit $= 4.7000 = 4.7$, & qu'il s'en faut de $\frac{1}{100}$ que 4.69 ne soit $= 4.70 = 4.7$; or (102.) $\frac{1}{1000000}$ est beaucoup plus petit que $\frac{1}{10000}$ & $\frac{1}{10000}$ est beaucoup plus petit que $\frac{1}{100}$; donc la différence entre 4.7 & 4.699999 est beaucoup plus petite que la différence entre 4.7 & 4.6999; & celle qui est entre 4.6999 & 4.7, est beaucoup plus petite que celle qui est entre 4.69 & 4.7; donc 4.699999 approche beaucoup plus d'être égal à 4.7 que 4.6999, & 4.6999 approche beaucoup plus de la valeur de 4.7 que 4.69.

139. D'où il suit. I. qu'*une fraction décimale est plus grande qu'une autre, si ses premiers chiffres sont précisément les*

mêmes que tous ceux de cette autre, & si elle a outre cela quelques autres chiffres qui ne soient pas tous des zero.

140. II. Que *l'excès d'une telle fraction sur l'autre s'exprime par une fraction, qui ayant le même dénominateur que la fraction plus grande, a ces chiffres de plus pour numérateur.* Par exemple, la fraction 4.6999 est plus petite que la fraction 4.699999 de $\frac{99}{1000000}$ ou de 0.000099.

141. III. Que *lorsqu'on a une fraction décimale composée de plusieurs chiffres, on en peut retrancher quelques-uns sur la droite, sans beaucoup diminuer la valeur de la fraction*: Par exemple, le résultat d'un calcul donnant 2.4546 toises, si je retranche le dernier chiffre, en n'écrivant que 2.454, je diminue la valeur de la fraction de $\frac{6}{10000}$ d'une toise, ce qui vaut environ une demi-ligne; si j'en retranche les deux derniers, en n'écrivant que 2.45, je diminue la valeur de la fraction de $\frac{46}{10000}$ d'une toise, ce qui vaut environ 4 lignes.

142. IV. Qu'*il ne faut employer beaucoup de chiffres dans le calcul des décimales*, comme, par exemple, cinq ou six, *que lorsqu'on a besoin d'une grande précision; mais qu'il suffit ordinairement d'en employer un ou deux, ou tout au plus trois;* car par exemple, si l'on ne payoit que 3 livres la toise d'ouvrage, il est clair que la $\frac{6}{10000}$, ou même la $\frac{46}{10000}$ partie d'une toise, seroient de peu de conséquence, puisque la $\frac{46}{10000}$ partie ne vaudroit qu'environ 3 deniers $\frac{1}{3}$, & que par conséquent, dans ce cas, on peut négliger les deux derniers chiffres de la fraction 2.4546: mais si on payoit 10000 l. de la toise, alors la $\frac{6}{10000}$ vaudroit 6 l. & la $\frac{46}{10000}$ vaudroit 46 l. ce qui pourroit être de conséquence; donc en ce cas il faut se servir de plusieurs chiffres.

143. Mais en retranchant les derniers chiffres d'une fraction décimale, *il faut ajoûter une unité au chiffre qui reste le dernier, lorsque le premier des chiffres qu'on néglige surpasse 5.* Par exemple, si dans la fraction 0.4864 je néglige les deux derniers chiffres, je dois écrire 0.49, & non pas 0.48; car 0.49=0.4900 (137) & 0.48=0.4800: or 0.4900 approche plus de la valeur de 0.4864, que 0.4800 n'en ap-

proche; donc il faut écrire 0.49, & non pas 0.48 : De même, ayant à retrancher les deux derniers chiffres de 0.1953, je dois écrire 0.20, & non pas 0.19; mais si j'ai, par exemple, 0.455, je peux écrire à mon gré 0.45 ou 0.46

144. Comme les fractions (58) ne sont souvent que des restes de divisions, lorsque le diviseur n'est pas contenu un nombre exact de fois dans le dividende, si on veut avoir un quotient avec une fraction décimale, au lieu de mettre le reste en fraction comme nous avons fait (56), il faut ajoûter à ce reste autant de zero qu'on voudra, & continuer la division avec le même diviseur, les nombres qu'on trouvera alors en quotient seront ceux de la fraction cherchée : Par exemple, ayant divisé (61) 147475 par 362, & trouvé le quotient 407 avec le reste 141, j'ajoute à ce reste trois zero, & continuant la division, je trouve encore 389 pour quotient, & 182 de reste; je néglige ce dernier reste, & pour vrai quotient de 147475 divisé par 362, je pose 407.389, ou (142) simplement 407.39

Car le reste 141. est (137) égal à 141.000, & le quotient de 141.000 divisé par 362 étant $389\frac{182}{362}$, est nécessairement une fraction décimale, dont on peut par conséquent négliger le dernier terme $9\frac{182}{362}$.

145. Il suit de-là que *pour changer une fraction ordinaire en fraction décimale, il faut ajouter au numérateur autant de zero qu'on voudra avoir de décimales, & le diviser par le dénominateur.* Par exemple, pour réduire $\frac{3}{4}$ en fraction décimale, j'ajoûte deux zero au numérateur, & j'ai 300 que je divise par 4, le quotient 75 est la fraction décimale, $0.75 = \frac{3}{4}$.

146. Il y a certaines fractions qui ne peuvent jamais être exactement réduites en décimales, quelque nombre de zero qu'on ajoûte à leur numérateur; parce que ce numérateur ne peut pas être divisé sans reste par le dénominateur. Par exemple, si on vouloit réduire $\frac{4}{7}$ à une fraction décimale, ayant ajoûté huit zero à 4, & divisé le tout par 7, on trouveroit $0.57142857\frac{1}{7}$. Ayant ajoûté douze zero, on trouveroit $0.571428571428\frac{4}{7}$, &c. sans jamais parvenir à un nombre juste : Dans ce cas on se contente des deux ou

trois premiers chiffres de la fraction décimale, & on néglige le reste; ainsi on peut supposer sans erreur sensible $\frac{4}{7}$=0.57.

On connoît qu'on ne trouvera jamais un quotient juste, lorsqu'on voit revenir les mêmes chiffres dans le même ordre. Dans l'exemple précédent, les chiffres 571428 revenant toujours dans le même ordre, on conclud que la fraction $\frac{4}{7}$ ne peut être réduite exactement en décimales, mais qu'on peut approcher à l'infini de sa juste valeur, en écrivant toujours 571428.

Des opérations sur les Fractions décimales.

LEs opérations de l'Arithmétique sur les fractions décimales, sont précisément les mêmes que celles qui se font sur les nombres entiers; il y a seulement quelques précautions à prendre, pour placer le point qui sépare les nombres entiers des nombres fractionnaires, lorsqu'on a achevé une opération. XIII. Leçon.

147. I. Pour ajouter ensemble ces quantités 4852.791; 4.00745, 2.7, 0.0049, il faut écrire en colomne les nombres entiers suivant leur valeur, & comme à l'ordinaire, ensorte que les points soient aussi en colomne; il faut écrire tout de suite leurs fractions, & prendre la somme du tout, comme on voit ici.

4852.791		4852.79100
4.00745		4.00745
2.7	car ces quantités équivalent	2.70000
0.0049	à celles-ci.	0.00490
4859.50335		4859.50335

148. II. La Soustraction se fait en arrangeant les quantités données de la même maniere, & en opérant à l'ordinaire.

57.02	4.8274	6.00435	3.842
48.1	2.0139	0.17	1.004554
8.92	2.8135	5.83435	2.837446

149. III. La Multiplication se fait précisement comme celle des nombres entiers, sans prendre garde d'abord à la po-

ſition des points; mais lorſqu'on a pris la ſomme de chaque produit pour avoir un produit total, *il faut ſéparer par un point autant de chiffres ſur la droite, qu'il y a de décimales dans les fractions, tant du multiplicande que du multiplicateur ;* enſorte que ſi cette ſomme n'étoit pas exprimée par autant de chiffres qu'il y a de décimales dans le multiplicande & dans le multiplicateur, il faudroit mettre ſur la gauche un nombre ſuffiſant de zero : voyez le troiſiéme Exemple.

```
 43.7       33.23         2.4542      3.7       21.32
  13.      12.134         0.0053     4.12     0.100103
 -----     ------       --------    -----    ---------
 1311       13292         73626       74          6396
 437        9969         122710       37         2132
 -----     3323        ----------    148       2132
 568.1    6646          0.01300726  ------   ----------
         3323                      15.244    2.13419596
         ---------
         403.21282
```

Pour rendre une raiſon de cette Regle, nous prendrons le quatriéme exemple, ou $3.7 = (135)\ 3\frac{7}{10} = (110)\ \frac{37}{10}$. Par les mêmes raiſons $4.12 = 4\frac{12}{100} = \frac{412}{100}$; ſi donc on multiplie (124) $\frac{37}{10}$ par $\frac{412}{100}$, le produit ſera $\frac{15244}{1000}$, qui ſe réduit (114) à $15\frac{244}{1000} = (135)\ 15.244$.

150. IV. La Diviſion eſt auſſi la même que celle des nombres entiers ; mais *ayant trouvé le quotient, il en faut ſéparer par un point autant de chiffres ſur la droite, qu'il y a plus de décimales dans le dividende que dans le diviſeur.* Ainſi dans le premier exemple, où on a diviſé 8.445 par 3.22, après avoir trouvé (61) le quotient à l'ordinaire 26, on a ſéparé par un point le dernier chiffre 6, parce qu'il n'y a qu'une décimale de plus dans le dividende, que dans le diviſeur.

151. Mais s'il ſe trouve plus de décimales dans le diviſeur que dans le dividende, (voyez Exemple 3) alors il faut ajouter aux décimales du dividende autant de zero qu'on voudra ; ſi on en ajoute aſſez pour que le nombre des décimales du dividende ſoit égal à celui des décimales du diviſeur, alors le

quotient sera sans décimales, & si on en ajoute un ou deux de plus, alors le quotient aura une ou deux décimales. EXEMPLES.

$$\frac{8.445}{3.22} = 2.6 \qquad \frac{9.83542}{0.326} = 30.17 \qquad \frac{49.1}{20.074} = 2.44$$

```
 644          978          40148
 ----         ---          -----
 2005         55           89520
 1932          0           80296
 ----         ---          -----
   73         554           92240
              326           80296
              ----          -----
              2282          11944
              2282
              ----
                0
```

La raison de cette Regle se tire de la nature des fractions, comme la précédente, & de celle de la division, qui est de détruire ce que la multiplication a produit; ainsi si on multiplie 30.17 par 0.326, on trouvera le produit 9.83542.

Dans le troisiéme Exemple on a ajoûté quatre zero au dividende, car si on divise 49.10000 par 20.074, on trouvera le quotient 2.44.

Si on veut encore avoir égard aux restes de ces sortes de divisions, il faut leur ajouter autant de zero qu'on voudra, & les quotients qu'on en tirera, en continuant la division par le même diviseur, seront autant de décimales; ainsi dans le premier Exemple, ajoutant trois zero au reste 73, on aura le quotient 2.6226, avec un autre reste 228, qu'on peut négliger.

Des autres especes de Fractions.

COMME on est obligé d'employer dans les différentes parties des Mathématiques & dans le Commerce diverses sortes de mesures, les parties de ces mesures sont autant d'especes de fractions. Voici les mesures les plus en usage. XIV. LEÇON.

152. Le Cercle se divise en 360 parties égales, qu'on appelle *degrés*; le degré se divise en 60 minutes, & chaque minute en 60 secondes; chaque seconde en 60 tierces, &c. de sor-

te qu'un degré, 10 degrés, 20 degrés, &c. ſont $\frac{1}{360}$, $\frac{10}{360}$, $\frac{20}{360}$ d'un cercle; une minute, 15 minutes, &c. ſont $\frac{1}{60}$, $\frac{15}{60}$, &c, d'un degré; une ſeconde, dix ſecondes, &c. ſont $\frac{1}{60}$, $\frac{10}{60}$ d'une minute, &c. ces parties s'expriment ainſi : 1°, 10°, 20°, $1'$, $15'$; $1''$, $10''$, &c.

Un cercle eſt donc de 21600', de 1296000'', de 77760000''', &c. un degré eſt de 3600'', de 216000''', &c.

Le Tems ſe diviſe en jours, chaque jour en 24 parties égales, appellées *heures*; chaque heure en 60 minutes, chaque minute en 60 ſecondes, &c. un eſpace de tems, par exemple, de 10 heures 17 minutes 44 ſecondes, eſt égal à $\frac{10}{24}$ d'un jour, $+\frac{17}{60}$ d'une heure $+\frac{44}{60}$ d'une minute; on l'exprime ainſi, 10h 17' 44''.

Un jour eſt de 1440', de 86400'', de 5184000''', &c. une heure eſt de 3600'' de 216000 tierces, &c. une minute eſt de 3600''', &c.

Les diſtances ſe meſurent ſur terre en toiſes; chaque toiſe a 6 pieds, chaque pied a 12 pouces, chaque pouce a 12 lignes, & chaque ligne a 12 points; de ſorte qu'un eſpace de 4 toiſes 2 pieds 4 pouces 6 lignes 5 points, ſe peut exprimer par 4 toiſes $+\frac{2}{6}$ de toiſe, $+\frac{4}{12}$ de pied, $+\frac{6}{12}$ de pouce, $+\frac{5}{12}$ de ligne.

Une toiſe contient 72 pouces, ou 864 lignes, ou 10368 points: un pied eſt de 144 lignes, de 1728 points: un pouce eſt de 144 points, &c.

La Monnoye ſe diviſe chez nous en livres, ſols & deniers; la livre contient 20 ſols, le ſol 12 deniers; en ſorte qu'une ſomme de 19 l. 15 ſ. 10 d. eſt égale à 19 l. $+\frac{15}{20}$ de livre, $+\frac{10}{12}$ de ſol.

Une livre de monnoye eſt donc de 240 deniers.

Les Poids s'expriment par des livres; la livre contient 16 onces, l'once 8 gros, le gros 72 grains. Un poids de 15 livres 4 onces 2 gros 60 grains, eſt donc égal à 15 l. $+\frac{4}{16}$ de livre $+\frac{2}{8}$ d'once $+\frac{60}{72}$ de gros, &c.

Le poids d'une livre eſt de 128 gros, de 9216 grains. Celui d'une once eſt de 576 grains.

153. D'où on peut conclure en général, 1°. que *d'une*

mesure quelconque les parties qui ont un même nom, sont des fractions qui ont un même dénominateur. 2°. *Que ce dénominateur est égal au nombre des parties égales que contient la partie ou la mesure qui précéde immédiatement*; ainsi toutes les onces sont des fractions dont le dénominateur est toujours 16, & est égal au nombre des parties que contient la livre qui précéde immédiatement l'once. Tous les pouces sont des fractions dont le dénominateur est 12; parce que le pied qui est la mesure qui précéde immédiatement le pouce, est divisé en 12 parties égales; il en est ainsi des autres mesures.

154. I. Pour ajouter ces fractions, il les faut disposer en colomnes chacune selon leur dénomination, prendre la somme de chaque colomne, en allant de droite à gauche; diviser cette somme par le dénominateur commun, lorsqu'elle est plus grande que ce dénominateur; écrire le reste de la division au-dessous de cette colomne, & garder le quotient pour l'ajouter à la colomne suivante.

°	'	"
36°	25'	47"
49	33	28
55	31	49
141	31	4

j.	h.	'	"
3j.	17h.	42'	16"
9	13	25	33
11	23	17	42
	12	0	0
25	18	25	31

toises.	pieds.	pouces.	lignes.	points.
9	3	11	2	7
100	0	0	0	0
47	5	3	8	0
11	0	10	8	4
168	4	1	6	11

℔	onces.	gros.	grains.
10	15	7	70
9	10	4	18
47	3	6	40
	13	0	55
68	11	3	39

livres.	sols.	deniers.
325	17	4
15	11	6
25	1	8
4	10	0
371	0	6

Cette division n'est autre chose que la quatriéme réduction des fractions (114).

155. Pour soustraire une de ces fractions d'une autre, il faut l'écrire sous celle-ci en colomne, suivant les noms de chaque partie. Il faut faire ensuite la soustraction de chaque colomne à l'ordinaire ; mais il faut remarquer que quand un terme inférieur surpasse son supérieur, il faut ajouter à ce supérieur son dénominateur, puis faire la soustraction, & alors il faut retrancher une unité du nombre supérieur de la colomne qui suit à gauche. Ainsi dans le second Exemple, pour ôter 43 min. de 19 min. j'ajoute 60 min. à 19 min. & j'ôte 43. min. de la somme 79 min. j'écris au-dessous le reste 36 min. mais dans la colomne suivante, au lieu de 14 h. je ne compte plus que 13 h. La raison en est, que retrancher 11 h. 43 min. de 14 h. 19 min. c'est la même chose que d'ôter 11 h. 43 min. de 13 h. 79 min. ceci revient à ce qui a été dit ci-dessus (121) Voici les Exemples.

48°	16'	17".
25	3	12
23	13	5

19j.	14h.	19'	40"
3	11	43	30
16	2	36	10

17j.	11h.	47	5
13	18	55	40
3	16	51	25

toises.	pieds.	pouces.	lignes.	points.
100	0	0	0	0
17	4	5	11	8
82	1	6	0	4

℔	onces.	gros.	grains.
47	10	2	55
12	12	5	12
34	13	5	43

livres.	sols.	deniers.
655	3	4
30	0	0
625	3	4

156. La multiplication & la division de ces sortes de fractions n'ont guéres lieu dans les Mathématiques.

Ces

Ces deux opérations sont longues & d'une nature différente de celle des autres nombres, parce les parties d'une mesure multipliée ou divisée sont différentes (126) de celles d'une mesure simple.

Pour les abréger on a inventé pour chacune de ces sortes de fractions, des regles particulieres, qui dépendent des propriétés des nombres, qui en sont les dénominateurs. Voici une méthode générale pour les faire.

157. III. Pour trouver le produit de deux de ces fractions, il faut 1°. faire cette regle de trois; comme l'unité est au multiplicande, ainsi le multiplicateur est au produit. 2°. Il faut réduire les termes donnés à leur plus petite espece, c'est-à-dire, il faut réduire tout en deniers, s'il s'agit de livres, sols & deniers; tout en grains, s'il s'agit de livres, onces, gros & grains, &c. Les exemples éclairciront ceci.

Pour multiplier 4 l. 7 s. 6 d. par 2 l. 9 s. 7 d. je fais comme 1 l. est à 4 l. 7 s. 6 d. ainsi 2 l. 9 s. 7 d. sont au produit cherché. Je réduis tout en deniers; une l. vaut 240 d. & 4 l. 7 s. 6 d. ou 87 s. 6 d. valent 1050 d. ce qu'on connoît en multipliant 87 s. par 12 pour avoir 1044 d. qui valent 87 s. & en y ajoutant 6 d. Par la même réduction, 2 l. 9 s. 7 d. valent 595 d. j'ai donc cette regle de trois à faire 240. 1050 :: 595. x. Je trouve $x = 2603\frac{1}{8}$ d. je les reduis en livres, sols & deniers, en divisant 1°. par 240, j'ai le quotient 10 l. & le reste 203 d. $\frac{1}{8}$. 2°. Je divise 203 $\frac{1}{8}$ par 12, & j'ai le quotient 16 s. & le reste 11 d. $\frac{1}{8}$. Donc le produit cherché est de 10 l. 16 s. 11 d. $\frac{1}{8}$.

Pour multiplier 2 l. 7 onces 5 gros par 3 l. 7 s. je dis: Comme 1 L. est à 2 l. 7 onces 5 gros 0 grains; ainsi 3 l. 7 s. 0 d. sont au produit cherché, c'est-à-dire, comme 9216 grains sont à 22824 grains; ainsi 804 deniers, sont à $1991\frac{5}{32}$ deniers. Le produit est donc de 8 l. 5 s. 11 d. $\frac{5}{32}$.

158. IV. Pour trouver le quotient de deux de ces fractions, il faut réduire de même tout à la plus petite espece, & faire cette regle de trois; (53) comme le diviseur est à l'unité, ainsi le dividende est au quotient.

Par exemple, pour diviser 8° 9' 48" par 3 jours 2^h 5' 19", je dis comme 3 jours 2^h. 5' 19", ou comme 266719" de tems, sont à 1 jour ou à 86400" de tems, ainsi 8°. 9' 48" ou 29388" de degré, sont à 9519." $\frac{215039}{266719}$ qui valent 2° 38' 39" ou presque 40".

159. REMARQUES. I. Quand on a à opérer sur des quantités hétérogenes, l'unité qu'on prend, doit être hétérogene au produit ou au quotient cherché.

160. II. Quand un des termes donnés homogéne à l'unité qu'on a prise, ne va pas jusqu'à la plus petite espece, il suffit de réduire l'unité & ce terme à la derniere espece de ce même terme, mais il faut toujours réduire le terme hétérogene à l'unité, à sa plus petite espece. Ainsi dans le second exemple de la multiplication, le terme 2 l. 7 onces 5 gros n'allant pas jusqu'aux grains, il suffit de réduire en gros l'unité & les 2 l. 7 onces 5 gros, & de faire comme 128 gros sont à 317 gros, ainsi 804 d. sont à $1991\frac{5}{32}$ d.

De la composition & de la décomposition des quantités.

XV LEÇON. 161. UNE quantité quelconque peut être considerée, 1°. ou comme exprimant simplement la valeur de quelque chose seule; 2°. ou comme la somme ou le produit de plusieurs autres quantités; 3°. ou comme la différence ou le quotient de plusieurs quantités.

Le principal objet des Mathématiques, est de comparer les quantités entr'elles, de les composer, & de les décomposer.

Nous parlerons dans la suite de la comparaison des quantités.

162. Il est ordinairement facile de composer une quantité de plusieurs autres, parce que cela se fait par l'addition ou par la multiplication, qui sont deux opérations toujours susceptibles d'exactitude dans leurs résultats; mais il est difficile & souvent impossible de décomposer une quantité, sur-tout lorsqu'on veut l'évaluer en nombres entiers, parce que cela se fait principalement par la division, qui donne très-rarement des quotiens sans reste.

163. Une quantité quelconque comme a, qu'on regarde comme simple & non composée, s'appelle une quantité *du premier degré*, ou qui est à sa *premiere puissance*. Mais si on multiplie cette quantité par elle-même une fois, deux fois, trois fois, &c. son produit devient une quantité du second, troisiéme, quatriéme, &c. degré; ou bien, on dit qu'elle est élevée à la seconde, troisiéme, quatriéme, &c. puissance. En général le produit devient une quantité d'un degré ou d'une puissance exprimée par l'exposant qui résulte de cette multiplication. Ainsi aa ou a^2 consideré comme produit de $a \times a$, s'appelle le second degré ou la seconde puissance de a. De même a^4 consideré comme le produit de $a \times a \times a \times a$, est la quatriéme puissance de a.

164. *Elever une quantité à une certaine puissance, c'est* donc *la multiplier par elle-même autant de fois que la puissance a de degrés moins un.* Elever 9 à la troisiéme puissance, c'est le multiplier deux fois par lui-même; c'est faire $9 \times 9 \times 9 = 729$.

165. La quantité simple qu'on a élevée à une puissance, s'appelle *la racine* de cette puissance. Par exemple, a est la racine troisiéme de a^3, la racine septiéme de a^7, &c. De même le nombre 20736 étant la quatriéme puissance de 12, 12 est la racine quatriéme de 20736. Ainsi toute quantité est en même tems sa premiere puissance & sa racine premiere.

166. Par une analogie aux dimensions des corps, la premiere puissance d'une quantité comme b ou b^1, s'appelle *la valeur lineaire de b*; la seconde puissance ou b^2, s'appelle *le quarré* de b; la troisiéme puissance b^3, s'appelle *le cube* de b; b^4, s'appelle le *quarré-quarré* de b; b^5, *le quarré-cube*, b^6, *le cube-cube*, &c. & réciproquement; b s'appelle la racine simple de b, la racine quarrée de bb ou de b^2, la racine cubique de b^3, la racine quarrée-quarrée de b^4, &c.

167. Quand on veut signifier qu'un Polynome est élevé à une certaine puissance, on le couvre tout entier d'un trait, & on met l'exposant au bout. Par exemple, pour marquer la quatriéme puissance de $2ab-cd$, on écrit $\overline{2ab-cd}^4$. D'autres l'expriment ainsi $(2ab-cd)^4$.

168. Pour exprimer qu'on regarde une quantité quelconque comme la racine d'une certaine puissance, on l'écrit à la suite du signe $\sqrt{}$ (qu'on appelle le *signe radical*) entre les jambes duquel on met le degré de la puissance dont on veut exprimer la racine, lorsque ce degré surpasse le second; car on est convenu que le signe radical seul exprimeroit une racine quarrée. Ainsi considérant ab comme un cube, pour en désigner la racine cubique on écrit $\sqrt[3]{ab}$: cette expression $\sqrt[5]{abb}$ représente la racine cinquiéme de abb: celle-ci $\sqrt{abd}$ exprime la racine quarrée de abd.

169. Quand on veut désigner la racine d'un Polynome, on le couvre tout entier d'un trait, ou on le met entre deux crochets. Ainsi $\sqrt{aa-bb}$ exprime la racine quarrée de $aa-bb$. Et $\sqrt[4]{(ab+bb)}$ exprime la racine quatriéme de $ab+bb$.

170. La composition & la décomposition des quantités, se réduisent à ces quatre choses. 1°. A former une seule quantité de plusieurs autres: c'est la pratique de l'addition & de la

multiplication. 2°. A élever une quantité quelconque à une puissance donnée. Il faut la multiplier par elle-même autant de fois moins une, qu'il y a d'unités dans le nombre qui exprime la puissance. 3°. A trouver toutes les quantités dont une quantité donnée est le produit exact, ou ce qui revient au même, à trouver tous les diviseurs qui peuvent diviser exactement & sans reste, une quantité donnée. 4°. A extraire la racine quelconque d'une quantité donnée.

Pour trouver tous les diviseurs d'une quantité donnée.

171. I. Si la quantité donnée est un nombre, il faut essayer de la diviser par 2, ou par 3, ou par 5, ou par 7, &c. jusqu'à ce qu'on trouve un quotient juste ; il faut ensuite diviser ce premier quotient encore par 2, ou par 3, ou par 5, &c. jusqu'à ce qu'on trouve un second quotient juste, qu'on divisera encore ou par 2, ou par 3, &c. jusqu'à ce qu'enfin on trouve un quotient qui soit l'unité, c'est-à-dire, jusqu'à ce qu'on ne trouve plus d'autre diviseur plus petit que le dernier quotient. Ayant écrit tous les diviseurs dont on se sera servi, on les multipliera deux à deux, puis trois à trois, puis quatre à quatre, &c. & les produits seront, avec ces diviseurs, tous les diviseurs du nombre proposé.

Exemple. On demande tous les diviseurs du nombre 630. Je le divise par 2. le premier quotient est 315, que je ne puis plus diviser par 2, mais par 3, le second quotient est 105 ; je le puis encore diviser par 3, le troisiéme quotient est 35 ; je ne puis le diviser par 2 ni par 3, mais par 5, le quatriéme quotient est 7. Je ne puis diviser ce quatriéme quotient par 2, 3, 5, mais seulement par 7, & le dernier quotient est 1. Les diviseurs dont je me suis servi sont donc 2, 3, 3, 5, 7. Je les multiplie deux à deux, $2\times3=6$, $2\times5=10$, $2\times7=14$; $3\times3=9$, $3\times5=15$, $3\times7=21$; $5\times7=35$. Ensuite trois à trois $2\times3\times3=18$, $2\times3\times5=30$, $2\times3\times7=42$, $2\times5\times7=70$; $3\times3\times5=45$, $3\times3\times7=63$, $3\times5\times7=105$. Ensuite quatre à quatre $2\times3\times3\times5=90$, $2\times3\times3\times7=126$, $2\times3\times5\times7=210$; $3\times3\times5\times7=315$. Enfin cinq à cinq, $2\times3\times3\times5\times7=630$. Tous les diviseurs sont donc 1, 2, 3, 5, 6, 7, 9, 10, 14, 15, 18, 21, 30, 35, 42, 45, 63, 70, 90, 105, 126, 210, 315, 630.

La raison en est simple. Puisque le nombre proposé est égal au produit des cinq diviseurs $2\times3\times3\times5\times7$, il est clair que dans ce nombre sont renfermés tous les produits possibles de deux trois ou quatre, &c. de ces diviseurs.

II. C'est la même chose pour les quantités algébriques. On demande, par exemple, tous les diviseurs de $bbdd+b^3d$. Je divise d'abord par b, & j'ai le premier quotient $bdd+bbd$, je le divise encore par b, & j'ai le second quotient $dd+bd$, je le divise par $b+d$, & j'ai le troisiéme quotient d, je le divise par d, & j'ai 1 pour le dernier quotient. Les diviseurs dont je me suis servis sont donc b, b, $b+d$, d, je les multiplie deux à deux, & j'ai bb, $bb+bd$, bd, $bd+dd$; puis trois à trois, & j'ai b^3+bbd, $bbd+bdd$, bbd, enfin quatre à quatre, & j'ai $b^3d+bbdd$. Donc tous les diviseurs cherchés sont 1, b, $b+d$, d, bb, bbd, bd, $bb+bd$, $bd+dd$, b^3+bbd, $bbd+bdd$, $b^3d+bbdd$.

172. Tout nombre auquel on ne trouve pas d'autre diviseur que 1 ou que lui-même, s'appelle un *nombre premier*: C'est par la suite naturelle des nombres premiers, qu'il faut tenter les divisions, dans la regle précédente. Voici ceux qui sont compris entre 1 & 100.

1, 2, 3, 5, 7, 11, 13, 17, 19, 23, 29, 31, 37, 41, 43, 47, 53, 59, 61, 67, 71, 73, 79, 83, 89, 97.

On trouve dans plusieurs Auteurs, d'amples Tables de ces nombres.

173. Tous les diviseurs d'une quantité, s'appellent aussi toutes les *parties aliquotes* de cette quantité.

Pour extraire la racine d'une quantité donnée.

174. Il est facile d'extraire la racine d'un Monome; car, 1°. si ses lettres ont chacune pour exposant un nombre égal ou divisible par celui qui exprime l'ordre de la racine, il faut dans le premier cas effacer les exposans, ou les diviser dans le second cas. Ainsi la racine cubique de $a^3 b^3$ est ab, la racine quarrée de $a^4 b^6$ est $a^2 b^3$.

2°. S'il a un coefficient, on en extraira la racine suivant les régles qu'on va donner pour les nombres. Par exemple, la racine quarrée de $9\,bbd^4$ sera $3\,bdd$.

3°. Si ces conditions ne se trouvent pas, on se contentera d'écrire le signe radical. Ainsi la racine cubique de $7\,abd$, est $\sqrt[3]{7abd}$.

175. Avant que d'extraire la racine des Polynomes, il faut considerer ce qui leur arrive lorsqu'on les éleve à quelques puissances.

1°. Si on éleve au quarré la quantité $a+b$ ou $-a-b$, on trouve $aa+2ab+bb$; & si on y éleve $a-b$ ou $-a+b$ on trouve $aa-2ab+bb$. Il est donc évident que *le quarré d'un binome, est composé du quarré du premier terme, du quarré du second terme, & du produit du double du premier terme par le second terme.* Et que si les deux termes ont le même ſigne, toutes les parties du quarré ſont poſitives; & ſi les deux termes ont des ſignes différens, le produit du double du premier par le ſecond, eſt négatif.

On trouvera de même que le quarré d'un Polynome quelconque, eſt composé des quarrés de chacun de ſes termes, & des produits du double de chaque terme par chaque autre; ainſi le quarré de $a+b+c+d$ eſt $aa+2ab+bb+2ac+2bc+cc+2ad+2bd+2cd+dd$.

176. 2°. En élevant un binome quelconque au cube, par exemple, $a+b$, on trouvera $a^3+3aab+3abb+b^3$. Ce qui fait voir que *le cube d'un Polynome quelconque, eſt composé des cubes de chacun de ſes termes, & des produits de trois fois le quarré de chaque terme par chaque autre.*

Enfin en élevant un Polynome à toutes ſes puiſſances ſucceſſives, on remarquera facilement de quoi eſt composée chaque puiſſance.

177. Maintenant pour extraire la racine quarrée d'une quantité quelconque, par exemple, de $aa+2ax+xx$, voici comme je raiſonne. Puiſque cette quantité eſt un Polynome, ſa racine a plus d'un terme. Suppoſons qu'elle en ait deux, dans cette quantité il doit y avoir (175) le quarré du premier terme, le quarré du ſecond, & le produit du ſecond par le double du premier. J'y remarque d'abord un quarré aa, j'en prens la racine a (174) pour le premier des termes que je cherche, j'écris a à l'écart, & j'ôte ſon quarré aa de la quantité donnée, reſtent $2ax+xx$. Je dis enſuite, dans ce reſte il doit y avoir un produit du double de a par l'autre terme de la racine que je cherche, je ne puis donc avoir cet autre terme qu'en diviſant ce reſte $2ax+xx$ par le double de a ou par $2a$; car (51) la diviſion ſert à trouver le multiplicande d'un produit dont on a le multiplicateur. Je commence

$$\begin{array}{l} aa+2ax+xx\ (a+x \text{ Racine.} \\ -aa \\ \hline +2ax+xx \\ \hline 2a \quad +x \\ \qquad\quad x \\ \hline 2ax+xx \\ -2a-xx \\ \hline \qquad 0 \end{array}$$

donc la division de $2ax + xx$ par $2a$, le quotient est $+x$, je le pose à la racine, & je dis, si x est le second terme cherché, son produit par $2a$, plus son quarré doit être égal au reste $2ax + xx$: je pose donc $+x$ à côté de $2a$, & je multiplie $2a + x$ par le second terme x, (car le produit est alors égal à la somme du produit de x par $2a$, & du quarré de x,) j'ai $2ax + xx$ que j'ôte du reste $2ax + xx$, & comme il ne reste plus rien, je dis que la racine quarrée de $aa + 2ax + xx$ est $a + x$, parce que par cette opération on a décomposé cette quantité, pour en déduire les parties dont elle étoit composée.

178. On se sert précisément de la même méthode pour extraire les racines quarrées des nombres ; c'est pourquoi puisqu'en tirant la racine quarrée de $aa + 2ax + xx$, on a vu la raison de chaque opération, nous ne ferons qu'énoncer le procedé par les nombres.

Il faut d'abord sçavoir la racine quarrée des nombres qui sont au-dessous des 100. Les voici.

Quarrez .... 1, 4, 9, 16, 25, 36, 49, 64, 81, 100.
Racines .... 1, 2, 3, 4, 5, 6, 7, 8, 9, 10.

179. Il suit de-là qu'*un nombre simple ne peut avoir plus de deux chiffres à son quarré* ; puisque 10, qui est le premier nombre composé, a pour quarré 100, qui est le premier nombre composé de trois chiffres. En suivant ce raisonnement, on verra qu'*un nombre composé de deux chiffres, n'en peut avoir plus de quatre à son quarré* ; car 100 premier des nombres composés de trois, a pour quarré 10000, premier des nombres composés de cinq chiffres. En général, *un nombre quelconque ne peut avoir à son quarré plus que le double de ses chiffres*.

On demande la racine quarrée de 1764 ; je dis puisque ce nombre a quatre chiffres, sa racine en doit avoir deux, je sépare donc ces chiffres de deux en deux par des virgules, en commençant de droite à gauche ; je cherche d'abord un quarré dans la premiere tranche à gauche, en disant, la racine quarrée de 17 est 4 & un peu plus, je pose 4 à l'écart ; j'ôte de 17 le

```
17,64
16      (42
----
 1,64
  8,2
----
 164
   0
```

quarré de 4 qui eſt 16, reſte 1; j'abaiſſe à côté de ce reſte la ſeconde tranche 64; je double 4 racine trouvée, & ayant poſé 8 ſous 6, qui eſt le premier chiffre de la tranche abaiſſée; je diviſe 16 par 8, le quotient eſt 2, que je poſe à la racine & à côté de 8; je multiplie 82 par 2, & j'ôte le produit 164 du premier reſte 164, & comme il ne reſte plus rien, je dis que 42 eſt la racine demandée.

```
17,64
16    (42
-----
 1,64
  8,2
-----
 164
   0.
```

On demande la racine quarrée de 389489, je diviſe ce nombre en tranches de deux à deux, en allant de droite à gauche; je cherche d'abord la plus proche racine quarrée de la premiere tranche 38, c'eſt 6, je poſe 6 à la racine, & j'ôte ſon quarré 36 de 38, reſtent 2; j'abaiſſe à côté de ce reſte la ſeconde tranche 94; je double la racine trouvée 6, & j'écris 12, en poſant 2 au-deſſous de 9, premier chiffre de la tranche abaiſſée; je diviſe 29 par 12, le quotient eſt 2, je le poſe à la racine, & à côté du diviſeur 12; je multiplie 122 par 2, & j'ôte le produit 244 de 294, reſtent 50; j'abaiſſe la troiſiéme tranche à côté de ce reſte, & regardant 62 que j'ai déja trouvé comme la premiere partie d'une racine compoſée de deux termes, je le double, & j'écris 124, en poſant le 4 au-deſſous de 8, premier chiffre de la tranche que je viens d'abaiſſer; je diviſe 508 par 124, j'écris le quotient 4 à la racine & à côté de 124; je multiplie 1244 par ce quotient 4, j'en retranche le produit 4976 de 5089, & reſtent encore 113, & comme il n'y a plus de tranches à abaiſſer, je dis que la plus proche racine quarrée de 389489 eſt 624, & que s'il n'y avoit 113 de trop, ce nombre ſeroit un nombre quarré.

```
38,94,89 (624
36
---------
 2,94
 1 2,2
 2 44
---------
   50,89
   124,4
   49 76
---------
    1 1 3
```

180. Lorſque le calcul ne demande pas beaucoup d'exactitude, on peut négliger le reſte des extractions de racines; mais lorſqu'on veut tenir compte de ces reſtes, on cherchera les décimales de la racine, en ajoutant aux reſtes autant de

fois deux zero qu'on voudra avoir de décimales, & continuant l'extraction, les nombres qui en viendront seront autant de décimales.

Par exemple, j'ajoute deux zero au reste 113, je regarde le nombre trouvé 624, comme la premiere partie d'une racine composée de deux termes, je le double, & j'écris 1248 en posant 8 au-dessous du premier zero; je divise 1130 par 1248, le quotient est 0; je pose 0 à la racine & à côté de 1248; je multiplie 12480 par 0, & j'ôte le produit 0 de 11300, restent 11300; je pose encore deux zero à côté de ce reste, je double la racine 6240; que je ne regarde que comme la premiere partie d'une racine composée de deux termes, & j'écris 12480, en posant 0 sous le premier des deux zero que je viens d'ajouter; je divise 1130000 par 12480, j'en écris le quotient 9 à la racine & à côte de 12480; je multiplie 124809 par le quotient 9, & j'ôte le produit 1123281 de 1130000, restent encore 6719; je puis négliger ce reste, en me contentant de la racine 624 09; mais si je veux approcher davantage de la vraie racine, j'ajoute encore deux zero à ce reste 6719, & ainsi de suite en recommençant toujours la même opération, je trouverai tant de décimales que je voudrai.

```
38,94,89.(624.0905,&c.
36
------
 294
 122
 244
------
 5089
 1244
 4976
------
  11300
  12480
      0
------
  1130000
   124809
  1123281
--------
    671900
   1248180
         0
---------
   67190000
   12481805
   62409025
-----------
    4780975&c.
```

181. REMARQUE. Tous les nombres comme 2, 3, 5, 6, 7, 8, 10, 11, 12, 13, 14, 15, &c. qui remplissent les intervalles des nombres quarrés 1, 4, 9, 16, &c. sont des

quarrés imparfaits, dont on ne peut jamais extraire exactement la racine, même avec des fractions. Cela vient de ce qu'il n'y a aucun nombre (entier ou joint à une fraction) qui étant multiplié par lui-même, puisse avoir pour produit 2, 3, 5, 6, &c. ou tel autre nombre entier, compris entre les intervalles des nombres quarrés. Car afin que cela fût possible, il faudroit qu'une fraction multipliée par elle même, pût avoir pour produit un nombre entier. Or une fraction étant une quantité moindre que l'unité (101) son quarré est encore moindre que l'uniré, & par conséquent il ne peut être un nombre entier.

Ainsi $\sqrt{2}$, $\sqrt{3}$, $\sqrt{5}$, &c. représentent des nombres qu'il n'est pas possible d'assigner autrement; on en peut bien trouver une valeur aussi approchée qu'on voudra, mais jamais exacte.

Il en est de même des cubes, & même de toutes les autres puissances. Tous les nombres 2, 3, 4, 5, 6, 7, 9, 10, 11, 12, &c. compris entre les cubes parfaits 1, 8, 27, 64, &c. ont des racines cubiques inexprimables, &c. Ces sortes de racines s'appellent en général des *incommensurables*.

182. Il suit de-là qu'*il n'est pas possible de trouver en nombre un quarré qui soit double, triple, quintuple, &c. d'un autre quarré*; car tous les quarrés seroient représentés par 2, 3, 5, &c. tandis que cet autre quarré seroit représenté par 1. Or 2, 3, 5, &c. sont des quarrés dont les racines sont impossibles en nombre, &c.

De même il ne peut y avoir en nombres de cube double, triple, quadruple, &c. d'un autre nombre cubique. Ou, ce qui revient au même, le quotient d'un nombre cubique divisé par 2, ou par 3, ou par 4, &c. ne peut être un nombre cubique.

De l'extraction de la racine cubique.

183. L'extraction de la racine cubique, & même celle des autres puissances, se fait en raisonnant sur la nature des Polynomes élevés à ces puissances, comme nous avons fait pour la racine quarrée.

Soit proposé d'extraire la Racine cubique de $a^3+6aab+12abb+8b^3$. Je dis, la racine de cette quantité est un polynome. Supposons que ce soit un binome, son cube doit être composé (176) du cube de chaque terme, & du triple produit de chaque terme par le quarré de l'autre.

Cela posé je vois que le premier terme a^3 est un cube, j'en écris la racine a à l'écart, j'en prends le cube a^3, & je l'ôte de la quantité proposée, restent $6aab + 12abb + 8b^3$.

Je dis ensuite, dans ce reste il y a un produit du triple du quarré du premier terme a que je viens de trouver, par le second terme que je cherche: j'éleve donc a au quarré aa, je le triple & j'ai $3aa$, par lesquels je commence à diviser le reste, en disant $\frac{6aab}{3aa} = 2b$ je pose $+2b$ à la racine, & je dis: si $+2b$ est le second terme, la somme de son produit par $3aa$, plus le produit de son quarré par $3a$, plus son cube, doit être égal au reste. Or cette somme est $6aab + 12abb + 8b^3$ précisément égale au reste: Donc la racine cubique cherchée est $a + 2b$.

184. Pour les nombres, il faut d'abord connoître les dix premiers cubes parfaits.

Cubes.....	1.	8.	27.	64.	125.	216.	343.	512.	729.	1000.
Racines....	1.	2.	3.	4.	5.	6.	7.	8.	9.	10.

D'où on peut remarquer qu'un nombre cubique ne peut avoir à sa racine plus de chiffres que le tiers des siens; car 10 premier des nombres composés de deux chiffres, a pour cube 1000 premier des nombres composés de 4 chiffres. 100 premiers des nombres de 3 chiffres, à pour cube 1000000 premiers des nombres de 7 chiffres, &c. On peut même, par une semblable induction, conclure en général: *Qu'un nombre lequel étant élevé à une puissance quelconque p, est composé d'un certain nombre de chiffres n, ne peut avoir plus de chiffres à sa racine, que la fraction $\frac{n}{p}$ n'en exprime.*

Soit donné le nombre 74088 dont il faut extraire la racine cubique. Il faut le partager en tranches de trois en trois en allant de droite à gauche:

Ensuite dire, la racine cubique la plus prochaine de la premiere tranche 74 est 4, j'écris 4 à l'écart, je l'éleve au cube 64, & je l'ôte de 74, restent 10. J'abaisse la seconde tranche 088 à côté du reste 10. J'éleve au quarré la premiere partie trouvée 4, laquelle doit valoir 40 à l'égard du second chiffre que nous cherchons, j'ai 1600, je le triple en le multipliant par 3 à l'écart, & j'écris le produit 4800 au-dessous de 10088, je divise l'un

74,088 (42	
64	1600
10088	3
4800	4800
9600	
480	4
8	40
10088	160
0	3
	480

par l'autre en disant, $\frac{10088}{4800} = 2$, j'écris 2 à la racine, je multiplie le diviseur 4800 par la seconde partie trouvée 2, le produit est 9600, que j'écris au-dessous de 4800; j'éleve 2 au quarré 4, je le multiplie à l'écart par 40, qui est la premiere partie de la racine, j'en multiplie le produit 160 par 3, & j'écris le nouveau produit 480 au-dessous de 9600. Enfin je cube 2, & j'ai 8, que j'écris au-dessous de

480. J'ajoute ensemble les deux produits & ce cube, & parce que leur somme 10088 est égale au reste 10088, & qu'il n'y a plus de tranches à abaisser, je dis que la racine cubique de 74088, est 42 précisément.

AUTRE EXEMPLE. Soit proposé d'extraire la racine cubique de 5305472. Je le divise par tranches de trois en trois; je dis, la racine cubique la plus proche de la premiere tranche 5, est 1; le cube de 1 est 1, je l'ôte de 5, restent 4. J'abaisse la seconde tranche, & j'ai 4305. Je dis 1 étant la premiere partie de la racine, vaut 10 à l'égard de la seconde; le quarré de 10 est 100, son triple est 300, je divise 4305 par 300, en disant, en 43 combien de fois 3? il doit y être 14 fois; mais parce qu'on ne met jamais plus de 9 au quotient, & même qu'en y mettant 9 dans le cas présent, on y mettroit trop, comme il est aisé de l'éprouver en suivant les régles précédentes; je trouve après avoir essayé 9 & 8, qu'il ne faut prendre que 7 pour quotient. Je pose donc 7 à la racine. Je multiplie 300 par 7, j'ai le produit 2100, je dis $7 \times 7 = 49$, ensuite $49 \times 10 = 490$, enfin $490 \times 3 = 1470$, j'écris 1470 au-dessous de 2100. Je dis $7 \times 7 \times 7 = 343$, je l'écris au-dessous de 1470, j'ajoute ensemble 2100, 1470, & 343, & j'ôte la somme 3913 du membre 4305, restent 392. J'abaisse à côté la troisiéme tranche 472, je regarde 17 que j'ai déja trouvés comme la premiere partie de la racine, & qui vaut 170 à l'égard de la seconde partie que je cherche; j'en prends le quarré 28900, je le triple, & j'ai 86700 par lesquels je divise le troisiéme membre 392472, j'ai le quotient 4, je l'écris à la racine; je multiplie le diviseur 86700 par 4, & j'écris au dessous le produit 346800. Je fais $4 \times 4 = 16$, $16 \times 170 \times 3 = 8160$. J'écris 8160 au-dessous de 346800. J'écris au-dessous le cube de 4 qui est 64. J'ajoute ces trois quantités, & j'ôte leur somme 355024 du troisiéme membre 392472, restent 37448. Et parce qu'il n'y a plus de tranches à abbaisser, je dis que la racine cubique demandée, est 174, & que le nombre donné n'est pas cubique, mais qu'il a 37448 unités de trop.

185. Si on veut avoir égard à ce reste, il faut chercher des décimales pour la racine. Pour cela il faut ajouter aux restes autant de fois 000 qu'on voudra avoir de décimales, & continuer l'extraction, en regardant toujours tout ce qui aura déja été trouvé à la racine, comme une premiere partie dont on cherche la seconde. L'exemple rapporté ici, fera entendre ceci.

```
5,305,472 (174,41, &c.
1
--------
4305
 300
----
2100
1470
 343
----
3913
--------
 392472
  86700
-------
 346800
   8160
     64
-------
 355024
-------
 37448000
  9082800
---------
 36331200
    83520
       64
---------
 36414784
---------
 1033216000
  912460800
-----------
  912460800
      52320
          1
-----------
  912513121
 120702879 &c.
```

Calcul des Incommensurables.

186. Il y a peu d'équations où on ne rencontre des incommensurables, c'est-à-dire, des racines de puissances imparfaites, sur lesquelles cependant il faut faire toutes les opérations qu'exigent les différentes regles de la solution des équations. Ce calcul se peut faire en deux manieres, l'une qui s'appelle *le Calcul des Radicaux*, en laissant le signe radical aux termes dont on exprime les racines, & l'autre, qu'on nomme *le calcul des puissances par leurs exposans*, en substituant des exposans négatifs & fractionnaires aux signes radicaux.

Calcul des Radicaux.

187. Pour abréger nous mettrons ici des formules seulement, au lieu de regles exprimées en longs discours; elles n'en seront que plus claires. En se rendant ces formules familieres, on retiendra plus aisément la pratique du calcul, & alors les démonstrations que nous avons omises ici, se présenteront d'elles mêmes à l'esprit, pour peu qu'on y fasse réflexion.

Il faut remarquer d'abord que lorsque l'expression d'un incommensurable est telle, qu'elle puisse être divisée sans reste par quelque quantité élevée à une puissance indiquée par l'exposant de la racine, alors on peut réduire cette expression à une plus simple, en écrivant cette quantité comme un coefficient de la racine, & en mettant seulement le quotient sous le signe radical.

Par exemple, l'expression $\sqrt{aab}$ est telle, que le quarré de a peut diviser aab : je mets donc $a\sqrt{b}$ à la place de $\sqrt{aab}$; l'expression $\sqrt[3]{162}$ est telle, que 162 peut être divisé sans reste par le cube de 3 qui est 27, & par le cube de 9 qui est 81; car $\frac{162}{27}=6$ & $\frac{162}{81}=2$, on peut donc réduire $\sqrt[3]{162}$ à l'une ou à l'autre de ces deux expressions équivalentes $3\sqrt[3]{6}$ ou $9\sqrt[3]{2}$. De même dans $\sqrt[4]{a^5b^4}$, la quantité a^5b^4, peut être divisée par la quatrième puissance de ab, je puis donc mettre $ab\sqrt[4]{a}$ à la place de $\sqrt[4]{a^5b^4}$.

On trouvera de même que $\sqrt{\frac{b^3d}{aag}}=\frac{b\sqrt{bd}}{a\sqrt{g}}$: que $\frac{a\sqrt{48bcc}}{2\sqrt[3]{16dg^4}}$ $=\frac{4ac\sqrt{3b}}{4g\sqrt[3]{2dg}}=\frac{ac\sqrt{3b}}{g\sqrt[3]{2dg}}$, &c.

188. *Pour faire entrer une expression quelconque* $\frac{a}{b}$ *dans un radical quelconque* $\sqrt[n]{\frac{c}{d}}$ *sans en changer la valeur.*

Formule ... $\frac{ap}{bq}\sqrt[n]{\frac{cq^n}{dp^n}}$, ou bien $\frac{aq}{bq}\sqrt[n]{\frac{cp^n}{dq^n}}$.

189. *Pour ôter le coefficient* $\frac{a}{b}$ *du radical* $\frac{a}{b}\sqrt[n]{\frac{c}{d}}$.

Formule .... $\sqrt[n]{\frac{a^n c}{b^n d}}$.

190. *Pour réduire en entier la fraction* $\frac{c}{d}$ *qui est sous le signe radical* $\frac{a}{b}\sqrt[n]{\frac{c}{d}}$

Formule ... $\frac{a}{bd}\sqrt[n]{cd^{n-1}}$

191. *Pour réduire à un même exposant les deux radicaux* $\frac{p}{q}\sqrt[n]{\frac{a}{b}}$ & $\frac{y}{z}\sqrt[u]{\frac{c}{d}}$

Formule .... $\frac{p}{q}\sqrt[nu]{\frac{a^u}{b^u}}$ & $\frac{y}{z}\sqrt[nu]{\frac{c^n}{d^n}}$

Quand il y en a plusieurs, on les réduit successivement deux à deux.

192. Pour ajouter ensemble deux radicaux, on les écrit à la suite l'un de l'autre avec leurs signes. Mais s'ils étoient tels, qu'ayant un même exposant, la quantité sous le signe fut aussi la même, par exemple, si on avoit à ajouter $\frac{p}{q}\sqrt[n]{\frac{a}{b}}$ & $\frac{y}{z}\sqrt[n]{\frac{a}{b}}$ la somme seroit $\frac{pz+qy}{qz}\sqrt[n]{\frac{a}{b}}$.

193. Pour soustraire deux radicaux, il faut changer le signe du coefficient de celui qu'on veut soustraire, & s'ils ont le même exposant, & la même quantité sous le signe, alors on doit prendre la différence des coefficiens. Ainsi $\frac{p}{q}\sqrt[n]{\frac{a}{b}} - \frac{y}{z}\sqrt[n]{\frac{a}{b}} = \frac{pz-qy}{qz}\sqrt[n]{\frac{a}{b}}$.

194. *Pour multiplier deux radicaux*, par exemple $\frac{p}{q}\sqrt[n]{\frac{a}{b}}$ par $\frac{y}{z}\sqrt[u]{\frac{c}{d}}$.

Formule.... $\frac{py}{qz}\sqrt[nu]{\frac{a^u c^n}{b^u d^n}}$.

195. *Pour diviser les radicaux.* Par exemple $\frac{p}{q}\sqrt[n]{\frac{a}{b}}$ par $\frac{y}{z}\sqrt[u]{\frac{c}{d}}$.

Formule.... $\frac{pz}{qy}\sqrt[nu]{\frac{a^u d^n}{b^u c^n}}$.

196. *Pour élever un radical*, par exemple $\frac{a}{b}\sqrt[n]{\frac{c}{d}}$ *à une puissance*

quelconque, comme à la puissance $\frac{u}{s}$.

Formule... $\frac{a}{b}\sqrt[\frac{ns}{u}]{\frac{c}{d}}$.

197. *Pour extraire une racine quelconque d'un radical*, par exemple, la racine $\frac{u}{s}$ du radical $\frac{a}{b}\sqrt[n]{\frac{c}{d}}$.

Formule... $\sqrt[\frac{nu}{s}]{\frac{a^n c}{b^n d}}$.

Lorsqu'on aura fait quelque opération en suivant une de ces formules, il faudra, s'il est possible, en réduire le résultat aux termes les plus simples, suivant ce qui a été dit ci-dessus.

198. Il ne sera pas difficile d'appliquer ces formules aux quantités exprimées par des nombres, non plus qu'à celles qui sont exprimées par des lettres. Car, 1°. comme ces formules ont été construites pour des quantités fractionnaires, elles ne laissent aucune difficulté pour les fractions; 2°. Elles servent également aux entiers, puisque tout entier peut être supposé (108) une fraction dont le dénominateur soit 1; 3°. si les radicaux n'ont pas de coefficients, on peut supposer qu'ils ont le coefficient $\frac{1}{1}$. 4°. Si les quantités sont complexes, on pourra les supposer égales à des quantités incomplexes prises à volonté, & par des substitutions on leur appliquera les formules précédentes. Quelques exemples éclairciront ceci.

Soit proposé de multiplier $4\sqrt{\frac{2-b}{3ad}}$ par $\frac{1}{3}\sqrt[4]{aa+bb}$ je réduis ces deux radicaux sous cette forme $\frac{4}{1}\sqrt[2]{\frac{2-b}{3ad}}$, $\frac{1}{3}\sqrt[4]{\frac{aa+bb}{1}}$, & prenant les deux radicaux proposés dans l'article 194, je fais $4=p$, $1=q$ $2=n$, $2-b=a$, $3ad=b$, ensuite $1=y$, $3=z$, $4=u$, $aa+bb=c$ & $1=d$. De sorte que par la substitution, la formule de cet article qui est $\frac{py}{qz}\sqrt[nu]{\frac{a^u c^n}{b^u d^n}}$ deviendra $\frac{4\times 1}{1\times 3}\sqrt[2\times 4]{\frac{\overline{2-b}^4\times\overline{aa+bb}^2}{\overline{3ad}^4\times 1^2}}$ & en réduisant $\frac{1}{3}\sqrt[8]{\frac{\overline{2-b}^4\times\overline{aa+bb}^2}{81a^4d^4}}$

On veut diviser $4\sqrt{5}$ par $\sqrt{\frac{3}{7}}$. Je mets ces deux radicaux sous cette forme $\frac{4}{1}\sqrt[2]{\frac{5}{1}}$, $\frac{1}{1}\sqrt[2]{\frac{3}{7}}$. Je prends les deux radicaux proposés dans l'article

195, & je fais $4=p$, $1=q$, $2=n$, $5=a$, $1=b$; & $1=y$; $1=z$; $2=u$, $3=c$, $7=d$: alors par la substitution la formule $\frac{pz}{qy}\sqrt[nu]{\frac{a^u d^n}{b^u c^n}}$ devient $\frac{4\times 1}{1\times 1}\sqrt[2\times 2]{\frac{5^2\times 7^2}{1^2\times 3^2}}$ qui se réduit à $4\sqrt[4]{\frac{1225}{9}}$ ensuite à $4\sqrt{\frac{35}{3}}$ en faisant l'extraction de la racine quarrée de chaque terme sous le signe.

Lorsqu'on se sera servi souvent de ces formules, on trouvera aisément des abregés, qu'il auroit été trop long de détailler.

Calcul des puissances par leurs exposans.

199. LES puissances successives d'un même terme, sont en progression géométrique. Ainsi $\div\div a, a^2, a^3, a^4$, &c. Ou $\div\div a^4, a^3, a^2, a^1$. d'où on voit qu'un même terme élevé à des puissances dont les exposans sont en progression Arithmétique, forme une progression Geométrique. On peut donc continuer la progression, & mettre $\div\div a^4. a^3. a^2. a^1. a^0. a^{-1}. a^{-2}. a^{-3}. a^{-4}$. &c. Or il est évident que cette progression peut être mise sous cette forme $\div\div \frac{a^5}{a}. \frac{a^4}{a}. \frac{a^3}{a}. \frac{a^2}{a}. \frac{a^1}{a}. \frac{a^0}{a}. \frac{a^{-1}}{a}. \frac{a^{-2}}{a}. \frac{a^{-3}}{a}$, &c. & par conséquent $\div\div a^4. a^3. a^2. a^1. 1. \frac{1}{a}. \frac{1}{a^2}. \frac{1}{a^3}. \frac{1}{a^4}$ &c. Les cinq premiers termes de cette progression ne font aucune difficulté, & les autres suivent nécessairement de la loi de la progression, puisque le quotient qui y régne est $\frac{1}{a}$.

200. D'où il suit que $a^0=1$, $a^{-1}=\frac{1}{a}$. $a^{-2}=a^{\frac{1}{2}}$ &c. en général $a^{-m}=a^{\frac{1}{m}}$.

201. C'est extraire la racine d'une quantité, que de diviser son exposant par celui de la racine. Par exemple, la racine cubique de a^6b^9 qui est a^2b^3, se trouve en faisant $a^{\frac{6}{3}}b^{\frac{9}{3}}$. De même $\sqrt[4]{a^4b^{12}}=ab^3=a^{\frac{4}{4}}b^{\frac{12}{4}}$. En général $\sqrt[n]{a^m}=a^{\frac{m}{n}}$. Donc aussi $\sqrt{a}=a^{\frac{1}{2}}$, $\sqrt[3]{a}=a^{\frac{1}{3}}$, $\sqrt[n]{b}=b^{\frac{1}{n}}$ &c.

D'où on conclud, 1°. *que les racines successives d'une quantité, sont égales à cette quantité élevée successivement à des puissances dont les exposans sont les fractions en progression Arithmétique*, $\frac{1}{1}. \frac{1}{2}. \frac{1}{3}. \frac{1}{4}. \frac{1}{5}$. &c.

2°. Que l'on peut également calculer les racines & les puissances, & qu'il ne doit point y avoir de régles particulieres pour le calcul de ces sortes d'expressions.

202. Ainsi pour les ajouter, il faut les joindre avec leurs signes; pour les

les soustraire, il faut changer les signes des coefficients (& non des exposans) de celle qu'on veut retrancher. Pour les multiplier, il faut ajouter leurs exposans, si le multiplicateur & le multiplicande sont des termes semblables, sinon il faut les écrire à côté les uns des autres sans mettre de signes entre deux. Pour les diviser, si ce sont des termes semblables, il faut soustraire l'exposant du diviseur de celui du dividende; s'ils ne sont pas semblables, il faut les mettre en fraction. Enfin, pour les élever à des puissances quelconques, ou pour en extraire la racine quelconque, il faut multiplier leurs exposans par l'exposant entier ou fractionnaire, qui répond à la puissance ou à la racine en question.

Par exemple, la somme de a^n & de $a^{\frac{1}{m}}$ est $a^n + a^{\frac{1}{m}}$, leur différence est $a^n - a^{\frac{1}{m}}$: leur produit est $a^{n+\frac{1}{m}}$, leur quotient est $a^{n-\frac{1}{m}}$, leur puissance p est a^{pn}, $a^{\frac{p}{m}}$: leur racine q, c'est-à-dire, leur puissance $\frac{1}{q}$ est $a^{\frac{q}{n}}$, $a^{\frac{1}{qm}}$.

La somme de a^n & de b^{-m} est $a^n + b^{-m}$, la différence est $a^n - b^{-m}$, le produit est $a^n b^{-m}$ ou $\frac{a^n}{b^m}$, parce que (200) $b^{-m} = b^{\frac{1}{m}}$. Leur quotient est $\frac{a^n}{b^{-m}}$ ou $a^n b^m$ par la même raison. (Remarquez bien ces deux dernieres expressions). Leur puissance m est a^{mn}, b^{-mm}, leur racine p est $a^{\frac{n}{p}}$, $b^{-\frac{m}{p}}$ ou bien $b^{\frac{1}{mp}}$.

Des Equations, ou de l'Analyse.

203. LEs Equations servent à résoudre tous les Problêmes qu'on peut proposer sur les grandeurs, en découvrant ce qu'elles ont d'inconnu par les conditions de la question proposée, ou par les rapports connus que ces quantités inconnues ont avec les connues, ou données dans la question.

L'Art de résoudre les Problêmes par les Équations, s'appelle l'*Analyse*, elle a des regles sûres pour parvenir à la solution des Problêmes; mais il faut souvent beaucoup de dextérité pour les y appliquer de la maniere la plus directe & la plus simple, c'est en cela que consiste l'*Elégance* d'une solution.

204. On appelle en général *Equation*, un assemblage de

plusieurs termes joints par le signe $=$, ainsi $a=b$, $a+b=cc-df$, sont des Equations.

205. Tous les termes qui sont à gauche du signe $=$, s'appellent *le premier membre* de l'Equation, & tous ceux qui sont à droite de ce signe, s'appellent *le second membre*.

206. On a coutume d'exprimer les quantités données ou connues par les premieres lettres de l'Alphabeth a, b, c, &c. & les inconnues par les dernieres x, y, z, &c.

207. On appelle *Equations du premier degré*, celles où les quantités inconnues ne sont que de la premiere puissance; les équations du second, troisiéme, quatriéme, &c. degré sont celles où la plus haute puissance des inconnues est le quarré; le cube, le quarré-quarré, &c. Par exemple, $x^3-xyy=abc$ est une Equation du troisiéme degré. Nous ne traiterons ici que de celles du premier & second degré.

208. *Trouver la valeur d'une inconnue*, c'est l'avoir réduite à être toute seule un membre d'une équation, & si l'autre membre est alors composé de quantités toutes connues, le problême est résolu.

Pour trouver la valeur des inconnues, il faut faire différentes opérations, dont les principales sont la transposition, la multiplication, la division, l'extraction des racines, & la substitution.

De la Transposition.

209. LA Transposition sert à faire passer un ou plusieurs termes d'un membre dans l'autre, sans changer l'égalité entre les termes de l'équation. Pour cela, *il faut effacer le terme qu'on veut transposer du membre où il est, & l'écrire dans l'autre avec un signe contraire.*

Par exemple, j'ai l'équation $x-b=ac$, pour laisser x seul dans le premier membre; je transpose b dans le second, en écrivant $x=ac+b$. Dans l'équation $b+x=ab$; pour avoir la valeur de x, j'écris $x=ab-b$.

La raison en est, que si je retranche b de chaque terme de cette seconde équation, j'aurai $b-b+x=ab-b$ (17) & parce que (82) les termes $b-b$ se détruisent, restera $x=ab-b$.

210. On peut donc, par la transposition, rendre positif un terme négatif quelconque, & réciproquement.

De la Multiplication.

211. LA Multiplication sert à délivrer les équations des fractions qui s'y rencontrent ; ce qui se fait *en multipliant tous les termes de l'équation par chaque dénominateur des fractions.* Ainsi l'équation $a+\frac{b}{c}=dx$ devient $ac+b=cdx$; car si on multiplie $a+\frac{b}{c}$ par c, on aura $ac+\frac{bc}{c}$, ou (94) $ac+b$; de sorte que *pour multiplier la fraction par son dénominateur, il faut seulement effacer ce dénominateur.*

Pour délivrer l'equation $\frac{a}{x}+\frac{x}{b}=cd$ des deux fractions qui s'y trouvent, multipliez d'abord tous les termes par x, vous aurez $a+\frac{xx}{b}=cdx$, ensuite par b, & vous aurez $ab+xx=bcdx$, où il n'y a plus de fractions, & où l'égalité est conservée, parce que (17) deux grandeurs égales multipliées par une ou plusieurs grandeurs égales, restent toujours égales.

212. Lorsqu'il y a plusieurs fractions dans une équation, pour abréger, on peut multiplier tous les termes de l'équation, par le produit des dénominateurs de toutes les fractions. Par exemple, je multiplie par bcx tous les termes de la fraction $\frac{a}{b}+\frac{dd}{c}+cd=\frac{a}{x}-dx$, & j'ai $\frac{abcx}{b}+\frac{bcddx}{c}+bccdx=\frac{abcx}{x}-bcdxx$, & faisant les réductions (94) reste $acx+bddx+bccdx=abc-bcdxx$.

De la Division.

213. LA Division sert à dégager une quantité qui se trouve multipliée par une autre ; comme, par exemple, lorsqu'une inconnue multiplie une quantité connue, on se sert de la division pour les séparer, & laisser seule l'inconnue.

Pour cela *il faut diviser tous les termes de l'équation par la quantité qu'on veut dégager* ; ce qui (17) ne change pas l'égalité : ainſi dans l'équation $ab+cc=bx$, pour dégager b de l'inconnue x, il faut tout diviſer par b, & écrire $a+\frac{cc}{b}=x$.

214. Quand une même lettre ſe trouve dans tous les termes d'une équation ; en les diviſant par cette lettre, on rend l'équation beaucoup plus ſimple, ſans en changer la valeur.

Par exemple, $abb+bbd-bcd=bxx$, devient $ab+bd-cd=xx$, en diviſant chaque terme par b. De même $aa+ac-a=axx$ devient $a+c-1=xx$, en diviſant chaque terme par a.

De l'extraction des Racines.

215. 1°. Lorſque dans une équation l'inconnue eſt dans un ſeul terme & élevée au quarré, il faut par la tranſpoſition (209) rendre ce terme poſitif s'il eſt négatif, & le mettre tout ſeul dans un membre, enſuite extraire la racine quarrée de chaque membre, elle donnera la valeur de l'inconnue. Par exemple, ayant l'équation $2ab+xx=aa+bb$, je laiſſe xx ſeul, en tranſpoſant $2ab$ (209), & mettant $xx=aa-2ab+bb$: enſuite j'extrais la racine quarrée de chaque membre, & j'ai $x=a-b$.

De même la valeur de x dans l'équation $aa-xx=bb$ ſera $\sqrt{aa-bb}=x$. Dans l'équation $yy=ab$, on aura $y=\sqrt{ab}$.

216. 2°. Lorſque dans une équation l'inconnue eſt elevée au quarré, & enſuite multipliée par une quantité connue, il faut mettre dans un membre ſeul les termes où l'inconnue ſe trouve ; il faut enſuite ajouter à chaque membre le quarré de la moitié de la quantité connue qui multiplie l'inconnue, parce qu'alors le membre où ſe trouve l'inconnue devient un quarré parfait, dont on peut extraire la racine exacte, & avoir par conſéquent la valeur de l'inconnue. Par exemple, étant donnée l'équation $xx+2ax=bd$, je prends la moitié de $2a$ qui multiplie l'inconnue x, j'en ajoute le quarré aa à chaque membre, & j'ai $xx+2ax+aa=aa+bd$, où il eſt évident (175) que le premier membre eſt un quarré parfait : j'extrais la racine des deux membres, & j'ai $x+a=\sqrt{aa+bd}$,

& par la transposition (209) $x = \sqrt{aa + bd} - a$. De même l'équation $xx - \frac{ax}{3b} = cd$ se réduira à $xx - \frac{ax}{3b} + \frac{aa}{36bb} = \frac{aa}{36bb} + cd$; & en extrayant les racines, $x - \frac{a}{6b} = \sqrt{\frac{aa}{36bb} + cd}$, & par la transposition, $x = \frac{a}{6b} + \sqrt{\frac{aa}{36bb} + cd}$. L'équation $xx + ax - x = aa$, deviendra $xx + ax - x + \frac{aa}{4} - \frac{a}{2} + \frac{1}{4} = aa + \frac{aa}{4} - \frac{a}{2} + \frac{1}{4}$; & en extrayant les racines, $x + \frac{1}{2}a - \frac{1}{2} = \sqrt{\frac{aa + 1}{4} + aa - \frac{a}{2}} = \sqrt{\frac{5aa - 2a + 1}{4}}$ (110)

217. 3°. Si le quarré de l'inconnue est multiplié lui-même, par quelque quantité connue, il faudra l'en dégager par la division (213). Ainsi l'équation $9abxx - 3bbx = ad$, doit se réduire d'abord à $xx - \frac{bx}{3a} = \frac{d}{9b}$ en divisant tout par $9ab$; ensuite, suivant la regle précédente, on aura $xx - \frac{bx}{3a} + \frac{bb}{36aa} = \frac{d}{9b} + \frac{bb}{36aa}$; Donc en extrayant les racines $x - \frac{b}{6a} = \sqrt{\frac{d}{9b} + \frac{bb}{36aa}}$, & par la transposition, $x = \frac{b}{6a} + \sqrt{\frac{d}{9b} + \frac{bb}{36aa}}$.

De la Substitution.

218. LA Substitution sert à réduire à une seule plusieurs inconnues, qui se trouvent dans un problême exprimé par plusieurs équations.

Par exemple, si on a ces deux équations $ax + y = b$, $x + by = a$, dans chacune desquelles il y a deux inconnues x & y, on pourra en faire *évanouir* une des deux, par exemple y, en prenant par la transposition (209) la valeur de y dans la premiere équation, & en substituant cette valeur à y dans la seconde équation. Je transpose donc ax, & j'ai $y = b - ax$; & dans la seconde équation, je mettrai $b - ax$ à la place de y, & comme il y est multiplié par b, je multiplie $b - ax$ par b, & j'ai $bb - abx = by$. Donc cette seconde équation deviendra $x+bb-abx=a$, dans laquelle il n'y a plus y.

Si j'eusse voulu faire évanouir x de la seconde équation, j'eusse pris sa valeur dans la premiere, en transposant d'abord $+y$, & mettant $ax=b-y$, ensuite en divisant tout par a (213) afin d'avoir la valeur de l'inconnue x qui devient $x=\frac{b-y}{a}$. J'eusse mis dans la seconde équation $\frac{b-y}{a}$ à la place de x, & j'eusse eu $\frac{b-y}{a}+by=a$ dans laquelle x ne se trouve plus.

Si on a trois équations, par exemple, $x+y+z=a$, $x+y-z=b$, $x-y+z=c$; on pourra faire évanouir deux inconnues dans chacune par la substitution, en cette maniere. Prenez dans la premiere la valeur de x, & vous aurez (209) $x=a-y-z$; mettez $a-y-z$ à la place de x dans les deux autres équations, & vous aurez $a-y-z+y-z=b$, & $a-y-z-y+z=c$, qui se réduisent à $a-2z=b$, & $a-2y=c$, dans lesquelles il n'y a plus qu'une inconnue : si vous voulez maintenant réduire la premiere équation à n'avoir que l'inconnue x, prenez la valeur de y & de z dans les deux equations $a-2z=b$, $a-2y=c$. vous aurez d'abord en transposant $a-b=2z$, & $a-c=2y$; ensuite, en divisant par 2 (213), vous aurez $\frac{a-b}{2}=z$ & $\frac{a-c}{2}=y$: enfin en substituant ces valeurs à la place de y & de z, dans la premiere équation, vous aurez $x+\frac{a-c}{2}+\frac{a-b}{2}=a$ qui se réduit à $x+a-\frac{c-b}{2}=a$; & si vous voulez connoître entierement x, il faut transposer $a-\frac{c-b}{2}$ & restera $x=\frac{b+c}{2}$.

De la résolution des Problêmes par l'Analyse.

219. POUR résoudre un problême, il faut d'abord considérer attentivement l'état de la question, en examiner les conditions, distinguer les choses données ou connues d'avec les inconnues, exprimer le problême d'une façon abstraite & générale par le moyen des lettres, faisant en sorte qu'il y en ait le moins qu'il est possible; & pour cela il ne faut pas désigner par différentes lettres des quantités égales ou les parties de quantités égales; mais seulement par une même lettre avec des coefficients, s'il est nécessaire, afin que le problême soit exprimé dans les termes les plus simples; alors ayant supposé la question résolue, il en faut déduire, s'il est possible, autant d'équations qu'il y a d'inconnues, il faut réduire chaque équation, par les regles précédentes, au point qu'il n'y ait plus dans chacune qu'une inconnue toute seule, dont on prendra la valeur par la transposition, & le problême sera résolu. Nous allons éclaircir ceci par quelques exemples. XVI LEÇON.

220. EXEMPLE. I. Soit proposée cette question : *Un pere & un fils ont 100 ans entr'eux; le fils a 30 ans moins que le pere; quel est l'âge de chacun?*

Ayant considéré attentivement cette question, j'y remarque deux quantités connues, sçavoir, une somme 100, & une différence 30, & deux inconnues; sçavoir, l'âge du pere, & l'âge du fils. Il faut donc déduire deux équations de cette question, & ayant supposé $100=a$, $30=b$, l'âge du pere$=x$, l'âge du fils$=y$, je réduis le problême à cette question générale : *Etant données la somme & la différence de deux quantités, trouver chaque quantité*, & je l'exprime ainsi.

Problême exprimé en paroles.	Problême exprimé par signes.
On demande deux âges......	x, y?
dont la somme est $100=a$....	$x+y=a$
& dont la différence est $30=b$.	$x-y=b$

J'ai donc deux équations $x+y=a$, & $x-y=b$, dans

chacune desquelles il y a deux inconnues, c'est pourquoi je tâche d'en faire évanouir une par la substitution, comme x, en disant, puisque $x+y=a$, donc (209) $x=a-y$, & en substituant $a-y$ à la place de x dans la seconde équation, j'ai $a-y-y=b$, ou (80) $a-2y=b$, & en transposant (209) $a-b=2y$, enfin en divisant (213) $\frac{a-b}{2}=y$, ainsi je connois la valeur de y.

Si donc dans la premiere équation je substitue $\frac{a-b}{2}$ à la place de y, elle deviendra $x+\frac{a-b}{2}=a$, ou (209) $x=a-\frac{a+b}{2}$, on a donc aussi la valeur de x : Mais pour rendre cette équation $x=a-\frac{a+b}{2}$ plus élégante, j'en ôte la fraction (211) & j'ai $2x=2a-a+b$, & en réduisant (80) $2x=a+b$, enfin en divisant, $x=\frac{a+b}{2}$, qui est une expression plus simple. Ainsi la question est parfaitement résolue; car si à la place de a & de b je substitue 100 & 30, j'aurai $x=\frac{100+30}{2}=\frac{130}{2}=65$: & $y=\frac{100-30}{2}=\frac{70}{2}=35$; donc le pere avoit 65 ans & le fils 35.

221. On pourroit trouver la valeur des inconnues de ce problême, indépendamment de la substitution en cette maniere : Prenez par la transposition la valeur de x dans les deux équations, & vous aurez $x=a-y$ & $x=b+y$. Donc $a-y=b+y$, donc en transposant $a-b=2y$, & en divisant $y=\frac{a-b}{2}$.

En prenant de même la valeur de y dans les deux équations on eut eu $y=a-x$, & $x-b=y$; donc $a-x=x-b$, donc (209) $a+b=2x$, donc (213) $\frac{a+b}{2}=x$.

222. Puisque cette question peut être proposée en général, il suit que les équations $x=\frac{a+b}{2}$ & $y=\frac{a-b}{2}$ en donnent une solution générale; car il est clair que ces lettres représentant tous les nombres possibles, toutes les fois qu'on

proposera de trouver deux quantités dont on connoît la somme & la différence, on verra que la plus grande de ces deux quantités, qui est ici désignée par x, sera égale à la moitié de la somme des deux quantités données ; & que la plus petite, marquée par y, sera égale à la moitié de la différence de ces deux quantités données..

223. Les équations qui donnent la solution générale d'un problême, s'appellent *Formules*, parce qu'elles représentent une méthode générale de résoudre tous les problêmes possibles qui ont les mêmes conditions que celui qu'on a résolu par ces équations.

Par exemple, si on proposoit cette question : *Pierre & Jean ont donné ensemble 14 sols aux pauvres ; Pierre a donné 4 sols plus que Jean : qu'ont-ils donné chacun ?*

Il est évident que ce problême a les mêmes conditions que le précédent, puisqu'on y demande deux quantités, dont on connoît la somme 14 & la différence 4 ; c'est pourquoi l'aumône de Pierre sera exprimée par $x = \frac{a+b}{2}$, ce qui peut être rendu ainsi ; ajoutez 14 & 4, & divisez la somme 18 par 2, le quotient est 9 ; donc Pierre a donné 9 sols, & par conséquent Jean en a donné 5.

On eut pû résoudre la question par la formule $y = \frac{a-b}{2}$, qui exprime l'aumône de Jean, & qui signifie qu'il faut ôter 4 de 14, & diviser le reste 10 par deux, pour avoir le quotient 5, qui est l'aumône de Jean ; d'où il est aisé de conclure que Pierre a donné 9 sols.

224. *Une formule exprimée en paroles donne donc une regle générale.* Par exemple, les formules $x = \frac{a+b}{2}$, $y = \frac{a-b}{2}$, qui sont la même chose que $x = \frac{a}{2} + \frac{b}{2}$, & $y = \frac{a}{2} - \frac{b}{2}$, donnent cette regle générale. *Quand on connoît la somme & la différence de deux quantités inconnues, pour avoir la plus grande, il faut ajouter la moitié de la différence à la moitié de la somme, & pour avoir la plus petite, il faut ôter la moitié de la différence de la moitié de la somme.*

225. Il eſt encore évident qu'*une Formule peut être énoncée en Théorême ;* car on peut exprimer ainſi les deux formules précédentes. *De deux quantités inégales, la plus grande eſt égale à la moitié de leur ſomme, plus la moitié de leur différence; & la plus petite, à la moitié de leur ſomme moins la moitié de leur différence.* C'eſt ainſi qu'en réſolvant des problêmes par l'Algébre, on découvre les propriétés générales de la grandeur.

Nous avons diſcuté cette queſtion tout au long, pour ſervir de modéle aux ſolutions des Problêmes, nous ſerons plus ſuccincts dans les ſuivans.

226. II. EXEMPLE. *Pierre & Jean ayant enſemble 36 l. ont perdu une piſtole au jeu ; Pierre a perdu le tiers de ce qu'il avoit, & Jean le cinquiéme ; on demande ce que chacun avoit avant le jeu, & ce que chacun perdu ?*

Dans cet exemple, il ſemble d'abord qu'il y ait quatre inconnues, quoiqu'il n'y en ait réellement que deux. Car quand on connoitra ce que Pierre avoit avant le jeu, le tiers de cette ſomme ſera ſa perte, laquelle par conſéquent ne fait pas proprement une quantité inconnue ; il en eſt de même de la perte de Jean. D'où on peut faire cette remarque.

Le nombre des inconnues ne dépend pas du nombre des demandes qu'on fait dans un problême, mais il faut examiner auparavant que de déterminer le nombre des inconnues, ſi la ſolution d'une demande ne donne pas la ſolution d'une autre.

Cette queſtion particuliere doit être réduite à celle-ci qui eſt générale : *Diviſer une quantité donnée* a *en deux parties* x, y, *telles que le tiers de* x, *plus le cinquiéme de* y, *ſoit égal à une quantité donnée* b.

Queſtion exprimée en paroles.	Queſtion exprimée par ſignes.
On demande deux quantités...	x, y ?
dont la ſomme eſt 36 ou *a*....	$x+y=a$
& dont le tiers de la premiere, plus le cinquiéme de la ſeconde, eſt 10 ou *b*.........	$\frac{x}{3}+\frac{y}{5}=b$

Il faut d'abord délivrer de fractions la ſeconde équation (211) qui deviendra $5x+3y=15b$, & alors ſi on prend

$x=a-y$ (209) dans la premiere équation, & si on substitue cette valeur dans $5x+3y=15b$, on aura (218) $5a-5y+3y=15b$, & en réduisant, puis transposant $2y=5a-15b$, & en divisant (213) $y=\frac{5a-15b}{2}$, ce qui suffit pour la solution du problême : car si on fait les substitutions marquées dans cette formule, on trouvera $y=15$ l. Jean avoit donc 15 l. & en a perdu 3, qui est le cinquiéme de 15 ; par conséquent Pierre avoit 21 l. puisque $15+21=36$, & a perdu 7 l. qui font le tiers de 21.

Si cependant on vouloit une formule par x, on trouvera après avoir fait la substitution de $\frac{5a-15b}{2}$ à la place de y dans la premiere équation, transposé, réduit & divisé, $x=\frac{15b-3a}{2}$, qui est la formule cherchée.

227. III. EXEMPLE. *Un Pere dans son testament, partage tout son bien entre ses enfans : Il donne à son aîné 2000 écus avec le sixiéme de ce qui restera après qu'il les aura pris : au second 4000 écus avec le sixiéme de ce qui restera ; au troisiéme 6000 écus & le sixiéme de ce qui restera, & ainsi de suite jusqu'au dernier, qui aura pour lui le reste de la part de ses freres. Cette disposition ayant été exécutée, chacun s'est trouvé également partagé. On demande combien ils étoient d'enfans ? Combien ils ont eu chacun ? & combien le pere avoit laissé d'argent ?*

Quoiqu'il paroisse qu'il y a trois inconnues, cependant on voit en examinant de près cette question, qu'il n'y en a qu'une, sçavoir le bien du pere : car quand il sera connu, on en ôtera 2000 écus, & on leur ajoutera le sixiéme du reste, ce qui donnera la part de chacun ; & divisant le bien du pere par une de ces parts, on aura le nombre des parts, c'est-à-dire, celui des enfans.

Je fais donc le bien du pere$=x$, les 2000 écus$=a$, & je dis, quand l'aîné aura pris ses 2000 écus, le reste du bien sera $x-a$; sur cela il prendra le sixiéme, qui est $\frac{x-a}{6}$, & sa part sera $a+\frac{x-a}{6}$.

Otant cette part de tout le bien, le restant sera $x - a - \frac{x+a}{6}$ sur quoi le second prend $2a$, & le restant devient $x - a - \frac{x+a}{6} - 2a$ qui se réduit à $x - 3a - \frac{x+a}{6}$, & dont il doit encore prendre la sixiéme partie : Or la sixiéme partie de $x - 3a$ est $\frac{x-3a}{6}$, & celle de $\frac{x+a}{6}$ est $\frac{x+a}{36}$ (128); de sorte que la part du second est $2a + \frac{x-3a}{6} - \frac{x+a}{36}$.

Et parce que les parts se sont trouvées égales, on a l'équation $a + \frac{x-a}{6} = 2a + \frac{x-3a}{6} - \frac{x+a}{36}$, d'où ôtant la premiere fraction, on a $6a + x - a = 12a + \frac{6x-18a}{6} - \frac{6x+6a}{36}$, & en réduisant, $5a + x = 12a + x - 3a - \frac{x+a}{6}$, ou bien $5a + x = 9a + x - \frac{x+a}{6}$ ôtant encore la fraction, $30a + 6x = 54a + 6x - x + a$, ou bien $30a + 6x = 55a + 5x$, & transposant $6x - 5x = 55a - 30a$, réduisant $x = 25a$.

Ainsi le bien du pere étoit de 25×2000 écus, c'est-à-dire de 50000 écus : chacun a eu 10000 écus, & il y avoit cinq enfans.

228. IV. EXEMPLE. *Trouver deux nombres dont la somme est 17, & le produit 60. Ou en général, trouver deux quantités x & y dont la somme* a *& le produit* b *sont donnés.*

On a donc les deux équations $x + y = a$, & $xy = b$ je prends la valeur d'une des deux inconnues dans la premiere équation, j'ai $x = a - y$, je la substitue dans la seconde, qui devient $ay - yy = b$; je transpose pour rendre yy positif (215) & j'ai $-b = yy - ay$; j'ajoute à chaque membre le quarré de la moitié de a (216) & j'ai $\frac{aa}{4} - b = yy - ay + \frac{aa}{4}$. J'extrais la racine, ce qui donne $\sqrt{\frac{aa}{4} - b} = y - \frac{a}{2}$; & transposant $\frac{a}{2} + \sqrt{\frac{aa}{4} - b} = y$, & le Problême est résolu : car substituant des nombres à la place des lettres, j'ai $\frac{17}{2} + \sqrt{\frac{289}{4} - 60}$,

$=y$, ou, réduisant $\frac{289}{4}-60$ en fraction, $8\frac{1}{2}+\sqrt{\frac{49}{4}}=y$, & enfin $8\frac{1}{2}+3\frac{1}{2}=y$; donc $y=12$, & parce que $y+x=17$, on a $x=5$.

229. REMARQUES. I. Ce Probleme est du second degré, puisque l'inconnue s'y trouve élevée au quarré. Or ces sortes de Problêmes ont deux solutions; en général, *les Problêmes déterminés ont autant de solutions différentes, que le plus grand exposant de l'inconnue contient d'unités.*

La raison en est, pour les Problêmes du second degré, que tout quarré a deux racines possibles: par exemple yy a deux racines, sçavoir y & $-y$: Dans ce cas-ci, pour extraire la racine de l'équation $\frac{aa}{4}-b=yy-ay+\frac{aa}{4}$, on eût pu mettre $\sqrt{\frac{aa}{4}-b}=-y+\frac{a}{2}$, & on eût eu $y=\frac{1}{2}a-\sqrt{\frac{aa}{4}-b}$, ce qui eut donné $y=5$ & par conséquent $x=12$. Or il est clair que soit qu'on fasse $y=5$ & $x=12$; ou $y=12$ & $x=5$ les conditions du Problême sont remplies. D'où il suit que *tout Problême dans lequel une des deux inconnues peut être indifferemment plus grande ou plus petite que l'autre, est un Problême qui a deux solutions, & qui est par conséquent du second degré.*

230. II. Quand dans un Problême il y a moins de conditions que d'inconnues, ou quand on ne peut déduire d'un Problême autant d'équations qu'il y a d'inconnues, le Probleme s'appelle *indéterminé.*

231. Dans les Problêmes indéterminés il n'y a ordinairement qu'une inconnue de plus que d'équations, on ne peut par les regles précédentes réduire chaque équation qu'à n'avoir plus que deux inconnues, alors on suppose une valeur à une de ces deux inconnues, & la valeur de l'autre est déterminée en vertu de cette supposition & des conditions du Problême: Et par conséquent le Problême peut avoir autant de solutions qu'on peut supposer de valeurs différentes à l'une des deux inconnues.

Soit, par exemple, cette Question. *Trouver trois nombres x, y, z dont la somme soit 105, & qui ayent entr'eux une même différence.*

Les conditions de ce Problême ne peuvent s'exprimer que par ces deux équations $x+y+z=105$, & $x-y=y-z$. Prenant donc dans la seconde équation $x=2y-z$, & substituant cela dans la premiere, on trouvera $y=35$, & par conséquent $x+35+z=105$, d'où on tire $x+z=70$, de laquelle équation on ne peut faire évanouir ni x ni z. Il faut donc supposer quelque valeur à x, & on en aura une de z: faisant, par exemple, $x=10$, on aura $z=60$, & les trois nombres 10, 35, 60 pourront satisfaire à la question. Et si on fait $x=12$, on aura $z=58$, & les trois nombres, 12, 35, 58 y satisferont aussi.

On voit même que ce Probleme peut avoir 69 solutions en nombre entiers & positifs, parce qu'on peut supposer x égal successivement à tous les nombres depuis 1 jusqu'à 69, mais non au-delà, parce que la somme des deux inconnues est 70; mais il peut avoir une infinité de solutions, en supposant x égal à tel nombre qu'on voudra moindre que 70, plus telle fraction qu'on voudra.

232. III. Dans les Problêmes indéterminés du premier degré on peut donner à une inconnue une valeur arbitraire, à moins que l'état de la question ne le comporte pas, comme s'il s'agissoit de trouver un certain nombre inconnu de choses indivisibles par leur nature & qu'on ne peut représenter par des fractions comme des hommes, des chevaux, &c. Mais dans les Problêmes indéterminés du second degré lorsqu'on veut déterminer la valeur d'une inconnue élevée au quarré, il faut que la valeur supposée de l'autre inconnue soit telle, que ce quarré ne devienne pas négatif, parce qu'alors sa racine seroit une quantité impossible.

Par exemple, dans l'équation $xx+y=b$ on ne peut donner à y une valeur plus grande que celle de b, autrement xx deviendroit négatif. Or il est impossible qu'un quarré soit négatif, puisque $+x$ & $-x$ ont également xx à leur quarré.

233. Les racines des puissances impossibles s'appellent des *racines imaginaires*. Ainsi $\sqrt{-xx}$ est une racine imaginaire: & c'est avoir démontré qu'un Problême est impossible, lorsque les racines de son équation sont toutes imaginaires, ou

du moins *un Problême contient autant de cas impoſſibles, que ſon équation a de racines imaginaires.*

Voici quelques autres queſtions propoſées pour s'exercer.

I. *Pierre arrivant à Paris a dépenſé le premier jour le tiers de tout l'argent qu'il avoit apporté; le ſecond jour il en a dépenſé le quart; le troiſiéme jour, la cinquiéme partie; enſorte qu'il ne lui reſtoit plus que* 26 liv. *On demande ce qu'il avoit d'argent en entrant à Paris?*

II. *Un Orféyre achete* 318 *liv. une maſſe de métal compoſé de* 3 *onces d'or & de* 5 *onces d'argent, il achete* 522 *liv. une autre maſſe compoſée de* 5 *onces d'or & de* 7 *onces d'argent; on demande la valeur de l'once d'or & celle de l'once d'argent?*

III. *Pierre, Jacques & Jean ont perdu tout leur argent au jeu. Pierre & Jacques ont perdu enſemble* 10 *liv. Pierre & Jean* 11 *liv. Jacques & Jean* 9 *liv. on demande ce que chacun a perdu en particulier.*

IV. *Une Aneſſe diſoit à une Mule, Si je t'avois donné un de mes ſacs, nous ſerions également chargées; & ſi tu m'en faiſois porter un des tiens, j'aurois le double de ta charge. On demande combien de ſacs chacune portoit?*

V. *Pierre & Jean avoient autant d'argent l'un que l'autre avant que de jouer; Pierre a perdu* 12 *liv. & Jean* 57 *liv. de ſorte qu'au ſortir du jeu Pierre avoit quatre fois plus d'argent que Jean. On demande ce que chacun avoit avant de jouer?*

VI. *On demande à un homme ce qu'il a d'écus? il répond, Si vous ajoutez enſemble la moitié, le tiers, le quart de ce que j'en ai, la ſomme ſurpaſſera d'un le nombre d'écus que j'ai?*

VII. *Un Marchand achete trois chevaux; le prix du premier avec la moitié du prix des deux autres, monte à* 25 *piſtoles; le prix du ſecond avec le tiers du prix des deux autres, monte à* 26 *piſtoles; le prix du troiſiéme avec la moitié du prix des deux autres, monte à* 29 *piſtoles. On demande le prix de chaque cheval?*

VIII. *Un Manœuvre ayant* 6 *liv. dans ſa poche, reçoit ce qui lui eſt dû pour cinq ſemaines. Quinze jours après il ne lui reſtoit plus que le quart de tout ſon argent, mais ayant reçû ce qu'il a gagné pendant ces deux ſemaines, il ſe trouve avoir* 21 *liv. Que gagnoit-il par ſemaine?*

Remarques générales sur la solution des Problêmes par l'Analyse.

234. I. LA plus grande difficulté qu'on rencontre ordinairement dans la solution d'une question, consiste dans celle de former des équations qui en expriment les conditions ; parce qu'il arrive souvent que dans ces conditions, on n'énonce pas positivement les rapports ou les égalités qu'elles renferment. Dans ce cas 1°. il faut examiner si on ne peut pas faire entrer dans le problême quelque quantité connue ou inconnue, désignée par de nouvelles lettres, & dont on puisse, par une équation, exprimer le rapport avec les autres quantités connues ou inconnues. 2°. Si on n'en trouve aucune, ou si cela ne suffit pas, il faut examiner, si parmi les données, ou même parmi les inconnues, il n'y a pas quelque quantité qu'on puisse exprimer par quelque nouvelle lettre, & en former quelque nouvelle équation, suivant les conditions du problême.

Soit proposée cette question. *Un pied cube d'eau de la mer pese 72 l. un pied cube d'eau douce ou de pluye pese 69 l.* $\frac{1}{2}$ *; un pied cube d'une fontaine salée pese 71 l. On demande quel poids d'eau de pluye il faut ajouter à un pied cube d'eau de mer ; afin qu'elle ne soit pas plus salée, que celle de la fontaine ?*

J'appelle x le poids d'eau de pluye cherché ; je fais $72=a$, $71=b$, $69\frac{1}{2}=c$. Je désigne le pied cube par p. Je remarque qu'on a déterminé le volume de l'eau de la mer qu'il faut mélanger, sçavoir, un pied cube, qui est aussi le volume par lequel on a déterminé les poids. Je sçais d'ailleurs que les volumes d'une même eau sont proportionnels à leurs poids. Pour parvenir plus facilement à une équation, j'appelle z le volume d'eau de pluye que je cherche, dont le poids est x : & j'ai $p.\ c :: z.\ x$, & par conséquent $px=cz$. Ensuite puisque le poids du pied cube de la fontaine salée est b, le volume p est au poids b, comme le volume p plus le volume z du mélange, est au poids a plus le poids x de ce même mélange : ou $p.\ b :: p+z.\ a+x$. Donc $ap+px=bp+pz$. Et cette équation étant comparée à la précédente $px=cz$, on aura $x=\dfrac{ac-bc}{b-c}=46$ l. $\frac{1}{3}$.

AUTRE EXEMPLE. *Il y a trois prés* a, b, c, *d'une même qualité & d'une grandeur connue, dans lesquels l'herbe croît uniformément, il faut un nombre* d *de bœufs pour paître toute l'herbe du pré* a *en un certain nombre de jours* e ; *& un nombre* f *de bœufs pour paître tout le pré* b *en un nombre* g *de jours : On demande le nombre* x *de bœufs qui pourroient paître de même toute l'herbe du pré* c, *en un nombre* h *de jours donné.*

Les conditions du problême n'expriment pas les rapports nécessaires pour en former des équations : mais comme il s'agit & de l'herbe qui se trouve dans chaque pré lorsque les bœufs y entrent, & de celle qui croît pendant qu'ils y sont, je partage les bœufs de chaque pré

en

en deux bandes, & je suppose que l'une mange seulement l'herbe qui étoit accrue lorsqu'ils y sont entrés, & que l'autre bande mange l'herbe qui croît. Ainsi je suppose $d=y+z$, $f=t+u$, $x=s+r$.

Je considere d'abord les bœufs qui mangent l'herbe qui étoit crue, & je dis, il faut d'autant plus de bœufs pour manger tout un pré, que le pré est plus grand, & que le tems est plus court : Donc le nombre des bœufs qui mangent l'herbe accrue est en raison composée de la directe de la grandeur du pré, & de l'inverse du tems, ou, ce qui est la même chose, le nombre de ces bœufs est comme le pré divisé par le tems. J'ai donc les deux proportions, $y.\ t :: \frac{a}{e}.\ \frac{b}{g}$, & $y.\ s :: \frac{a}{e}.\ \frac{c}{h}$ d'où je tire les valeurs de t & de s ; sçavoir, $t=\frac{eby}{ag}$ & $s=\frac{ecy}{ah}$.

Je viens ensuite à ceux qui mangent l'herbe qui croît, tandis qu'on mange l'herbe qui étoit crue, & je vois qu'il faut que leur nombre soit d'autant plus grand, que les prés sont plus grands, sans qu'il soit besoin d'avoir égard au tems : ainsi le nombre de ces bœufs est proportionnel à l'étendue des prés. D'où je tire encore ces deux proportions $z.\ u :: a.\ b$, & $z.\ r :: a.\ c$, & par conséquent les deux équations $z=\frac{au}{b}$ & $r=\frac{cz}{a}$.

Ainsi j'ai sept équations & sept inconnues ; sçavoir, $d=y+z$, $f=t+u$, $x=s+r$, $t=\frac{eby}{ag}$, $s=\frac{ecy}{ah}$, $z=\frac{au}{b}$, & $r=\frac{cz}{a}$. Ayant fait toutes les substitutions nécessaires des valeurs de s & de r dans la troisiéme équation, j'ai enfin $x=\frac{acfgh-acegf-bcdeh+bcdeg}{abgh-abeh}$.

235. II. Il arrive quelquefois que les conditions qui déterminent un problême, donnent des équations parmi lesquelles il s'en trouve qui n'ont pas d'inconnues, & qui ne peuvent par conséquent servir directement à faire évanouir les inconnues qui sont dans les autres équations ; alors il faut déduire de ces équations toutes connues, d'autres équations où il entre quelqu'une des inconnues du problême, afin de faire les substitutions nécessaires. Or cela est toujours possible, puisqu'on suppose que les données contiennent la détermination du probleme.

PROBLEME. *Etant donnés plusieurs alliages, en composer un qui soit d'un titre donné.*

Soient donnés, par exemple, trois alliages M, N, O, composés chacun, d'or, d'argent & de cuivre, l'alliage M contient a d'or, d d'argent, g de cuivre. L'alliage N contient b d'or, e d'argent, h de cuivre : & l'alliage O est de c d'or, f d'argent & i de cuivre. Il faut en composer un alliage qui ait l d'or, m d'argent, n de cuivre.

J'appelle A l'or, B l'argent, C le cuivre ; x, y, z les quantités des alliages A, B & C qui doivent entrer dans l'alliage cherché, & pour rendre mes équations plus simples, je suppose $a+d+g=r$, $b+e+h=p$, $c+f+i=q$ & & j'exprime ainsi les conditions du problême...

$$aA+dB+gC=rM$$
$$bA+eB+hC=pN$$
$$cA+fB+iC=qO$$
$$lA+mB+nC=xM+yN+zO$$

Les trois premieres équations ne contiennent pas d'inconnues, mais seulement la quatriéme, qui les renferme toutes. Ces trois ne peuvent donc servir à la solution du problême, si on n'en déduit de nouvelles équations. Pour cela je prends les valeurs de M, N, & de O, & j'ai $\frac{aA+dB+gC}{r}=M$, $\frac{bA+eB+hC}{p}=N$, & $\frac{cA+fB+iC}{q}=O$; je les substitue dans la quatriéme équation, qui devient.........

$$lA+mB+nC=\frac{aAx+dBx+gCx}{r}+\frac{bAy+eBy+hCy}{p}+\frac{cAz+fBz+iCz}{q}$$

Mais parce que lA exprime tout l'or qui entre dans l'alliage cherché, ce terme lA doit être égal à la somme des termes $\frac{aAx}{r}$, $\frac{bAy}{p}$, $\frac{cAz}{q}$, qui sont dans le second membre. Il en est de même de mB & de nC, j'ai donc les trois nouvelles équations, qui contiennent les trois inconnues.....

$$lA=\frac{aAx}{r}+\frac{bAy}{p}+\frac{cAz}{q}, \text{Donc.....} \; l=\frac{ax}{r}+\frac{by}{p}+\frac{cz}{q}$$
$$mB=\frac{dBx}{r}+\frac{eBy}{p}+\frac{fBz}{q}\ldots\ldots\; m=\frac{dx}{r}+\frac{ey}{p}+\frac{fz}{q}$$
$$nC=\frac{gCx}{r}+\frac{hCy}{p}+\frac{iCz}{q}\ldots\ldots\; n=\frac{gx}{r}+\frac{hy}{p}+\frac{iz}{q}$$

Et par conséquent on pourra, par les regles précédentes, trouver la valeur de chacune.

Remarques sur la nature & sur la solution des Problêmes du second degré.

236. ON a vû ci-devant (229) qu'une équation du second degré a deux solutions, & que l'inconnue y a deux valeurs: Or dans une telle équation qui renferme seule la solution d'un problême, l'inconnue n'a pas plutôt une de ces valeurs que l'autre: elle les contient donc toutes deux à la fois.

Pour déterminer maintenant la nature de ces sortes d'équations, dans lesquelles une même lettre désigne deux quantités différentes, il faut chercher comment elles sont formées. Pour cela il faut observer, que tous les termes d'une équation peuvent être transportés dans un seul membre: Par exemple, on peut mettre cette équation $xx+6=5x$, sous cette forme, $xx-5x+6=0$; & dans ce cas, si on met pour x sa valeur, les quantités qui entrent dans l'équation se détruiront, parce qu'elles se réduiront à zero.

237. Il faut donc faire voir comment on peut former une équation, dont les termes étant mis dans un même membre, se détruisent en leur substituant la valeur d'une des deux quantités qui entrent dans l'équation.

Soient $x=a$, & $x=b$. Pour renfermer ces deux valeurs de x dans une seule équation, je fais $x-a=0$, & $x-b=0$; ensuite je multiplie ces deux équations, & j'ai $xx-ax-bx+ab=0$. Or si dans cette équation, je substitue à x une de ses valeurs, les termes se détruiront tous.

Pour le démontrer, il faut remarquer 1°. Que c'est la même chose de substituer à x ses valeurs dans le produit précédent, que de les lui substituer dans les deux équations, avant de les multiplier. 2°. Que le produit d'une quantité quelconque par $-a+a$, ou par $+b-b$, &c. est nul, parce que c'est la même chose que si on la multiplioit par zero.

Maintenant si dans les deux quantités ou équations $x-a=0$, $x-b=0$, on met a ou b à la place de x, & si on multiplie ensuite $b-a$ par $b-b$, ou bien $a-b$ par $a-a$, les termes de ces produits se détruiront tous, donc ils se detruisent tous aussi, lorsqu'on multiplie $x-a$ par $x-b$.

238. La valeur de l'inconnue s'appelle *la Racine de l'Equation*; on voit donc qu'une équation du second degré a deux racines. Mais comme dans les problêmes, on rencontre des quantités négatives, il y a ici quatre cas à considérer.

Car 1°. ou les deux racines sont positives; 2°. ou l'une est positive & l'autre négative mais plus petite que la positive. 3°. Ou l'une est positive, & l'autre négative mais plus grande que la positive; 4°. ou elles sont toutes deux négatives.

239. Pour connoître la forme des équations dans ces quatre cas; je suppose a plus grand que b, & j'ai les quatre formules suivantes.

$x=a$ $x=b$	ou bien	$x-a=0$ $x-b=0$	Donc $xx-ax-bx+ab=0$. I. Formule.
$x=a$ $x=-b$		$x-a=0$ $x+b=0$	$xx-ax+bx-ab=0$. II. Formule.
$x=-a$ $x=b$		$x+a=0$ $x-b=0$	$xx+ax-bx-ab=0$. III. Formule.
$x=-a$ $x=-b$		$x+a=0$ $x+b=0$	$xx+ax+bx+ab=0$. IV. Formule.

On voit donc I°. qu'à cause de la différente disposition des signes dans ces formules, on peut déterminer par les signes seuls, si les racines sont toutes positives ou négatives; ou si l'une est positive & l'autre négative, & en ce cas, quelle est la plus grande des deux.

240. II°. Que toute équation du second degré dont tous les termes sont dans un même membre, & où le quarré de l'inconnue est dé-

gagé de toute quantité connue, contient 1°. le quarré de l'inconnue; 2°. le produit de l'inconnue par la somme des deux racines, dont les signes sont changés, (on appelle cette somme le coefficient de l'inconnue). 3°. Le produit des deux racines avec leur signe.

241. C'est pour cela que toute équation du second degré n'est censée avoir que trois termes, le premier est le quarré de l'inconnue, le second est le produit de l'inconnue par la somme des racines, & le troisiéme est le produit des racines : Aussi a-t-on coutume d'arranger ainsi les quatre formules précédentes.

I	II	III	IV
$xx \begin{smallmatrix}-ax\\-bx\end{smallmatrix} + ab = 0$	$xx \begin{smallmatrix}-ax\\+bx\end{smallmatrix} - ab = 0$	$xx \begin{smallmatrix}+ax\\-bx\end{smallmatrix} - ab = 0$	$xx \begin{smallmatrix}+ax\\+bx\end{smallmatrix} + ab = 0$

Et même pour abréger, on fait le coefficient de l'inconnue égal à quelque quantité connue; par exemple, on fait $a-b=c$, & $a+b=d$, & les formules précédentes deviennent

I	II	III	IV
$xx-dx+ab=0.$	$xx-cx-ab=0.$	$xx+cx-ab=0.$	$xx+dx+ab=0.$

242. Ayant réduit en formules semblables tous les cas possibles des équations de différens degrés, on a trouvé par induction cette regle générale, pour connoître le nombre des racines positives & celui des racines négatives. *Dans une équation quelconque où tous les termes sont réduits & arrangés suivant les dimensions de l'inconnue, il y a autant de racines positives, que les signes pris deux à deux changent de fois, & autant de négatives que les signes pris deux à deux sont les mêmes.*

Ainsi dans l'équation $xx-dx+ab$, les signes pris deux à deux sont $+-$, $-+$, il y a donc deux racines positives. Dans l'équation, $x^4-ax^3+bxx+cx-q=0$: les signes pris deux à deux sont $+-$, $-+$, $++$, $+-$, ils changent trois fois, & restent les mêmes une fois, il y a donc trois racines positives & une négative.

243. Les racines des équations des quatre formules précédentes se trouvent par la regle que nous avons proposée ci-dessus (216) Par exemple, on aura dans la premiere formule.....

$$x=\tfrac{1}{2}d+\sqrt{\tfrac{1}{4}dd-ab}. \qquad x=\tfrac{1}{2}d-\sqrt{\tfrac{1}{4}dd-ab}.$$

On verra aussi que les racines sont *imaginaires* ou impossibles, lorsque ab sera plus grand que $\frac{1}{4}dd$, ou en général, lorsque les termes connus qui sont sous le signe radical, se réduiront à une quantité négative, laquelle est un quarré impossible (233).

Des Problêmes qui conduiſent à une Equation du ſecond degré.

244. Il eſt clair que tout problême qui a deux ſolutions, conduit néceſſairement à une équation du ſecond degré au moins, & que chaque ſolution eſt contenue dans cette équation. Il arrive auſſi qu'on parvient à une équation du ſecond degré, quoique le problême n'ait réellement qu'une ſolution ; mais alors il ſe trouve toujours quelque quantité négative, qui ſatisfait aux conditions du problême, & que nous devons négliger, parce qu'elle eſt inutile, mais que l'algebre nous fait connoître, parce que l'algebre ne nous conduit pas plutôt à une ſolution poſitive, qu'à une ſolution négative.

245. Si le problême n'a que deux ſolutions négatives que nous ne cherchons pas, nous parviendrons auſſi à une équation du ſecond degré, ou peut même y être conduit par les conditions d'un problême abſolument impoſſible, parce que pluſieurs quantités impoſſibles peuvent être exprimées algébriquement (233), mais dans ce cas, les racines de l'équation ſe trouveront toujours imaginaires.

246. Il faut remarquer qu'un probléme n'a quelquefois qu'une ſeule ſolution poſitive, quoiqu'il conduiſe à une équation qui a deux racines poſitives. Ce cas arrive lorſque le problême a une ſolution poſitive & une négative, mais étrangere à la queſtion. Qu'on propoſe, par exemple, de *trouver une proportion continue dont le premier terme ſoit* 4, *& dont la différence du ſecond au troiſiéme ſoit* 3. Ce problême n'a qu'une ſolution poſitive, ſçavoir, $\div 4. 6. 9$: mais il y en a encore une négative, dont on n'a que faire, qui eſt $\div 4. -2. 1.$ à laquelle cependant l'Algebre nous conduit de même qu'à l'autre.

Si ayant exprimé ainſi le problême $\div 4. y. x.$ on eût cherché la valeur de y, on eût eu $y=6$, & $y=-2$; dont la derniere doit être rejettée : & ſi on eût cherché les valeurs de x, on eût eu $x=9$, & $x=1$; Or il eſt évident qu'il faut rejetter cette ſeconde racine, quoique poſitive ; parce que le premier terme étant 4, le dernier terme ne peut être 1, & avoir une différence 3 avec le ſecond, à moins que ce ſecond ne ſoit négatif, ce qui n'eſt pas ce qu'on s'eſt propoſé.

247. Si le problême eût été de *trouver une proportion continue dont le premier terme ſoit* 4, *& la ſomme du ſecond & du troiſiéme ſoit* 3. Alors en cherchant ce troiſiéme terme, on lui eût trouvé deux valeurs poſitives, ſçavoir, 9 & 1, il faut donc rejetter la premiere 9, puiſque la ſomme de ce terme & du ſecond ne peut être 3, ſi ce ſecond n'eſt négatif. La vraie ſolution eſt $\div 4. 2. 1$, & celle qu'on doit négliger eſt $\div 4. -6. 9$.

Dans la ſolution de ces deux problêmes, ſi on appelle le troiſiéme terme x, on aura l'équation $xx-10x+9=0$; de ſorte qu'on ne pourra en réſoudre un, ſans réſoudre en même tems l'autre. Cependant, à parler mathématiquement, chaque ſolution appartient à chaque problême, en tant qu'il eſt exprimé algébriquement.

248. Ayant réſolu l'équation $xx-10x+9=0$, pour reconnoître

laquelle des deux racines est inutile, il faut faire attention aux opérations par lesquelles on est parvenu à l'équation : Par exemple, après l'avoir mise sous cette forme (216) $xx-10x+25=25-9$, on trouvera les racines $x-5=4$, $5-x=4$; & alors on connoîtra que $x-5=4$ contient la solution qu'on cherche, si en formant l'équation, le quarré xx est le produit de $+x \times +x$ comme dans le premier problême. Mais si le quarré xx a été formé de $-x \times -x$, comme dans le second problême, il faut rejetter $x-5=4$, & se servir de la racine $5-x=4$, parce que dans ce problême le quarré xx n'est pas celui de la racine $+x$, mais celui de $-x$, & que la racine $+x$ appartient à un cas que nous ne cherchons pas, quoiqu'absolument parlant, elle appartienne à la solution du problême.

249. Mais lorsque les opérations par lesquelles on parvient à une équation du second degré, ne déterminent pas si le quarré vient d'une racine positive ou d'une racine négative, les deux racines donnent également la solution du problême qui a deux solutions positives.

Application des Remarques précédentes à quelques cas des équations du quatriéme degré.

250. UN problême du quatriéme degré se réduit assez souvent à un du second, & il se résoud précisément de même. Cela arrive toutes les fois que deux mêmes quantités positives & négatives, peuvent satisfaire à une question. Par exemple, si $+a$, $-a$; $+b$, $-b$ peuvent exprimer les conditions d'un problême, ce problême a quatre solutions, son équation est du quatriéme degré, & elle se résoud comme celles du second, en cherchant d'abord non la valeur de l'inconnue, mais celle du quarré de l'inconnue : Ainsi $x=a$, $x=-a$ donnent, en élevant chaque terme au quarré, $xx=aa$ ou bien $xx-aa=0$. De même $x=b$, $x=-b$ donnent $xx=bb$, ou $xx-bb=0$, d'où on tire $x^4-a^2x^2-b^2x^2+a^2b^2=0$, cette équation contient quatre valeurs de x, qu'on trouve en cherchant d'abord les deux valeurs de xx, & en extrayant ensuite la racine quarrée de chacune.

251. Quelquefois un problême qui n'a que deux solutions, l'une positive & l'autre négative égale, nous conduit à une équation du quatriéme degré, alors en appliquant aux quarrés de l'inconnue, ce que nous avons dit des racines des équations du second degré, on verra que le quarré de l'inconnue aura deux valeurs, dont la négative doit être rejettée. L'algebre donne nécessairement toutes les solutions algébriques, & parce qu'on peut exprimer algébriquement des quantités impossibles, s'il s'en trouve parmi les conditions d'un problême, elles doivent être nécessairement renfermées dans une équation, qui exprime toutes les valeurs de l'inconnue.

252. Dans ces sortes de problêmes du quatriéme degré, il arrive aussi, comme dans le cas dont il a été parlé ci-dessus (246), qu'en résolvant un problême qui n'a que deux solutions l'une positive & l'autre négative égale, on trouve à l'inconnue quatre valeurs positives,

mais il y en a toujours deux qui appartiennent à des cas impossibles, quoique ces valeurs ne soient pas impossibles en elles-mêmes.

Soient données par exemple ces Proportions....

$$\div\!\!\div\; x.y.z. \quad \div\!\!\div\; z-y.\ 20.\ z+y. \quad \div\!\!\div\; 34-2y.\ z-x.\ 34+2y.$$

dans lesquelles on demande les valeurs de x, y & z. Ce problême n'a qu'une solution positive, dans laquelle $x=9$, $y=15$ & $z=25$, & une négative égale, où $x=-9$, $y=-15$, $z=-25$, & il n'en a pas d'autres. Si cependant on vouloit chercher les valeurs de z, par exemple, des trois proportions on tireroit $xz=yy$, $zz-yy=400$, $1156-4yy=zz-2xz+xx$, & par des substitutions, on parviendroit à l'équation $z^4-689zz+40000=0$, qui donneroit les quatre racines $z=25$, $z=-25$, $z=8$, $z=-8$; or ces deux dernieres ne peuvent donner que des solutions impossibles, car en prenant $z=8$, on trouveroit $x=-42$ & $y=\sqrt{-336}$, & en prenant $z=-8$, on auroit $x=42$, & $y=-\sqrt{-336}$, dans lesquelles les valeurs de y sont imaginaires.

253. Or voici comme il faut distinguer la vraie racine $x=25$ de toutes les autres qu'il faut rejetter. Ayant résolu l'équation $z^4-689zz+40000=0$, je trouve les deux racines $zz-344\frac{1}{2}=280\frac{1}{2}$, & $344\frac{1}{2}-zz=280\frac{1}{2}$. Je rejette cette seconde valeur $344\frac{1}{2}-zz=280\frac{1}{2}$, parce que (suivant la regle donnée ci-dessus Art. 248) dans les opérations par lesquelles je suis parvenu à l'équation $x^4-689zz+40000=0$, j'ai formé z^4 en multipliant $+zz$ par $+zz$, & non $-zz$ par $-zz$. Ainsi je prends l'autre valeur $zz-344\frac{1}{2}=280\frac{1}{2}$, & par la transposition j'ai $zz=625$, & par conséquent $z=25$, & $z=-25$; je rejette $z=-25$, parce que cette racine est négative.

C'est ainsi qu'on trouve souvent des problêmes qui n'ayant qu'une ou que deux solutions, ne peuvent cependant être résolus que par des équations de trois, de quatre degrés, ou même de cinq, six, &c. Cependant à parler rigoureusement, dans tous ces cas, il y a autant de solutions que l'équation a de degrés, mais parmi ces solutions, il y en a plusieurs qu'il faut rejetter.

Voici quelques problêmes du second degré pour servir d'exemples aux regles précédentes, & pour exercer les Commençans.

I. *Deux débiteurs* A *&* B *doivent payer à eux deux 208 livres.* A *paye tous les jours* 9 l. *&* B *a payé le premier jour* 1 l. *le second* 2 l. *le troisiéme* 3 l. *&c. On demande en combien de jours ils seront quittes? & combien chacun doit?*

Soit x la dette de A, y celle de B, & le nombre des jours cherchés $=z$: Les conditions du problême donnent les deux équations $x+y=208$, & $9z=x$; D'ailleurs y est la somme d'une progression arithmétique dont le premier terme est 1, le dernier z, & le nombre des termes est aussi z: Donc $y=(1+z)\frac{1}{2}z=\frac{1}{2}z+\frac{1}{2}zz$, & par la substitution $x+y=208$ deviendra $9z+\frac{1}{2}z+\frac{1}{2}zz=208$, ou $zz+19z=416$. Donc (216) $zz+19z+90\frac{1}{4}=506\frac{1}{4}$ Donc $z+9\frac{1}{2}=22\frac{1}{2}$, ou bien $z=13$, & par conséquent $x=117$, & $y=91$.

II. *On demande deux nombres*, x *&* y, *dont le produit est* 12, *& la différence des quarrés est* 7.

Equations. $xy = 12$, $xx - yy = 7$. Donc $y = \frac{12}{x}$ & $yy = \frac{144}{xx}$.

Donc $xx - \frac{144}{xx} = 7$ ou $x^4 - 144 = 7xx$. Il faut d'abord chercher la valeur de xx, & faire $x^4 - 7xx + 12\frac{1}{4} = 156\frac{1}{4}$. D'où on tirera $xx - 3\frac{1}{2} = 12\frac{1}{2}$, & $3\frac{1}{2} - xx = 12\frac{1}{2}$, ou bien $xx = 16$, & $xx = -9$, & parce que cette seconde racine est imaginaire, je prends $xx = 16$, d'où je tire $x = 4$, & $x = -4$, & par conséquent $y = 3$, & $y = -3$, & ce sont là les deux vraies solutions, les deux autres sont impossibles, quoiqu'elles puissent être exprimées algébriquement. Elles donneroient l'une $x = \sqrt{-9}$, & $y = \sqrt{-16}$, & l'autre $x = -\sqrt{-9}$, & $y = -\sqrt{-16}$.

III. *On demande un nombre auquel si on ajoute la racine quarrée de son produit par* 10, *la somme soit* 20.

L'équation est $x + \sqrt{10x} = 20$. Pour ôter le signe radical je mets le terme où il se trouve dans un membre seul : Ainsi $\sqrt{10x} = 20 - x$, j'éleve tout au quarré, & j'ai $10x = 400 - 40x + xx$, réduisant & ordonnant les termes, $xx - 50x = -400$. Donc (216) $xx - 50x + 625 = 225$, & par conséquent, $x - 25 = 15$ ou $x = 40$, & $25 - x = 15$ ou $x = 10$. Or il est clair que $x = 40$ doit être rejettée, puisque la somme demandée ne peut être 20 à moins qu'on n'ajoute à 40 la racine négative -20 de son produit par 10 qui est 400, en faisant $40 - 20 = 20$, il est donc évident que ce n'est pas 40 qu'on demande, quoique mathématiquement parlant 40 satisfasse à la question aussi bien que l'autre racine 10.

Notez que c'est $25 - x = 15$ & non pas $x - 25 = 15$ qui nous donne la racine cherchée, parce que le quarré de l'équation a été formé par $20 - x$ (248).

254. Observation. Nous avons déja fait remarquer (234) qu'on évite souvent des calculs embarassans dans la solution d'un problême en ne cherchant pas directement les valeurs des inconnues, mais des valeurs d'autres quantités par lesquelles on parvient à celles des inconnues. Quelquefois, par exemple, au lieu de chercher les inconnues on cherche leurs sommes & leurs différences. Quelquefois aussi les opérations qu'on fait, nous font appercevoir des rapports ou des quantités plus faciles à évaluer que ne le sont les inconnues, & par le moyen desquelles on parvient à la solution entiere. Quelques exemples éclairciront ceci.

IV. *Trouver deux nombres* u *&* z, *dont la somme des quarrés est* a, *& dont le produit est* b.

On a donc $uu + zz = a$. $uz = b$; Donc $u = \frac{b}{z}$ & $uu = \frac{bb}{zz}$, & en substituant $\frac{bb}{zz} + zz = a$, enfin $bb + z^4 = aazz$, ce qui se résoud comme le premier problême. Mais on peut le faire autrement en faisant

$x+y=u$, & $x-y=z$: Alors les deux conditions du Problême donneront $2xx+2yy=a$, & $xx-yy=b$. D'où on tirera aisément une autre solution.

V. *Trouver deux nombres* u *&* z, *dont la somme est* a *& le produit* b.

Ce Problême a déja été résolu (228.) Mais on peut en trouver une autre solution, en faisant $u+z=2x$, & $u-z=2y$, alors si y est positif, le plus grand nombre cherché sera (225) $x+y$, & le plus petit $x-y$; & si y est négatif, ce sera le contraire. On aura donc $2x=a$, & $xx-yy=b$; par conséquent $x=\frac{1}{2}a$, & $\frac{1}{4}aa-yy=b$, ou $\frac{1}{4}aa-b=yy$. Donc $y=\sqrt{\frac{1}{4}aa-b}$. Connoissant par conséquent la demi-somme x, & la demi-différence y, il sera facile (224) d'avoir les deux quantités.

VI. *Etant données la somme* a *de quatre nombres* $\div\!\div$ u, x, y, z, *en progression Géométrique, & la somme* b *de leurs quarrés, trouver ces nombres.*

Les deux conditions donnent les équations suivantes.

$$u+x+y+z=a \qquad uu+xx+yy+zz=b.$$

Je prends dans la progression deux valeurs de deux des quarrés inconnus; par exemple, j'en tire $xx=uy$, & $yy=xz$. Donc $u=\frac{xx}{y}$, & $z=\frac{yy}{x}$: Donc $uu=\frac{x^4}{yy}$ & $zz=\frac{y^4}{xx}$ substituant ces quantités dans les deux équations, elles deviennent .....

$$\frac{xx}{y}+x+y+\frac{yy}{x}=a. \qquad \frac{x^4}{yy}+xx+yy+\frac{y^4}{xx}=b.$$

Otant les fractions.

$$x^3+xxy+xyy+y^3=axy. \qquad x^6+x^4yy+y^4xx+y^6=bxxyy.$$

Dans ces deux équations, x & y sont disposées de la même maniere; c'est pourquoi je pourrois chercher d'abord leur somme & leur différence. Mais en ayant essayé le calcul, je vois qu'il seroit trop long. J'examine donc si des deux dernieres équations je ne pourrois pas déduire quelques quantités plus aisées à évaluer que x & que y, & par le moyen desquelles je parviendrois à la valeur de ces inconnues.

Pour cela je mets mes deux équations sous cette forme.

$$(xx+yy)(x+y)=axy \qquad (x^4+y^4)(xx+yy)=bxxyy$$

Donc....

$$xx+yy=\frac{axy}{x+y} \qquad x^4+y^4=\frac{bxxyy}{xx+yy}$$

Et en divisant $bxxyy$ par $\frac{axy}{x+y}$ au lieu de $xx+yy$, la seconde équation devient.....

$$x^4+y^4=\frac{bxy(x+y)}{a}$$

Pour en avoir une plus ſimple, j'éleve au quarré la premiere $xx+yy=\frac{axy}{x+y}$, & j'ai ....

$$x^4+y^4+2(xy)^2=\frac{(axy)^2}{(x+y)^2}$$

Ou bien $x^4+y^4=\frac{(axy)^2}{(x+y)^2}-2(xy)^2$

Donc en ſubſtituant ....

$$\frac{(axy)^2}{(x+y)^2}-2(xy)^2=\frac{bxy(x+y)}{a}.$$

Je vois enſuite que cette équation deviendra plus ſimple, ſi je mets une inconnue à la place de xy, & une autre à la place $x+y$; car alors ſi je trouve la valeur de ces deux nouvelles inconnues, j'aurai réduit le problême à celui de l'article 228. Il faut maintenant chercher ſi je ne découvrirai pas une autre équation, qui par une ſemblable ſubſtitution, devienne plus ſimple; car pour déterminer ces deux nouvelles inconnues, il faut deux équations.

J'avois cy-deſſus l'équation $xx+yy=\frac{axy}{x+y}$. J'ajoute $2xy$ à chaque membre, & j'ai ....

$$xx+yy+2xy=\frac{axy}{x+y}+2xy.$$

Ou ce qui eſt le même.

$$(x+y)^2=\frac{axy}{x+y}+2xy.$$

Faiſant $xy=s$ & $x+y=t$; & ſubſtituant dans l'équation précedente, & dans $\frac{(axy)^2}{(x+y)^2}-2(xy)^2=\frac{bxy(x+y)}{a}$ trouvée cy-deſſus, j'ai ......

$$tt=\frac{as}{t}+2s. \qquad \frac{aass}{tt}-2ss=\frac{bst}{a}.$$

Otant les fractions ......

$$t^3=as+2st. \qquad a^3s-2atts=bt^3, \text{ Ou bien } t^3=\frac{a^3s-2atts}{b}.$$

Donc, à cauſe des deux valeurs de t^3.....

$$as+2st=\frac{a^3s-2atts}{b}.$$

Otant la fraction, & diviſant par s ....

$$ab+2bt=a^3-2att.$$

Et dégageant le quarré de l'inconnue (217.) puis ordonnant....

$$tt+\frac{b}{a}t=\tfrac{1}{2}aa-\tfrac{1}{2}b.$$

D'où on tirera la valeur de t, & par conſéquent celle de s par le moyen de l'équation $t^3 = as + 2st$, qui donne $s = \frac{t^3}{a+2t}$. On aura donc enfin (228).

$$x = \frac{1}{2}t \pm \sqrt{\frac{1}{4}tt - s}.$$

$$y = \frac{1}{2}t \mp \sqrt{\frac{1}{4}tt - s}$$

De la comparaison des Grandeurs ;

OU

Traité des Raisons & des Proportions.

255. ON appelle en général *Raison* ou *Rapport*, la comparaison de deux quantités ; ou bien, la maniere dont l'une est à l'égard de l'autre. XVIII. LEÇON.

On compare deux quantités pour sçavoir si elles sont égales, ou combien l'une surpasse l'autre, ou combien de fois l'une contient l'autre. Par exemple, je puis comparer 12 à 4, en cherchant si 12=4, ou de combien 12 surpasse 4, ou combien de fois 12 contient 4.

256. On ne compare ordinairement que des quantités inégales ; ou dont on ne connoît pas l'égalité ; c'est pourquoi quand on compare deux quantités pour sçavoir combien l'une surpasse l'autre, on appelle cette comparaison un rapport ou une *raison Arithmétique* ; & quand on cherche combien de fois l'une contient l'autre, on en appelle la comparaison un rapport ou une *raison géométrique*.

257. Il est aisé de sentir que tout rapport consiste dans une quantité qui exprime la maniere dont une quantité qu'on compare avec une autre, est à l'égard de cette autre ; d'où il suit...

I°. Qu'un rapport suppose nécessairement deux termes, dont le premier s'appelle l'*antécedent*, & le second, le *conséquent* ; ainsi dans le rapport de 12 à 4, l'antécedent est 12, & le conséquent 4.

258. II°. Qu'un rapport Arithmétique consiste dans une différence, ou dans l'excès de la plus grande quantité sur la plus petite, & qu'ainsi tout rapport Arithmétique se connoît par soustraction.

259. III°. Qu'un rapport Géométrique consiste dans un quotient, & qu'ainsi toute raison géométrique se connoît par une division, d'où l'on voit qu'*une fraction quelconque représente un rapport géométrique*, le numérateur en est l'antécedent, le dénominateur est le conséquent, & la valeur de la fraction est le quotient de la raison.

260. IV°. Que deux rapports arithmétiques sont égaux quand il a une même différence entre leurs termes; ainsi, si $a-b=d$ & $f-g=d$, les rapports arithmétiques de a à b & de f à g sont égaux.

261. Que deux raisons géométriques sont égales quand leurs termes ont un même quotient; ainsi si $\frac{a}{b}=q$ & $\frac{c}{d}=q$, les rapports géométriques de a à b, & de c à d sont égaux entr'eux.

262. Deux rapports égaux forment *une proportion* entre les quatre termes de ces deux rapports; ainsi deux rapports arithmétiques égaux forment une proportion arithmétique entre les termes de ces rapports. Par exemple, puisque les rapports arithmétiques de a à b, & de f à g sont égaux (260), on conclud que ces quatre termes, a, b, f, g, sont arithmétiquement proportionnels; ce qui s'exprime ainsi; a est à b arithmétiquement, comme f est à g, & s'écrit $a.\ b : f.\ g$.

De même, deux raisons géométriques égales forment une proportion géométrique; ainsi puisque les rapports géométriques de a à b & de c à d sont égaux, on en conclud que ces quatre termes, a, b, c, d, sont géométriquement proportionnels; ce qu'on exprime ainsi; a est à b, comme c est à d, & s'écrit $a.\ b :: c.\ d$; quelques-uns l'écrivent, $a.\ b = c.\ d$; d'autres, $a \mid b \parallel c \mid d$. On peut aussi l'exprimer ainsi $\frac{a}{b} = \frac{c}{d}$.

263. Dans toute proportion, le premier & le quatriéme terme s'appellent *les extrêmes*; & le second & le troisiéme s'appellent *les moyens*.

264. Il arrive souvent que le conséquent de la premiere raison d'une proportion est l'antécedent de la seconde raison; par exemple, on peut avoir cette proportion arithmétique $a.\ b : b.\ c.$ ou cette géométrique $a.\ b :: b.\ c.$ alors ces sortes de

proportions s'appellent & *continues*. La proportion arithmétique continuë s'écrit ainsi ÷ *a. b. c.* & la géométrique ∺ *a. b. c.* Le premier & le troisiéme terme s'appellent les extrêmes, & le second s'appelle *le Moyen proportionnel.*

265. La proportion continue ayant plus de trois termes, devient une *progression croissante ou décroissante ;* ainsi ÷ 3. 6. 9. 12. 15. 18, &c. est une progression arithmétique croissante ∺ 32. 16. 8. 4. 2. 1. est une progression géométrique décroissante. De même, la suite naturelle des nombres 0. 1. 2. 3. 4. 5, &c. forme une progression arithmétique croissante.

266. Donc en général *une progression arithmétique est une suite des termes qui pris consécutivement ont toujours une même différence ; & une progression géométrique est une suite de termes qui ont toujours un même quotient.*

Propriétés des Raisons, Proportions & Progressions Arithmétiques.

267. THEOREME I. TOUT *rapport Arithmétique se peut réduire à une de ces formules.* a. a$\pm$d. *ou* b. b$\pm$d, *ou* c. c$\pm$d, &c.

DEMONSTRATION. Toute quantité se peut exprimer par *a*, & être l'antécedent d'une raison arithmétique ; or *a* étant l'antécedent, est ou plus grand ou plus petit que son conséquent. Si *a* est plus grand, il surpasse son conséquent d'une quantité ou différence qu'on peut appeller *d*, donc alors le conséquent est $a-d$: si *a* est plus petit que son conséquent, il en est surpassé d'une quantité qu'on peut appeller *d*, & en ce cas le conséquent est $a+d$; donc *dans tout rapport arithmétique le conséquent est égal à l'antécedent plus ou moins leur différence :* (plus ou moins s'exprime par $\pm$,) donc tout rapport arithmétique peut être représenté par $a.\ a\pm d$.

On démontre de même qu'en appellant *b* ou *c* une quantité quelconque, son rapport arithmétique avec une autre quantité quelconque, est $b.\ b\pm d$, ou $c.\ c\pm d$.

268. THEOREME II. *Toute proportion arithmétique peut être représentée par celle-ci,* a. a$\pm$d : b. b$\pm$d.

DEMONSTRATION. Puisque deux rapports arithmétiques sont égaux (260) quand ils ont une même différence, & que (267.) tout rapport arithmétique se peut exprimer par $a.\ a\pm d$, ou par $b.\ b\pm d$, il suit que la différence d de ces deux rapports étant la même, on aura toujours $a.\ a\pm d : b.\ b\pm d$.

269. THEOREME III. *Dans une proportion arithmétique la somme des extrêmes est égale à la somme des moyens.* Cela est évident dans la proportion $a.\ a\pm d : b.\ b\pm d$ puisque la somme des extrêmes est $a+b\pm d$ & celle des moyens est $a\pm d+b$, qui est la même chose que $a+b\pm d$; mais cela fait voir qu'une proportion arithmétique étant exprimée par des termes différens entr'eux, comme $a.\ b : c.\ d.$ on a $a+d=b+c$.

270. COROLLAIRE I. *Dans une proportion continue la somme des extrêmes est égale au double du moyen ;* car $\div\ a.\ b.\ c$ est la même chose que $a.\ b : b.\ c$, donc (269.) $a+c=2b$.

271. COROLLAIRE II. *Dans une proportion arithmétique, quand il y a un terme inconnu, il est aisé d'en trouver la valeur ;* car si on met x à la place de ce terme, ayant disposé les autres en proportion, & fait une équation de la somme des extrêmes & de celle des moyens, on déduira aisément la valeur du terme inconnu.

Par exemple, si je veux avoir le quatriéme terme d'une proportion arithmétique, dont je connois les trois premiers a, b, c, je fais $a.\ b : c.\ x$, donc (269) $a+x=b+c$, & en transposant $x=b+c-a$, formule qui signifie que *le quatriéme terme d'une proportion arithmétique est égal à la différence entre la somme des moyens & le premier terme.*

Si on demande quel est le moyen proportionnel arithmétique entre 15 & 9, je fais $\div\ 15.\ x.\ 9.$ donc (270) $15+9=2x$, & en faisant les réductions $12=x$, donc $\div\ 15.\ 12.\ 9.$

272. La formule générale pour trouver un moyen proportionnel arithmétique x entre a & b, est $x=\frac{a+b}{2}$. Ce qui s'exprime ainsi. *La moitié de la somme des extrêmes est égale à leur moyen proportionnel arithmétique.*

XIX. LEÇON. 273. THEOREME. IV. *Toute progression arithmétique se peut exprimer de la sorte*, $\div$ a. a$\pm$d. a$\pm$2d. a$\pm$3d. a$\pm$4d. a$\pm$5d. a$\pm$6d. a$\pm$7d. *&c. & ainsi de suite à l'infini.*

DÉMONSTRATION. Puiſque (267) tout rapport ſe peut exprimer par $a. a\pm d$, & que (266) une progreſſion arithmétique eſt une ſuite de termes proportionnels, parce qu'ils ont toujours une même différence, il ſuit que la différence entre le premier terme a & le ſecond $a\pm d$ étant $\pm d$, la différence entre le ſecond & le troiſiéme doit être auſſi $\pm d$, & par conſéquent le troiſiéme terme doit être $a\pm d\pm d$, c'eſt-à-dire, $a\pm 2d$; de même, la différence entre le troiſiéme & le quatriéme doit être $\pm d$, & par conſéquent le quatriéme terme doit être $a\pm 2d\pm d$, ou $a\pm 3d$, & ainſi des autres.

274. REMARQUES. Cette formule générale comprend la progreſſion arithmétique croiſſante & la décroiſſante. La progreſſion croiſſante eſt $\div a. a+d. a+2d. a+3d. a+4d$ &c. La décroiſſante eſt $\div a. a-d. a-2d. a-3d. a-4d$. &c.

275. COROLLAIRE I. *Dans toute progreſſion arithmétique la ſomme des termes également éloignés des extrêmes, eſt égale à la ſomme de ces extrêmes, ou à la ſomme des deux autres termes quelconques également éloignés de ces extrêmes, ou au double du terme moyen, ſi la progreſſion a un nombre impair de termes.*

Ainſi dans la progreſſion précédente, la ſomme du troiſiéme & du ſixiéme terme, ſçavoir, $a\pm 2d + a\pm 5d$, ou bien $2a\pm 7d$, eſt égale à la ſomme des extrêmes, qui ſont a & $a\pm 7d$, c'eſt-à-dire, $2a\pm 7d$, & même à la ſomme du ſecond & du ſeptiéme, qui eſt auſſi $2a\pm 7d$.

276. II. *Dans une progreſſion arithmétique, un terme quelconque eſt égal à la ſomme du premier terme & du produit de la différence commune par le nombre des termes précédens.* Car le ſixiéme terme, par exemple, qui eſt $a\pm 5d$, eſt dans la progreſſion croiſſante $a+5d$, c'eſt la ſomme du premier a & du produit de la différence d par le nombre 5 des termes qui précedent le ſixiéme. Dans la progreſſion décroiſſante, le ſixiéme terme eſt $a-5d$: c'eſt auſſi la ſomme de a & de $-5d$, produit de la différence $-d$, par 5, nombre des termes qui précedent le ſixiéme.

277. III. *Dans une progreſſion arithmétique la différence entre le premier & le dernier terme, eſt égale au produit de la différence commune par le nombre des termes de toute la progreſſion moins un.* Ainſi dans la même progreſſion il eſt clair que la différence entre a & $a\pm 7d$ eſt $\pm 7d$.

278. IV. *Dans une progreſſion arithmétique, la ſomme des extrêmes multipliée par la moitié du nombre de tous les termes,*

est égale à la somme de tous les termes de la progression. Ainsi si on multiplie $2a+7d$, somme des extrêmes de la même progression par 4, moitié du nombre de ses termes, on aura $8a+28d=a+a+d+a+2d+a+3d+a+4d+5d+6d+7d$; car par la réduction, ce dernier membre deviendra $8a+28d$.

279. THEOREME. IV. *Une progression arithmétique peut avoir zero pour un de ses termes.*

DEM. Car entre zero & un nombre quelconque, il y a toujours une différence.

280. COROLLAIRE. On peut continuer une progression décroissante autant qu'on voudra : Par exemple, si on a la progression ÷ 16. 12. 8. 4. 0, on pourra la continuer ainsi ÷ 16. 12. 8. 4. 0. —4. —8. —12 —16. &c. La progression ÷ 11. 6. 1. peut être continuée en mettant ÷ 11. 6. 1. —4. —9. —14. —19. &c.

281. SCHOLIE. De ces propriétés des progressions arithmétiques, on déduit aisément des formules, pour résoudre presque toutes les questions qu'on peut faire sur ces progressions ; c'est-à-dire, qu'étant données trois de ces cinq choses, 1°. Le premier terme $=a$; 2°. Le dernier terme $=\omega$; 3°. La différence commune $=d$; 4°. Le nombre des termes $=n$; 5°. La somme de tous les termes $=s$: on trouvera immédiatement une des deux autres par les formules suivantes.

PROBLEME

PROBLEME GENERAL.

Dans toute progression arithmétique.

Etant donnés	Trouver		Formules pour la solution.
a, ω, n	s	1	$s = \frac{1}{2}an + \frac{1}{2}n\omega$.
	d	2	$d = \frac{\omega - a}{n - 1}$.
a, ω, d	n	3	$n = 1 + \frac{\omega - a}{d}$.
	s	4	$s = \frac{1}{2}a + \frac{1}{2}\omega - \frac{aa + \omega\omega}{2d}$.
a, ω, s	n	5	$n = \frac{2s}{a + \omega}$.
	d	6	$d = \frac{\omega\omega - aa}{2s - a - \omega}$.
a, n, d	ω	7	$\omega = a + dn - d$.
	s	8	$s = an + \frac{1}{2}dnn - \frac{1}{2}dn$.
a, n, s	ω	9	$\omega = \frac{2s}{n} - a$.
	d	10	$d = \frac{2s - 2an}{nn - n}$.
a, d, s	ω	11	$\omega = \sqrt{aa - ad + \frac{1}{4}dd + 2ds} - \frac{1}{2}d$.
	n	12	$n = \frac{1}{2} - \frac{a}{d} + \sqrt{\frac{aa}{dd} + \frac{2s - a}{d} + \frac{1}{4}}$.
ω, n, d	a	13	$a = d - dn + \omega$.
	s	14	$s = \frac{1}{2}dn - \frac{1}{2}dnn + n\omega$.
ω, n, s	a	15	$a = \frac{2s}{n} - \omega$.
	d	16	$d = \frac{2\omega n - 2s}{nn - n}$.
d, n, s	a	17	$a = \frac{1}{2}d - \frac{1}{2}dn + \frac{s}{n}$.
	ω	18	$\omega = \frac{1}{2}dn - \frac{1}{2}d + \frac{s}{n}$.
ω, d, s	a	19	$a = \frac{1}{2}d + \sqrt{\frac{1}{4}dd - 2ds + d\omega + \omega\omega}$.
	n	20	$n = \frac{\omega}{d} + \frac{1}{2} + \sqrt{\frac{\omega\omega}{dd} + \frac{\omega - 2s}{d} + \frac{1}{4}}$.

Toutes ces formules supposent la progression croissante ; mais on peut les réduire à la progression décroissante en changeant les signes, ou plûtôt, pour ôter tout équivoque, on peut changer toute progression croissante en décroissante, en faisant le premier terme du dernier, & réciproquement. Par exemple, en renversant la progression croissante ÷ 3. 7. 11. 15. 19. 23, on aura celle-ci qui est décroissante ÷ 23. 19. 15. 11. 7. 3.

282. Pour démontrer toutes ces formules, il faut exprimer en termes Algébriques les corollaires 3 & 4 (277 & 278).

1°. Le Corollaire 3 est $\omega - a = dn - d$, & prenant dans cette équation les valeurs de ω, de a, de d & de n, on aura $\omega = a + dn - d$, c'est la septiéme formule. $a = \omega - dn + d$, c'est la 13e. $d = \frac{\omega - a}{n - 1}$ c'est la seconde. $n = 1 + \frac{\omega - a}{d}$ c'est la 3e.

2°. Le Corollaire 4 exprimé algébriquement est $\overline{a + \omega} \times \frac{n}{2} = s$; c'est-à dire, en faisant la multiplication, $\frac{an + \omega n}{2} = s$. & c'est la premiere formule, & si dans cette équation on prend les valeurs de a, n, ω, on aura $a = \frac{2s}{n} - \omega$ c'est la 15e. formule. $\omega = \frac{2s}{n} - a$ c'est la 9e. $n = \frac{2s}{a + \omega}$ c'est la 5e.

3°. Si dans l'Equation $\frac{an + \omega n}{2} = s$ on substitue la valeur de ω tirée du premier article, on a $2an + dnn - dn = 2s$. Donc en prenant successivement les valeurs de a, d, n, s, on aura les formules 17, 10, 12, & 8.

4°. Si dans la même équation on substitue la valeur de $a = \omega - dn + d$, on aura $2\omega n - dnn + dn = 2s$, & en prenant dans cette équation les valeurs de ω, n, d, s, on aura les formules 18, 20, 16, & 14.

5°. Enfin si dans la même équation on substitue la valeur de $n = 1 + \frac{\omega - a}{d}$, on aura $s = \frac{1}{2}a + \frac{1}{2}\omega + \frac{\omega\omega - aa}{2d}$ qui est la 4e. formule : & en prenant de même les autres valeurs de a, ω, d, on aura les formules 19, 11, & 6.

Des raisons, proportions & Progressions Géometriques.

283. LEs rapports Géometriques sont ceux qu'on considere le plus souvent dans les grandeurs ; c'est pourquoi par ces termes de Raison, Proportion, Progression, nous entendrons toujours parler des Géometriques.

On appelle *raison de nombre à nombre*, celle dont le quotient n'est pas une quantité inexprimable ou incommensurable : & *raison irrationelle* ou *raison sourde*, celle dont le quotient ne peut s'exprimer exactement ni par des entiers ni par des fractions. Ainsi la raison de 7 à 11, celle de $4\frac{2}{7}$ à $\frac{11}{17}$ &c. sont des raisons de nombre à nombre, parceque leurs quotiens sont exactement $\frac{7}{11}$, $\frac{510}{77}$ &c. Mais la raison de 4 à $\sqrt{3}$, celle de $\sqrt[3]{5}$ à 8 &c. sont des raisons sourdes, parce qu'il est impossible de trouver un nombre entier ou rompu, qui exprime la valeur exacte de $\frac{4}{\sqrt{3}}$ ou de $\frac{\sqrt[3]{5}}{8}$ (181).

Il ne suit pas de-là que deux incommensurables soient toujours en raison sourde ; parce que l'un peut être exactement double, triple, &c. par rapport à l'autre.

284. Quand l'antécedent contient deux fois, trois fois, &c. exactement son conséquent, on appelle leur rapport une raison *double*, *triple*, &c. & quand il est contenu exactement deux fois, trois fois, &c. dans le conséquent, leur rapport s'appelle une raison *soudouble*, *soutriple* &c. La raison de 48 à 6 est une raison *octuple*, & la raison de 4 à 12 est une raison soutriple.

285. Quatre quantités sont dites simplement *proportionnelles*, ou en *raison directe*, quand elles sont disposées suivant l'ordre naturel de la proportion, c'est-à-dire, quand la premiere est d'autant plus grande ou plus petite que la seconde, que la troisiéme est plus grande ou plus petite que la quatriéme ; ainsi 2, 4, 6, 12, sont quatre quantités en raison directe, parce que 2 est moitié de 4, comme 6 est moitié de 12.

286. Quatre quantités sont dites être entr'elles en *raison inverse* ou *en raison reciproque*, quand elles sont disposées de sorte que la premiere se trouve d'autant plus grande que la seconde ; que la troisiéme est plus petite que la quatriéme, ou au contraire ; ainsi ces quantités 2, 4, 12, 6, sont en raison inverse, parce que 2 est d'autant plus petit que 4, que 12 est plus grand que 6, & qu'ainsi pour en faire une proportion, il faudroit déranger les termes d'une des deux raisons, & écrire 2. 4 :: 6. 12 ou 4. 2 :: 12. 6.

287. Quand on multiplie par ordre les termes de plusieurs raisons, c'est-à-dire, les antécédens par les antécedens, & les conséquens par les conséquens, les produits forment une *raison composée* de chacune de ces raisons; par exemple, la raison de *abc. def*, est composée de trois raisons *a. d*, *b. e*, *c. f*, & ces trois raisons s'appellent *les racines* de la raison composée *abc. def*.

288. Une raison composée de raisons égales, s'appelle une *raison doublée*, *triplée*, *quadruplée*, &c. si elle a deux, trois, quatre, &c. racines : ainsi si on compose les raisons égales 2. 4, 6. 12, 3. 6, on aura la raison triplée 36. 288.

289. I. THEOREME FONDAMENTAL. *Toute raison géometrique se peut exprimer par cette formule* a. aq, *ou par celle-ci*, b. bq, &c.

DEM. Il est évident qu'une quantité *x* qui contient une autre quantité *a*, un certain nombre de fois *q*, est égale à cette quantité *a* répétée autant de fois que *q* contient d'unités; c'est-à-dire qu'elle est égale à $a \times q$. Or une raison géometrique consiste (257) dans le nombre de fois dont un des termes est contenu dans l'autre, par exemple, l'antécedent dans le conséquent ; si donc on exprime un antécedent par *a*, & s'il est contenu dans son conséquent un nombre de fois *q*, le conséquent sera *aq*. Donc, en général tout rapport géométrique dont l'antécédent est *a*, & le quotient est *q*, se peut exprimer par *a. aq*. Tout rapport dont l'antécedent est *b* & le quotient *q*, se peut exprimer par *b. bq* &c.

REMARQUES. Quand l'antécedent est plus grand que le conséquent, le quotient *q* est une fraction, & quand il est plus petit ; q eſt un nombre entier ſeul ou joint à une fraction. Par exemple, la raiſon de 4 à 12 conſiſte en ce que 4 eſt contenu 3 fois dans ſon conſéquent 12, ainſi $q=3$; donc l'antécedent étant $a=4$, le conſéquent ſera $4\times3=aq$.

De même, la raiſon de 12 à 4 conſiſte en ce que 12 eſt contenu un tiers de fois dans 4, ainſi $q=\frac{1}{3}$, donc l'antécédent étant $a=12$, le conſéquent ſera $12\times\frac{1}{3}=4=aq$.

290. II. Theorême fondamental. *Toute proportion ſe peut réduire à cette formule*, a. aq :: b. bq.

DEM. Une proportion eſt formée par deux raiſons égales, ou qui ont un même quotient q (261.) Or (289) deux raiſons qui ont q pour quotient, ſe peuvent exprimer en général par les deux raiſons $a.\ aq$, $b.\ bq$ donc cette expreſſion générale $a.\ aq :: b.\ bq$ repreſente une proportion géometrique.

Par exemple les quatre termes 2. 6 :: 7. 21. font en proportion, parce que 2 eſt contenu 3 fois dans 6, comme 7 eſt contenu 3 fois dans 21 : ſi donc on fait $2=a$, $7=b$ & $3=q$, la proportion 2. 6 :: 7. 21 ſera exprimée par $a.\ aq :: b.\ bq$.

291. III. Theorême fondamental. *Toute progreſſion géometrique ſe peut réduire à celle-ci* ∺ $a.\ aq.\ aq^2.\ aq^3.\ aq^4.\ aq^5.\ aq^6.$ &c.

DEM. Toute raiſon (289.) ſe peut exprimer par $a.\ aq$, mais (266) une progreſſion eſt une ſuite de termes qui ont toujours le même quotient, & dont tous ceux qui ſuivent le premier ſont en même-temps antécédens & conſéquens ; il faut donc que le quotient du ſecond & du troiſiéme terme ſoit q, & qu'ainſi le troiſiéme terme ſoit aqq, par la même raiſon le quatriéme terme doit être aq^3. &c.

292. Theorême IV. *La valeur d'une raiſon ne change pas par la multiplication ou par la diviſion de ſes deux termes par une même quantité.* Autrement. *Les produits ou les quotients de deux quantités inégales par une même quantité, ſont entr'eux comme ces quantités inégales.*

DEM. Une raiſon conſiſte dans ſon quotient q ; ſi donc on multiplie la raiſon $a.\ aq$ par une quantité quelconque m, la raiſon des produits $am.\ amq$, reſte encore toute entiere dans

q, puisque $am. amq$ ont encore le même quotient q, donc la raison de $a. aq$ n'a pas changé pour être devenuë $am. amq$. On prouvera de même que la raison de $\frac{a}{m}. \frac{aq}{m}$ consiste toute entiere dans q comme avant que d'avoir été divisée par m. Donc $a. aq :: am. amq :: \frac{a}{m}. \frac{aq}{m}$. &c.

SCHOLIE. Les raisons geométriques étant représentées (259) par des fractions, on voit maintenant *pourquoi une fraction ne change pas de valeur, soit qu'on en multiplie ou qu'on en divise les termes par une même quantité.* (105)

293. COROLL. Il suit de-là que *les tous sont proportionnels à leurs moitiés, à leurs tiers, à leurs quarts*, &c. & réciproquement, que *les valeurs des fractions qui ont mêmes dénominateurs, sont proportionnelles aux quantitez dont elles sont les fractions* ou, ce qui est la même chose, *sont entr'elles comme leurs numérateurs*; ainsi $a. b :: \frac{a}{2}. \frac{b}{2} :: \frac{a}{3}. \frac{b}{3} :: \frac{a}{p}. \frac{b}{p}$, &c.

294. THEOR. V. *Une raison doublée est égale à celle des quarrés des termes d'une des deux raisons quelconque qui en sont les racines. Une raison triplée est la même que celle des cubes des termes d'une des trois raisons quelconque qui en sont les racines;* & ainsi de suite des autres puissances.

DEM. 1°. Soient les deux raisons égales $a. aq :: b. bq$ la raison doublée est $ab. abqq$. Or il est évident que $ab. abqq :: aa. aaqq :: bb. bbqq$. puisque ces raisons ont le même quotient qq.

2°. Soient les trois raisons égales $a. aq :: b. bq :: c. cq$. la raison triplée est $abc. abcq^3$. Or il est clair de même que $abc. abcq^3 :: a^3. a^3q^3 :: b^3. b^3q^3 :: c^3. c^3q^3$.

REM. De ce que les raisons des quarrés, des cubes, sont des raisons doublées, triplées, &c. on a appellé raisons *soudoublées, soutriplées*, &c. celles des racines quarrées, cubiques, &c.

295. THEOREME VI. *Deux termes en raison réciproque avec deux autres termes, peuvent être mis en raison directe sans déranger leur ordre, pourvû qu'on mette les deux termes d'une de ces raisons en fraction dont le numerateur soit* 1, *ou même une quantité quelconque comme* m.

DEM. La raison de bq à b est inverse par rapport à celle de a à aq, & pour les mettre en raison directe il faudroit écrire $b.\ bq :: a.\ aq$. Or je dis que si on met la raison $bq.\ b$ par exemple, en fraction dont le numérateur soit 1, on aura $\frac{1}{bq}.\ \frac{1}{b} :: a.\ aq$, car le quotient de $\frac{1}{b}$ divisé par $\frac{1}{bq}$ est q, aussi-bien que celui de aq divisé par a.

On prouveroit de même que $bq.\ b :: \frac{1}{a}.\ \frac{1}{aq}$ ou même que $\frac{m}{bq}.\ \frac{m}{b} :: a.\ aq$ &c.

296 THEOR. VII. *Dans toute proportion le produit des extrêmes est égal au produit des moyens.*

Cela est évident à la vûë seule de la proportion $a.\ aq :: b.\ bq$.

297. COROLL. *Si donc une proportion est exprimée par des termes differens entr'eux comme* a, b, c, d, *ou si* a. b :: c. d. *on aura toujours* $ad = bc$.

298. THEOR. VIII. *On peut faire une proportion des racines de deux produits égaux, en faisant les extrêmes des racines de l'un, & les moyens des racines de l'autre.*

DEM. Puisque (296) toute proportion donne toujours une équation entre le produit des moyens & celui des extrêmes, lorsqu'on a deux produits égaux, on peut regarder l'un comme un produit des moyens d'une proportion, & l'autre comme un produit des extrêmes : On peut donc prendre les racines d'un de ces produits pour en faire les moyens d'une proportion, & les racines de l'autre pour en faire les extrêmes.

299. COROLL. Toute équation peut être changée en proportion. Par exemple, $ad = bc$ devient $a.\ b :: c.\ d$. Celle-ci $ad - bd = cg + c$ peut être réduite à $a - b.\ g + 1 :: c.\ d$. celle-ci $1 - xx = a$ peut se réduire à $1 - x.\ a :: 1.\ 1 + x$. Celle-ci $xx - yy = 1$ deviendra $x + y.\ 1 :: 1.\ x - y$ &c.

300. THEOR. IX. *Quatre termes proportionnels peuvent être rangez en plusieurs manieres, sans cesser d'être proportionnels.*

DEM. Soit la proportion $a.\ b :: c.\ d$. je dis que ses termes peuvent être rangés en plusieurs manieres sans cesser d'être proportionnels ; car tant que le produit des extrêmes & le produit des moyens sera toujours $ad = bc$, la proportion subsistera toujours (298.)

Ainſi on pourra mettre *Alternando* .... $a . c :: b . d$.

Invertendo .... $\begin{cases} b . a :: d . c . \\ c . a :: d . b . \\ c . d :: a . b . \\ d . b :: c . a . \end{cases}$

Permutando. ... $d . c :: b . a$.

Componendo ou plûtôt *Addendo* .... $\begin{cases} a+b . b :: c+d . d . \\ a . a+b :: c . c+d . \end{cases}$

Dividendo ou plûtôt *Subſtrahendo* .... $\begin{cases} a-b . b :: c-d . d . \\ a . a-b :: c . c-d, \text{\&c.} \end{cases}$

301. THEOR. X. *Dans une proportion, ſi l'antécedent de la premiere raiſon eſt plus grand, égal ou plus petit que ſon conſéquent, l'antécedent de la ſeconde raiſon ſera plus grand, égal ou plus petit que ſon conſéquent ; & ſi l'antécedent de la premiere raiſon eſt plus grand, égal ou plus petit que l'antécedent de la ſeconde raiſon, le conſéquent de la premiere raiſon ſera plus grand, égal ou plus petit que celui de la ſeconde raiſon.*

DEM. La premiere partie de ce Theorême eſt certaine par la nature de la proportion, & la ſeconde la devient, parce qu'*alternando* un antécedent peut devenir conſéquent, & réciproquement, ſans changer la proportion.

302. THEOR. XI. *Si on multiplie ou ſi on diviſe deux ou pluſieurs proportions termes par termes, les produits ou les quotients ſeront toujours en proportion.*

DEM. 1°. Si on multiplie terme par terme les deux proportions $a . aq :: b . bq$, $c . cp :: d . dp$, il eſt clair que les produits $ac . acpq :: bd . bdpq$ forment une proportion, parce que les deux raiſons $ac . acpq$. & $bd . bdpq$ ont un même quotient pq.

2°. Si on diviſe la proportion $a . aq :: b . bq$ par celle-ci, $c . cp :: d . dp$, je dis que $\frac{a}{c} . \frac{aq}{cp} :: \frac{b}{d} . \frac{bq}{dp}$; car il eſt évident que le quotient de la raiſon $\frac{a}{c} . \frac{aq}{cp}$ eſt le même que celui de la raiſon $\frac{b}{d} . \frac{bq}{dp}$.

303. COROLL. *Les mêmes puissances ou les mêmes racines quelconques des quantités proportionnelles, sont aussi proportionnelles.*

Par ex. si $a.b :: c.d.$ on aura $a^m.b^m :: c^m.d^m.$ & $\sqrt[m]{a}.\sqrt[m]{b} :: \sqrt[m]{c}.\sqrt[m]{d}$ où m signifie un exposant quelconque; car les puissances sont des produits de grandeurs multipliées par elles-mêmes, & les racines sont de vrayes puissances, mais dont les exposans sont des fractions.

304. THEOR. XII. *Si plusieurs termes sont proportionnels, la somme des antécedens est à la somme des conséquens, comme un antécedent quelconque est à son conséquent.*

DEM. Si on a $a.\ aq :: b.\ bq :: c.\ cq :: d.\ dq$, je dis que $a+b+c+d.\ aq+bq+cq+dq :: b.\ bq$, par exemple; car le conséquent de la premiere raison $aq+bq+cq+dq$, est la même chose que $\overline{a+b+c+d}\times q$; or il est évident (290) que $a+b+c+d.\ \overline{a+b+c+d}\times q :: b.\ b\times q$.

305. THEOR. XIII. *Dans toute progression, un terme quelconque est égal au produit du premier par le quotient élevé à une puissance du même ordre que le nombre des termes précédens.*

DEM. Cela est évident à l'inspection de la progression $\div a.\ aq.\ aqq.\ aq^3.\ aq^4.\ aq^5.\ aq^6.$ &c. où on voit que le cinquiéme terme aq^4. est égal au produit du premier a par le quotient q élevé à la quatriéme puissance.

Ce Theorême peut s'exprimer par la formule $m = aq^{n-1}$, où m signifie un terme quelconque, & n le rang du terme m.

306. COROLL. I. *Toutes les puissances successives ou toutes les racines successives d'une quantité, sont en progression géométrique.*

Car si on fait $a=1$, & q égal a une quantité quelconque, la progression deviendra $\div 1.\ q.\ q^2.\ q^3.\ q^4.\ q^5.\ q^6.$ &c. où l'on voit que les puissances successives de q sont en progression géométrique. Il en est de même des racines qui sont des puissances dont les exposans sont des fractions (201).

307. COROLL. II. *Les differences entre les termes consécutifs d'une progression géométrique sont en progression géométrique.* Les differences entre les termes de la progression $\div a.\ aq.\ aq^2.\ aq^3.\ aq^4.\ aq^5.\ aq^6.$ sont $a-aq.\ aq-aq^2.\ aq^2-aq^3.\ aq^3-aq^4.\ aq^4-aq^5.\ aq^5-aq^6$ &c. Or il est clair que ces termes sont en progression géométrique, puisque chacun est le produit du premier multiplié par le quotient élevé a une puissance de l'ordre du nombre des termes précédens. Ainsi aq^4-aq^5. qui est le cinquiéme terme, est le produit du premier $a-aq$. par q^4

308. THEOR. XIV. *Dans toute progression les produits des extrêmes ou ceux des termes également éloignés des extrêmes, sont égaux entre eux, ou au quarré du terme moyen, si le nombre des termes est impair.*

DÉM. Ceci est clair à l'inspection de la progression $\div a. aq. aq^2. aq^3. aq^4. aq^5. aq^6.$ &c. où le produit des extrêmes aaq^6 est égal au produit du second aq & du pénultiéme aq^5, à celui du troisiéme aq^2 & de l'antépénultiéme aq^4, & au quarré du moyen aq^3.

309. COROLL. *Dans une proportion continue le quarré du moyen est égal au produit des extrêmes.* Car c'est une progression de trois termes.

310. THEOR. XV. *Dans une progression quelconque* $\div a. aq. aq^2. aq^3.$ &c. *Si* $q=2$ *ou* $=\frac{1}{2}$ *la différence entre le premier & le dernier terme est égale à la somme de tous les termes, excepté le plus grand. Si* $q=3$ *ou* $=\frac{1}{3}$ *la différence entre le premier & le dernier terme est égale au double de la somme de tous les termes, excepté le plus grand. Si* $q=4$ ou $=\frac{1}{4}$ *la différence entre les extrêmes est le triple de la somme de tous les termes, excepté le plus grand*, &c.

Car si $q=2$ la progression $\div a. aq. aqq. aq^3.$ &c. deviendra $\div a. 2a. 4a. 8a$, dans laquelle $8a-a$ différence entre les extrêmes est $7a=a+2a+4a$ somme de tous les termes qui précedent le plus grand. Si $q=3$ la progression deviendra $\div a. 3a. 9a. 27a.$ où $27a-a=26a$ double de $a+3a+9a.=13a.$ Il en est de même si $q=\frac{1}{2}$ ou $\frac{1}{3}$ &c.

311. THEOR XVI. *Dans toute progression le premier terme est au troisiéme, comme le quarré du premier est au quarré du second. Le premier terme est au quatriéme, comme le cube du premier est au cube du second, & ainsi de suite.*

En général *deux termes quelconques éloignez d'un intervalle quelconque sont entr'eux comme deux termes quelconques qui se suivent immédiatement, & qui sont élevés à une puissance égale à l'intervalle de ces deux premiers termes.* Par exemple, le troisiéme terme est au neuviéme, comme la sixiéme puissance d'un des termes quelconques, est à la sixiéme puissance du terme suivant.

DÉM. Dans cette progression $\div a. aq. aq^2. aq^3. aq^4. aq^5. aq^6. aq^7. aq^8$, il est évident que $a. aq^2 :: a^2. a^2q^2$, puisque le quotient de ces deux raisons est q^2. De même $a. aq^3 :: a^3. a^3q^3$, puisque le quotient de chacune de ces deux raisons est q^3, &c.

Par la même raison on voit que l'intervalle du troisiéme au neuviéme terme étant 6, $aq^2. aq^8 :: \overline{aq^5}^6. \overline{aq^6}^6$ ou bien $aq^2. aq^8 :: a^6q^{5\times6}. a^6q^{6\times6}$ puisque le quotient de ces deux raisons est q^6 &c.

En général aq^m aq^r representant deux termes quelconques qu'on veut comparer ensemble, leur intervalle est $r-m$; & aq^n representant un autre terme quelconque, aq^{n+1} sera le suivant, & on aura toujours $aq^m . aq^r :: a^{r-m} q^{nr-nm} . a^{r-m} q^{\overline{n+1} \times \overline{r-m}}$. parce que le quotient de ces deux raisons est q^{r-m}.

312. THEOR. XVII. *Quatre termes quelconques d'une progression Géométrique sont en proportion Géométrique, si leurs exposans sont en proportion arithmétique.*

DEM. Il est clair, par exemple, que $a . aq^3 :: aq^4 . aq^7$ de même $aq^2 . aq^4 :: aq^3 . aq^5$ &c.

SCHOLIE C'est pour cela qu'on a coutume d'appeller ces exposans les logarithmes de leurs termes.

313. PROBLEME I. *Etant donnés trois termes d'une proportion, trouver le quatriéme.*

SOLUTION GENERALE. Soit le terme inconnu $= x$, il faut ranger en proportion les trois termes connus & le terme x, prendre le produit des extrêmes & celui des moyens pour en faire une équation, qu'on réduira par les méthodes ordinaires.

EXEMPLE I. Soient donnés a, b, c, on demande un quatriéme terme proportionnel. On fera donc $a . b :: c . x$, donc $ax = bc$, donc (213) $x = \frac{bc}{a}$.

La Solution de ce Problême s'appelle *la Regle de trois.*

314. REM. I. Il faut prendre garde si les trois termes donnés sont en raison directe ou en raison réciproque avec le terme inconnu, c'est ce que l'état de la question fait connoître. Dans le premier cas la Regle de trois s'appelle aussi directe, & c'est lorsqu'on voit que le terme qu'on cherche doit être d'autant plus grand ou plus petit que le troisiéme terme donné; que le second terme donné est plus grand ou plus petit que le premier. Alors il faut poser x au quatriéme terme de la proportion, & se servir de la formule $x = \frac{bc}{a}$ ce qui s'exprime ainsi; *la Regle de trois directe se fait en multipliant le second terme par le troisiéme, & divisant le produit par le premier terme donné, le quotient est le terme cherché.*

315. On connoît que le terme inconnu est en raison réciproque avec les trois termes donnés, lorsque par l'état de la question on voit que le terme cherché doit être d'autant plus grand ou plus petit que le troisiéme donné; que le second est plus petit ou plus grand que le premier; alors la Regle s'ap-

pelle *inverse*, & il faut placer x entre le second & le troisiéme terme $a. b :: x. c$; donc $bx = ac$, donc (213) $x = \frac{ac}{b}$, & cette formule s'exprime ainsi. *Dans la Regle de trois inverse, multipliez le premier terme donné par le troisiéme, & divisez-en le produit par le second terme donné, le quotient sera le quatriéme terme cherché.*

EXEMPLE II. Trente-six toises d'ouvrage ont coûté 60 liv. combien coûteront 48 toises? Il est évident que cette Regle de trois est directe; parce que le prix inconnu est d'autant plus grand que 48 toises, que le prix de 60 toises est plus grand que 36 toises; c'est pourquoi par la formule $x = \frac{bc}{a}$ on aura $x = 80$ liv.

EXEMPLE III. En un jour 20 hommes ont fait 45 toises d'ouvrage. Pour en faire 81 toises, combien auroit-il fallu d'hommes?

Il est clair que les trois termes 20, 45, 81 ne peuvent être en raison directe avec le quatriéme inconnu x; car le nombre d'hommes cherché ne doit pas surpasser d'autant 81, que 45 surpasse 20, au contraire on voit qu'il faut moins de 81 hommes pour faire 81 toises d'ouvrage, de même qu'il a fallu moins de 45 hommes pour en faire 45 toises. Il faut donc écrire $20. 45 :: x. 81$, & par conséquent par la formule $x = \frac{ac}{b}$, on aura $x = 36$.

316. II. La Regle de trois n'est inverse que quand on a mal disposé les termes de la question; car il est clair que la précédente auroit dû être ainsi proposée. Pour faire 45 toises d'ouvrage, il a fallu 20 hommes: pour en faire 81 toises, combien falloit-il d'hommes?

317. III. Il arrive quelquefois qu'on propose des questions compliquées dont les solutions s'appellent *Régles de Compagnie*, & pour lesquelles il n'est pas besoin d'autre Regle que de les distinguer en plusieurs proportions, dont on trouvera les termes inconnus par la Regle de trois directe.

EXEMPLE IV. 20 hommes en 15 jours ont fait 160 toises, en 12 jours combien 30 hommes en feront-ils?

Cette question se doit réduire à ces deux-ci. Si 20 hommes ont fait 160 toises en un certain temps ; combien 30 hommes en feront-ils dans le même-temps ? Réponse, 240.

Si en 15 jours ces hommes font 240 toises ; en 12 jours combien en feront-ils ? Réponse, 192.

Ou bien à ces deux-ci : Si en 15 jours on a fait 160 toises ; en 12 jours combien en auroit-on fait ? Réponse, 128.

Si 20 hommes auroient fait 128 toises, combien 30 hommes en feroient-ils ? Réponse, 192.

EXEMPLE V. Trois Marchands ont fait un fonds de 12000 liv. Pierre y a mis 2000 liv. Jacques 4000 liv. & Jean 6000 liv ; ils ont perdu 2400 liv. sur ce fonds ; on demande ce que chacun doit souffrir de perte ?

Cette question se résoud par autant de proportions qu'il y a de termes inconnus ; en disant, le fonds est à la perte, comme ce que chacun a contribué, est à ce que chacun a perdu ; de sorte que par trois Regles de trois, on trouvera que Pierre a perdu 400 liv. Jacques 800 liv. & Jean 1200 liv.

318. IV. On peut encore résoudre ces sortes de questions compliquées, par ce qu'on appelle *la Regle de fausse position* ; elle consiste à mettre à la place des termes inconnus d'autres termes supposés à volonté, mais proportionnels à ces inconnus, afin de trouver ces inconnus par des Regles de trois. Par exemple, on pourroit proposer la question précédente en cette maniere. Il faut repartir 2400 liv. sur un fonds fait par Pierre, Jacques, & Jean, & auquel Jean avoit contribué autant que les deux autres ensemble, & Jacques le double de Pierre.

Puisque je ne connois pas la quantité, mais seulement le rapport des sommes que chaque Marchand a données, je leur substitue des quantités proportionnelles ; & ayant supposé que Pierre a mis 10 liv. Jacques aura mis 20 liv. & Jean 30 liv. la somme est 60 liv. je dis donc comme 60 liv. sont à la perte 2400 liv. ainsi 10 liv. 20 liv. 30 liv. sont à 400 liv. 800 liv. 1200 liv.

Si j'avois supposé la mise de Pierre de 3 liv. celle de Jacques eût été de 6 liv., & celle de Jean de 9 liv. la somme est 18 liv. j'aurois donc fait, comme 18 liv. sont à 2400 liv. ; ainsi 3 liv. 6 liv. 9 liv. sont à 400 liv. 800 liv. 1200 liv.

319. PROBL. II. *Etant donnés le premier terme & le quotient d'une progression, trouver un terme quelconque.*

Formule $m = aq^{n-1}$ (305) ainsi si on demande l'onziéme terme d'une progression, dont 1 est le premier terme, & 4 est le quotient, on aura $a=1$, $q=4$, $n=11$, le terme cherché $=m$, en faisant les substitutions $m=1\times4^{10}=4^{10}=1048576$.

320. PROBL. III. *Trouver la somme* s *de tous les termes d'une progression, dont on connoît le nombre des termes* n, *le premier* a, *& le quotient* q.

Formule $s = \frac{aq^n - a}{q-1}$.

DEM. Une progression dont le nombre des termes est n, a pour dernier terme aq^{n-1}. Or dans une progression tous les termes sont antécedens excepté le dernier, & tous les termes sont conséquens excepté le premier. Donc la somme des antécedens est $s-aq^{n-1}$, & la somme des conséquens est $s-a$. Or, (304) $s-aq^{n-1}. s-a :: a. aq$. donc $saq-a.qq^{n-1}=sa-aa$. Divisant tout par a (214) & mettant q^n à la place de qq^{n-1} qui a la même valeur, on a $sq-aq^n=s-a$. Donc $s=\frac{aq^n-a}{q-1}$.

321. PROBLEME IV. *Trouver tous les termes d'une progression dont on connoît le quotient* q, *le nombre* n, *& la somme* s.

Formule $a=\frac{sq-s}{q^n-1}$. Cette formule déduite de l'équation précédente donne le premier terme, & en le multipliant par les puissances successives du quotient, on a tous les autres.

322. PROBLEME V. *Etant donnés le premier terme* a, *le dernier terme* ω, *& le quotient* q, *trouver la somme* s *de tous les termes.*

Formule $s=\frac{\omega q-a}{q-1}$.

La Démonstration est la même que la précédente. On a $s-\omega. s-a :: a. aq$. Donc $saq-\omega aq=sa-aa$ ou $sq-\omega q=s-a$.

Donc $s=\frac{\omega q-a}{q-1}$.

323. PROBLEME VI. *Trouver le quotient* q *d'une progression dont on connoît le premier terme* a, *le dernier* ω, *& le nombre des termes* n.

Formule $q=\sqrt[n-1]{\frac{\omega}{a}}$. Car (305) $\omega=aq^{n-1}$. Donc $\frac{\omega}{a}=q^{n-1}$.

Donc $\sqrt[n-1]{\frac{\omega}{a}}=q$.

324. PROBLEME VII. *Trouver le nombre* n *des termes d'une progression dont on connoît le premier* a, *le dernier* ω, *& le quotient* q.

SOLUTION. L'Equation $\frac{\omega}{a}=q^{n-1}$ (323) étant multipliée par q. devient $\frac{\omega q}{a}=q^n$ Ce qui fait voir qu'ayant divisé par le premier terme le produit du dernier par le quotient, on a une puissance de ce quotient dont l'exposant est égal au nombre des termes qu'on cherche: & qu'ainsi en élevant le quotient à toutes ses puissances successives, on trouvera aisément le nombre des termes Soit par exemple $a=5$, $q=3$, $\omega=3645$. je multiplie 3645 par 3 & j'en divise le produit 10935 par 5, je trouve 2187. J'éleve le quotient 3 à toutes les puissances jusqu'à ce que j'en rencontre une égale à 2187, je fais 3, 9, 27, 81, 243, 729, 2187, & je vois que 2187 est la septiéme puissance de 3, donc le nombre des termes cherché est 7. En effet ∺ 5. 15. 45. 135. 405. 1215. 3645.

325. PROBLEME VIII. *Insérer des moyens proportionnels entre deux termes donnés.*

1°. Qu'il faille insérer un moyen proportionnel entre a & b; on aura donc $\div a.\ x.\ b$, donc (309) $ab = xx$, donc (215) $x = \sqrt{ab}$.

2°. Qu'entre a & b il faille insérer deux moyens proportionnels, on aura donc $\div a.\ x.\ y.\ b$, donc (311) $a.\ b :: a^3.\ x^3$. donc $a^3b = ax^3$, & en divisant (214) $aab = x^3$. donc $x = \sqrt[3]{aab}$. Or ayant le premier & le second terme, il sera aisé de trouver le troisiéme; car on aura $a.\ \sqrt[3]{aab} :: y.\ b$. & en élevant tout au cube, $a^3.\ aab :: y^3.\ b^3$. donc $y^3 = \frac{a^3b^3}{aab} = abb$: donc $y = \sqrt[3]{abb}$.

3°. En général, qu'entre a & b il faille mettre un nombre n de moyens proportionnels, l'intervalle des termes a & b sera $n+1$, on aura donc (311) $a^{n+1}.\ x^{n+1} :: a.\ b$. donc $x^{n+1} = \frac{a^{n+1}b}{a}$, en réduisant, $x^{n+1} = a^nb$; & en extrayant la racine, on aura $x = \sqrt[n+1]{a^nb}$ ou bien $x = a^{\frac{n}{n+1}}b^{\frac{1}{n+1}}$, & c'est-là la valeur du premier moyen proportionnel, lequel étant connu, donnera par la division le quotient commun de la progression, avec lequel on la continuera jusqu'à ce qu'on trouve un terme $= b$

Par exemple, entre 4 & 4096 on veut trouver quatre moyens proportionnels, on aura donc $a = 4$, $b = 4096$, $n = 4$, & la formule $x = \sqrt[n+1]{a^nb}$ deviendra $x = \sqrt[5]{4^5 \times 4096}$, ou $x = \sqrt[5]{1048576} = 16$, le second terme est donc 16, & la progression commence ainsi $\div$ 4. 16....4096; d'où on voit qu'elle croît en raison quadruple: si donc on quadruple successivement les termes, on aura $\div$4. 16. 64. 256. 1024. 4096.

Ce Problême peut encore se résoudre par la formule du Problême VI. (323) qui donne le quotient, par lequel ayant multiplié le premier terme donné, on a le premier moyen proportionnel cherché & les autres ensuite. Mais il faut prendre garde que dans cette formule $\sqrt[n-1]{\frac{u}{a}} = q$, n exprime le nombre de tous les termes de la progression, au lieu qu'ici n exprime le nombre des moyens proportionnels, ce qui fait que le nombre des termes est $n+2$, & que par conséquent il faut mettre $n-1+1$ à la place de $n-1$, ainsi la formule dans les termes de ce Problême 8 est $\sqrt[n+1]{\frac{b}{a}} = q$ ou bien $q = \frac{b^{\frac{1}{n+1}}}{a^{\frac{1}{n+1}}}$

En traitant des Logarithmes, on donnera la méthode d'extraire une racine quelconque d'une quantité donnée, ou de l'élever à une puissance quelconque.

Ces problêmes suffisent pour résoudre toutes les questions qu'on peut proposer sur les progressions géometriques.

Des propriétés de la grandeur considérée dans l'infini.

326. I. PROPOSITION. LA *grandeur est divisible à l'infini.*

DEM. La grandeur est par son essence susceptible de plus & de moins, donc elle ne perd rien de son essence en recevant ce plus & ce moins, donc elle est encore grandeur après l'avoir reçû, donc elle est encore également susceptible de plus & de moins, donc elle en est toujours susceptible, donc elle l'est sans fin ou à l'infini.

Par exemple, la suite naturelle des nombres 1, 2, 3, 4, &c. croît évidemment à l'infini; car à quelque grand nombre qu'on conçoive élevé un terme de cette suite, on ne voit pas pour cela que l'on en soit plus près de la fin, ce qui ne peut convenir à une suite dont le nombre des termes seroit fini.

Or quoiqu'on ne puisse pas exprimer par des nombres les termes infinis de cette progression, comme ils sont toujours des grandeurs quoiqu'infinies, ils ne laissent pas d'avoir des propriétés finies, ce qui fait qu'on peut les soumettre au calcul en les marquant par un caractere comme ∞; ainsi je peux représenter toute la suite des nombres par $\div 0. 1. 2. 3. 4. 5 \ldots \infty$

De même, une quantité finie peut être divisée en parties toujours plus petites, jusqu'à ce qu'on vienne à une partie infiniment petite; ainsi on peut représenter l'unité divisée en parties par cette suite $\div \frac{1}{2}. \frac{1}{3}. \frac{1}{4}. \frac{1}{5} \ldots \frac{1}{\infty}$

327.

327. II. PROPOSITION. *Une quantité devenue infinie ne peut plus recevoir d'augmentation ni de diminution, que par le moyen d'autres quantités infinies.*

DEM. Une quantité finie devenue infinie, a pris tous les accroissemens finis possibles, & par conséquent elle ne peut plus être augmentée par aucune quantité finie. De même, une quantité finie devenue infiniment petite, a atteint son dernier terme fini possible de diminution, & par conséquent elle ne peut plus être diminuée par aucune quantité finie. Mais une quantité devenue infiniment grande ou infiniment petite, n'est pas moins une quantité, & par conséquent elle est encore susceptible d'augmentation & de diminution ; il faut donc que cette augmentation ou cette diminution soit infinie.

Ainsi $\infty \pm 1 = \infty$, $1 \pm \frac{1}{\infty} = 1$, mais $\infty + \infty = 2\infty$; & $\frac{1}{\infty} \times 3\infty = \frac{3\infty}{\infty} = 3$, $\frac{2}{\infty}$ divisés par $\frac{a}{\infty} = \frac{2}{a}$ &c.

328. COROLLAIRES. I. *Une quantité finie jointe ou séparée d'une quantité infiniment grande, se peut négliger dans le calcul, & être supposée* $= 0$, ainsi $a \pm \infty = \infty$; il en est de même d'une quantité infiniment petite, par rapport à une quantité finie ; ainsi $a \pm \frac{1}{\infty} = a$.

329. II. *Il y a une infinité d'espèces de grandeurs infinies* ; car, par exemple, on peut concevoir cette progression arithmétique $\div \infty .\ 2\infty .\ 3\infty \ldots\ldots \infty\infty$; dont le dernier terme $\infty\infty$ ou ∞^2 est infiniment plus grand que le premier ; or $\infty^2 + \infty^2 = 2\infty^2$, & par conséquent on peut concevoir cette autre progression $\div \infty^2 .\ 2\infty^2 .\ 3\infty^2 .\ 4\infty^2 \ldots\ \infty\infty^2$ ou ∞^3, dont le dernier terme est infiniment plus grand que le premier. Par un raisonnement semblable, on prouvera que $\div \infty^3 .\ 2\infty^3 .\ 3\infty^3 .\ 4\infty^3 \ldots\ldots \infty\infty^3$ ou ∞^4, & en général que l'on peut concevoir ∞^{∞}, & même $\infty^{\infty^{\infty}}$ à l'infini.

Il en est de même de la grandeur infiniment petite ; car on peut concevoir $\div \frac{1}{\infty} .\ \frac{1}{2\infty} .\ \frac{1}{3\infty} \ldots\ldots \frac{1}{\infty\infty}$ ou $\frac{1}{\infty^2}$; dont le dernier terme est infiniment plus petit que le premier. Or $\frac{1}{\infty^2} + \frac{1}{\infty^2} = \frac{1}{2\infty^2}$; donc $\div \frac{1}{\infty^2} .\ \frac{1}{2\infty^2} .\ \frac{1}{3\infty^2} \ldots\ldots \frac{1}{\infty\infty^2}$.

ou $\frac{1}{\infty^3}$, &c. en général on peut concevoir $\frac{1}{\infty^\infty}$ & même $\frac{1}{\infty^{\infty^\infty}}$, à l'infini, &c.

330. Les exposans des quantités infinies servent à marquer leur ordre d'infini, par exemple, ∞, 3∞ qui ont 1 pour Exposant ou qui équivalent à ∞^1, $3\infty^1$, sont des grandeurs infiniment grandes du premier ordre. $3\infty^4$, $ab\infty^4$ sont des quantités infiniment grandes du quatriéme ordre. $\frac{4}{\infty}$, $\frac{a}{3\infty}$ sont des infiniment petits du premier ordre. $\frac{1}{a\infty^2}$ est un infiniment petit du second ordre, &c.

331. III. *Les ordres successifs des infinis sont en progression Géométrique ;* car les exposans qui les désignent sont les termes de la suite naturelle des nombres. Ainsi $\div\!\!\div\ \infty^4.\ \infty^3.\ \infty^2.\ \infty^1.\ \infty^0.\ \infty^{-1}.\ \infty^{-2}.\ \infty^{-3}.$ &c. c'est la même chose que $\div\!\!\div\ \infty^4.\ \infty^3.\ \infty^3.\ \infty.\ 1.\ \frac{1}{\infty}.\ \frac{1}{\infty^2}.\ \frac{1}{\infty^3}$, &c.

332. IV. *Un infini d'un ordre quelconque ne peut être augmenté ni diminué par l'addition ou par la soustraction d'un nombre fini des infinis d'un ordre inférieur ;* c'est-à-dire, qu'un ou plusieurs infinis d'un ordre inférieur sont $=0$ à l'égard d'un infini d'un ordre supérieur, ainsi $\infty^2 \pm a\,\infty = \infty^2$; de même $\frac{1}{\infty} \pm \frac{n}{\infty^2} = \frac{1}{\infty}$.

333. V. *Un infini multiplié ou divisé par un autre infini, a pour produit ou pour quotient une grandeur d'un ordre marqué par l'exposant du produit ou du quotient.*

Ainsi $\infty \times \infty = \infty^2$. $3\infty \times b\infty = 3b\infty^2$, c'est-à-dire, un infiniment grand du premier ordre, multiplié par un infiniment grand du premier ordre, a pour produit un infiniment grand du second ordre.

$\infty^2 \times \infty = \infty^3$, $3\infty^4 \times 4\infty^5 = 12\,\infty^9$, donc le produit de deux infiniment grands, est un infiniment grand d'un ordre égal à la somme des exposans.

$\infty \times a = a\infty$, donc un infiniment grand multiplié par un fini, donne un infiniment grand du même ordre.

$\infty \times \frac{1}{\infty} = \frac{\infty}{\infty} = 1$, donc le produit d'un infiniment grand par un infiniment petit du même ordre, est fini.

$\frac{1}{\infty} \times a = \frac{a}{\infty}$; $\frac{1}{4\infty^3} \times 2b = \frac{b}{2\infty^3}$, donc le produit d'un infiniment petit par un fini, est un infiniment petit du même genre.

Dans la division $\frac{\infty}{\infty} = 1$, $\frac{\infty}{b\infty} = \frac{1}{b}$, donc le quotient d'une quantité infiniment grande, divisée par une quantité infiniment grande du même ordre, est fini.

$\frac{\infty^3}{\infty^2} = \infty$, donc le quotient d'un infiniment grand divisé par un infiniment grand d'un ordre inférieur, est un infiniment grand d'un ordre égal à la différence des exposans.

$\frac{\infty^2}{\infty^3} = \frac{1}{\infty}$, donc le quotient d'un infiniment grand divisé par un infiniment grand d'un ordre supérieur, est un infiniment petit d'un ordre égal à la différence des exposans. &c.

334. III. PROPOSITION. *Si une quantité finie paroît d'autant plus tendre à une certaine propriété qu'elle approche plus d'être infinie, & si cette propriété ne répugne pas dans l'infini, on peut être sûr que cette quantité a toujours approché de plus en plus de cette propriété, & qu'elle l'a enfin acquise dans l'infini.*

Cette proposition est évidente. Elle sert à prouver par induction différens rapports des quantités infinies.

L'utilité du calcul de l'infini est si universellement reconnue, qu'il n'est pas nécessaire d'en parler ici; nous nous contenterons de nous en servir pour démontrer les propositions suivantes.

335. THEOREME. *La somme d'une progression géométrique qui va en décroissant à l'infini, est une somme finie.*

Soit la la progression $\div$ 4. 2. 1. $\frac{1}{2}$. $\frac{1}{4}$. $\frac{1}{8}$. .... $\frac{1}{\infty}$, on voit que le quotient en est 2, en la rendant croissante, on a $\div$ $\frac{1}{\infty}$ ...... $\frac{1}{8}$. $\frac{1}{4}$. $\frac{1}{2}$. 1. 2. 4. & en y appliquant la formule $\frac{uq-a}{q-1}$.

(322) on a $s = \frac{4 \times 2 - \frac{1}{\infty}}{2 - 1}$ qui se réduit à $s = 8$, c'est-à-dire, que la somme de tous les termes de cette progression est 8 qui est une quantité finie, quoique le nombre de tous ces termes soit infini.

336. PROBLEME I. *Trouver la somme de tous les termes possibles de la suite naturelle des nombres.*

La suite naturelle des nombres forme cette progression arithmétique $\div 1. 2. 3. 4. 5 \ldots \infty$. Donc (278) la somme de tous ses termes est égale au produit de $\infty + 1$ par $\frac{\infty}{2}$ qui est la moitié du nombre infini de ces termes. Donc $s = \frac{\infty^2}{2} + \frac{\infty}{2}$. Mais (330) $\frac{\infty^2}{2}$ est un infiniment grand du second ordre, donc $\frac{\infty}{2}$ est nul par rapport à lui (332). Donc $s = \frac{\infty^2}{2}$.

337. PROBLEME II. *Trouver la somme de tous les quarrés des termes de la progression naturelle.*

Avant que de résoudre ce Problême, il faut démontrer le Lemme suivant.

338. LEMME. Si on a plusieurs termes consécutifs de la suite naturelle des nombres representés par $\div a. b. c. d.$ on pourra les réduire à ces termes $\div a.\ a + 1 = b.\ b + 1 = c.\ c + 1 = d$; puisque la différence est toujours 1 ; donc en élevant ces termes à la troisiéme puissance, on aura $d^3 = c^3 + 3cc + 3c + 1$. $c^3 = b^3 + 3bb + 3b + 1$. $b^3 = a^3 + 3aa + 3a + 1$. Donc si dans l'Equation $d^3 = c^3 + 3cc + 3c + 1$ on substitue à c^3 sa valeur qui est dans la seconde Equation, & dans cette valeur, si on substitue à b^3 sa valeur qui est dans la troisiéme Equation, on aura

$$d^3 = \left\{ \begin{array}{r} 3cc + 3c + 1 \\ + 3bb + 3b + 1 \\ a^3 + 3aa + 3a + 1 \end{array} \right.$$

D'où il suit, que *le cube* d^3 *d'un dernier terme* d *quelconque de*

La suite naturelle des nombres est égal à la somme 1°. du nombre des termes qui précédent le dernier. 2°. Du triple de la somme de ces termes. 3°. Du triple de la somme des quarrés de ces termes. 4°. Du cube du premier terme.

SOLUTION. Cela posé, la suite naturelle des nombres étant ÷0. 1. 2. 3. 4.... ∞, le terme qui précéde le dernier est $\infty - 1 = \infty$ (327). Le nombre des termes de cette progression est ∞, si on appelle s la somme des quarrés de tous les termes qui précédent le dernier, on aura par le Lemme $\infty^3 = \infty + \frac{3\infty^2}{2} + 3s + 0^3$, & en transposant & divisant $s = \frac{\infty^3}{3} - \frac{\infty}{3} - \frac{3\infty^2}{6} - \frac{0^3}{3}$, & c'est la valeur de la somme de tous les quarrez qui précédent le dernier terme. Si donc on y ajoute ∞^2 quarré du dernier terme, on aura la valeur de la somme des quarrés de tous les termes $= \frac{\infty^3}{3} - \frac{\infty}{3} - \frac{3\infty^2}{6} - \frac{0^3}{3} + \infty^2$; or $\frac{\infty^3}{3}$ est infiniment grand du troisiéme ordre, donc (332) tous les autres termes sont nuls en comparaison de lui; donc la somme de tous les quarrés de la suite naturelle des nombres naturels est $= \frac{\infty^3}{3}$.

On verra dans la suite l'usage de ces deux problêmes.

339. On prouve de même que la somme de tous les cubes possibles est $\frac{\infty^4}{4}$, celle de toutes les quatriémes puissances possibles est $\frac{\infty^5}{5}$ &c. D'où on tire cette induction générale, que la somme de toutes les puissances m possibles des termes consécutifs de la suite naturelle des nombres, est $\frac{\infty^{m+1}}{m+1}$.

SECONDE PARTIE.

ELEMENS DE GEOMETRIE.

340. A Géométrie est une science qui démontre les propriétés des quantités continuës, ou de l'étenduë.

Le continu n'a que trois dimensions, la longueur, la largeur & l'épaisseur ou profondeur.

341. Quoiqu'il n'y ait rien de continu dans la nature qui n'ait toujours toutes ces trois dimensions ensemble, on peut cependant les concevoir chacune en particulier indépendamment des autres, ou deux ensemble, sans penser à la troisiéme. C'est ainsi qu'on pense à la longueur d'un chemin sans faire attention à sa largeur; on conçoit l'étenduë d'une Plaine sans penser à l'épaisseur des terres qui la composent.

342. Une dimension considérée seule, s'appelle *une ligne*: deux dimensions jointes ensemble, *font une surface*; & les trois composent ensemble *le corps* ou *solide*.

343. Les Géometres considerent encore *le point* comme une quantité dont les dimensions sont infiniment petites, & auquel par conséquent on peut n'attribuer aucune étenduë finie.

PREMIERE SECTION.

Des Lignes.

Origine & propriétés générales des Lignes.

344. HYPOTHESE. ON peut concevoir la formation d'une ligne par le mouvement d'un point. Si un point se meut sans aucun détour, sa trace est une ligne

droite ; s'il se détourne en son chemin, il décrit une ligne *courbe*.

345. On peut imaginer que le point décrit la ligne par des pas infiniment petits ; or on ne peut concevoir de détour dans un pas infiniment petit ; donc chaque pas du point est une ligne droite infiniment petite. Donc, suivant cette idée, *la ligne droite finie est une suite d'une infinité de droites infiniment petites, toutes posées de file & sans détour : & la ligne courbe finie est une suite d'une infinité de droites infiniment petites, posées différemment les unes à l'égard des autres.*

346. Il est clair qu'à cause de la petitesse infinie de chaque pas, on peut les supposer égaux chacun au point même qui les a décrit, & par conséquent on peut regarder la ligne comme une suite de points ; d'où il est évident...

347. I°. Que *la ligne droite est nécessairement la plus courte qu'on puisse mener entre deux termes.*

348. II°. Qu'*il n'y a qu'une espece de ligne droite, mais qu'il y en a une infinité de courbes.*

349. III°. Que *la position de deux points suffit pour déterminer celle d'une ligne droite ; mais qu'il en faut plus de deux pour déterminer la position d'une courbe.*

Propriétés des Lignes droites.

DEMANDES.

350. I. ON suppose qu'*on puisse mener toutes sortes de droites sur un Plan*, c'est-à-dire, sur une surface tellement unie que tous les points qui la composent soient à l'égard les uns des autres dans un niveau parfait. On montrera dans la suite (561) la formation géométrique du Plan.

351. II. On suppose qu'*il soit possible de déterminer le point de milieu d'une droite finie posée sur un Plan.* On donnera bien-tôt (400) la maniere de le faire géométriquement.

Des propriétés des lignes droites dans la position d'une droite à l'égard d'une autre.

352. HYPOTHESE. CONCEVEZ une droite immobile AB (que j'appellerai la fixe AB) posée sur un Plan immobile (Fig. I.) ; supposez une autre droite (que j'appellerai la mobile AB) égale à la premiere, & tellement couchée dessus, qu'elle ne fasse qu'une même ligne droite avec elle. Concevez au milieu (351.) de cette droite un point E sur lequel la mobile AB tourne ; de sorte que sa partie EA ayant décrit sur le même Plan la trace AORB, vienne se coucher exactement sur la partie EB de la fixe ; tandis que la partie EB de la mobile ayant décrit la trace BVZA vient se coucher exactement sur la partie fixe EA.

Cela posé, la mobile aura décrit une figure, aux parties de laquelle on a donné plusieurs noms, qu'il faut sçavoir.

353. DEFINITIONS. I. Toute la figure décrite par la mobile, s'appelle *un Cercle*. La ligne courbe ARBYA qui la termine, s'appelle *la circonférence du cercle*, & le point E autour duquel la circonférence est décrite s'appelle *le centre*.

354. II. Des parties déterminées quelconques d'une circonférence, comme AN, ANO, ORT, &c. s'appellent des *Arcs* de cercle.

355. III. La ligne EA qui par son mouvement sur le centre E décrit le cercle, s'appelle le *rayon* du cercle. Généralement on appelle rayons toutes les droites qui sont menées du centre d'un cercle à sa circonférence, comme EO, ER, EX, &c.

356. COROLLAIRE. Il suit de-là que *tous les rayons d'un même cercle ou de deux cercles égaux, sont égaux entr'eux* ; & qu'ainsi on peut définir le cercle, une figure terminée par une courbe, dont tous les points sont également éloignés d'un point en dedans, qui s'appelle le centre.

357. IV. La droite AB qui divise le cercle en deux par-

ties égales, en paſſant par ſon centre, s'appelle *le diametre du cercle.* En général on appelle diametres du cercle, toutes les droites qui paſſant par le centre ſont terminées de part & d'autre à la circonférence, telles ſont OV, PX, RZ, &c.

358. Les Mathématiciens diviſent la circonférence de chaque cercle en 360 parties égales, appellées *degrés*; (152.) chaque degré ſe ſubdiviſe en 60 parties égales, appellées *minutes*, & chaque minute en 60 *ſecondes*, chaque ſeconde en 60 *tierces*, &c. Ces parties ne ſont pas des grandeurs abſolues, comme ſont les meſures ordinaires de poids, de pieds, &c. mais elles ſont des grandeurs proportionnées à la grandeur du cercle; enſorte qu'un degré d'un grand cercle eſt plus grand qu'un degré d'un petit cercle.

359. Examinons maintenant ce qui eſt arrivé par le mouvement de la mobile. Il eſt clair I. qu'avant que la mobile eut commencé de ſe mouvoir, elle ne coupoit pas la fixe, elle ne lui étoit pas inclinée; mais que tous ſes points couvroient exactement tous les points correſpondans de la fixe.

360. II. Que la mobile ne peut tourner ſur le point E, que tous ſes points ne ſe meuvent au même-tems & ne faſſent chacun un égal nombre de pas.

361. III. Auſſi-tôt que la mobile commence de ſe mouvoir, tous ſes points s'écartent d'autant plus de part & d'autre des points correſpondans de la fixe, qu'ils ſe trouvent plus éloignés du point E, qui reſte commun aux deux lignes; & par conſéquent la mobile coupe la fixe au point E, & les parties de cette mobile deviennent inclinées à celles de la fixe: Par exemple, quand dans ſon mouvement la mobile eſt devenuë NET, il ne lui eſt plus reſté rien de commun avec la fixe que le point E; le point N s'eſt beaucoup plus écarté du point A, que tout autre point compris entre N & E comme *n*, ne s'eſt éloigné de ſon correſpondant *a* dans la fixe, quoique ce point *n* ait fait autant de pas pour venir de *a* en *n*, que le point N en a fait pour venir de A en N. Il en eſt de me du point T à l'égard de B; la ligne NET a donc coupé la fixe en E, & ſes parties NE, ET ſont devenuës inclinées ſur la fixe.

362. Une droite qui en coupe une autre, ou qui se termine à sa rencontre, fait avec elle un *angle* au point de rencontre ; ainsi les parties NE, AE font en E l'angle NEA.

363. Un angle exprime la quantité de l'écart d'une ligne par rapport à une autre qu'elle rencontre ; ainsi plus ces lignes sont écartées, plus elles font un grand angle.

364. Il est clair que la mesure de l'écart de deux lignes est le nombre de pas égaux que chaque point de la mobile a fait pour s'éloigner du point correspondant de la fixe ; qu'ainsi si le point A de la mobile a fait une fois plus de pas pour venir de A en P, que pour venir de A en N, il est manifeste qu'étant en P, il s'est écarté du double de ce qu'il l'étoit étant en N, & que par conséquent l'angle AEP est double de l'angle AEN. Il est aussi évident que le point *a* de la mobile a fait autant de pas pour venir en *n* puis en *p*, que le point A en a fait pour venir en N & en P ; & qu'ainsi si le point *a* a fait une fois plus de pas pour venir en *p* que pour venir en *n*, la ligne EP est une fois plus écartée de la fixe AE, que la ligne EN.

D'où il suit...

365. THEOREME. I. Que *la mesure de tout angle rectiligne est l'arc d'un cercle quelconque qui a le centre au sommet de l'angle, & qui se trouve compris entre les deux droites qui forment l'angle.* Ainsi quand on dit qu'un angle est de tant de degrés, cela signifie qu'il a pour mesure un arc de cercle de tant de degrés.

366. THEOREME II. Que *tous les angles qui ont pour mesure des arcs d'un égal nombre de degrés, sont égaux entr'eux* ; & réciproquement, *que tous les arcs décrits dans un même angle ou dans des angles égaux, ayant leur centre au sommet de l'angle, sont égaux entr'eux.*

367. THEOREME III. Qu'*étant connue la grandeur d'un angle, on connoît la grandeur de l'arc qu'il peut intercepter par ses côtés* ; & réciproquement, que *sçachant la quantité des degrés d'un arc qui ayant son centre au sommet d'un angle, est terminé par ses côtés, on sçait la grandeur de l'angle.*

368. Presentement, si on considere avec attention le

mouvement circulaire de la mobile ſur la fixe, on verra qu'elle paſſe par toutes les poſitions poſſibles à ſon égard, & qu'ainſi elle fait avec elle tous les angles poſſibles.

Tous ces angles s'appellent *aigus*, comme AEN, AEO, &c. tant que la mobile incline plus du côté de la partie fixe AE, que du côté de la partie fixe oppoſée EB.

369. Ces angles ſont appellés *droits* comme AEP, PEB, quand la mobile devenue PE, n'incline pas plus vers AE que vers EB.

370 Une droite qui fait un angle droit avec une autre, lui eſt *perpendiculaire*; ainſi PE eſt perpendiculaire ſur AE ou ſur EB, ou même ſur toute la droite AB; réciproquement EA, EB, ou AB ſont perpendiculaires à EP.

371. Ces angles s'appellent *obtus*, comme AEQ, AER &c. quand la mobile eſt devenue plus inclinée vers la partie fixe EB, que vers la partie fixe AE, d'où elle eſt partie.

On peut appliquer tout ceci à la mobile EB, qui décrit le demi-cercle BVZA.

372. THEOR. IV. *Tous les angles aigus ſont plus petits que les droits & que les obtus; & tous les angles droits ſont plus petits que les obtus.*

373. THEOR. V. *Il y a une infinité de ſortes d'angles aigus & d'angles obtus; mais l'angle droit eſt unique en ſon eſpece.*

374. THEOR. VI. *Les angles droits ſont tous égaux entr'eux*; parce qu'ils ſont formés par des droites qui dans leur rencontre ne panchent pas plus d'un côté que d'un autre.

375. COROLLAIRE I. *La meſure des deux angles droits eſt une demi-circonférence de cercle*; & par conſéquent, *celle d'un angle droit eſt un arc de 90 degrés.*

376. CORROL. II. *Un angle aigu a pour meſure un arc moindre de 90 d. & un angle obtus a pour meſure un arc plus grand que de 90. d.* (372.)

377. THEOR. VII. *Par un point donné dans une droite, il ne peut paſſer qu'une ſeule perpendiculaire à cette droite dans un même plan.* Parce qu'il ne peut y avoir qu'un cas dans le-

quel la mobile ne soit pas plus inclinée vers la partie fixe EA, que vers la partie fixe EB.

378. THEOR. VIII. *Toute la circonférence d'un cercle ne peut mesurer plus de quatre angles droits.* Puisque toute la circonférence APBXA est occupée par les quatre angles droits AEP, PEB, BEX, XEA ou bien, puisque quatre fois 90°. valent 360 degrés.

379. COROLL. Donc *la somme de tous les angles possibles formés en un même point* E, *ne peut surpasser* 360 *d. ou la valeur de quatre angles droits.*

380. THEOR. IX. *Une droite quelconque*, comme OE, *tombant sur une autre* AB, *fait avec elle deux angles* AEO, OEB, *dont la somme vaut toujours* 180°. ou *la mesure de deux angles droits.* Puisque les deux arcs ANO, ORB qui les mesurent, forment la demi-circonférence AORB.

381. THEOR. X. *Des quatre angles* AEO, OEB, BEV, VEA, *formés par l'intersection des deux droites* AB, OV, *les deux qui sont opposés au sommet, sont égaux;* ainsi OEB=VEA, & AEO=BEV.

DEMONSTRATION. Car la partie EA de la mobile AB ne peut faire un pas pour s'approcher vers O, que l'autre partie EB n'en fasse un pour aller vers V. Donc EA fait autant de pas pour devenir EO, que EB pour devenir EV: Donc l'arc AO est d'autant de degrés que l'arc BV. Donc l'angle AEO=BEV. On démontrera de même que l'angle OEB=VEA.

382. COROLL. *Si on connoît un des quatre angles formés par l'intersection de deux droites, on connoît tous les autres.* Soit l'angle AEO=72°. l'angle BEV sera donc aussi =72° & parce que AEO+OEB=180°. (380) si on ôte 72° de 180° resteront 108° pour la valeur de OEB & de AEV.

383. Un angle quelconque AEO, s'appelle *l'angle du supplément* de celui avec lequel il fait 180° tel est OEB ou VEA, & réciproquement OEB faisant 180° avec AEO ou BEV est dit leur supplément.

Propriétés des Lignes droites, dans la position de l'une à l'égard de deux ou de plusieurs autres, sans renfermer d'espace.

384. HYPOTHESE. CONCEVEZ maintenant une droite CD, (Fig. 2.) tellement posée à l'égard de la fixe AB, que tous ses points en soient à égale distance, ou, ce qui est le même, que sa partie IC ne panche pas plus vers AE que la partie ID ne panche vers EB ; en ce cas la droite CD est dite *paralléle* à AB, & il est clair que ces deux droites ne sont pas inclinées l'une sur l'autre, & qu'elles ne peuvent jamais se couper, à quelque distance qu'on les prolonge. Faites ensuite tourner comme ci-devant la mobile AB sur le point du milieu E, vous verrez évidemment....

385. I°. Que la mobile ne pourra jamais rencontrer la droite CD, tant qu'elle restera couchée sur la fixe AB, parce que l'une & l'autre ne sont alors qu'une seule & même ligne droite paralléle à CD.

386. II°. Qu'aussi-tôt que la mobile AB aura fait le moindre mouvement sur le point E, elle rencontrera & coupera CD, si on les suppose prolongées suffisamment ; parce qu'alors une partie de la mobile AB se sera inclinée vers la droite CD, & chacun de ses points se seront d'autant plus approchés de cette droite CD, qu'ils sont plus éloignés du point E (361).

387. III°. Que la mobile passant par tous les degrés d'inclinaison par rapport à la fixe, passera aussi par tous les degrés d'inclinaison par rapport à la paralléle CD, & lui sera toujours inclinée de la même maniere, qu'elle le sera à l'égard de la fixe ; car puisque la paralléle CD est posée de la même maniere que la fixe & ne lui est pas inclinée, la mobile ne peut s'incliner vers la fixe qu'elle ne s'incline d'autant vers la paralléle ; d'où il suit que la mobile dans toute sa circulation fait précisément les mêmes angles avec

CD qu'avec la fixe AB. Ainsi la mobile étant dans la position NT, tous les angles aigus qu'elle forme avec AB & avec CD sont égaux entr'eux, & tous les angles obtus qu'elle forme avec ces deux mêmes lignes sont égaux entr'eux. Ainsi les angles AEN, CGN, TEB, EGD sont égaux entr'eux, & les angles AET, CGE, NGD, NEB sont aussi égaux entr'eux, & les angles aigus sont les supplémens des angles obtus (380), & réciproquement les angles obtus sont supplements des angles aigus.

L'angle TEB s'appelle *alterne externe* par rapport à l'angle CGN, aussi-bien que l'angle TEA par rapport à l'angle NGD. Et l'angle AEG s'appelle *alterne interne*, par rapport à l'angle EGD, aussi-bien que GEB par rapport à EGC.

On démontrera la même chose de toutes les droites NT, OV, &c. par rapport à AB & à CD.

388. THEOREME I. *Une ligne quelconque* EG, *qui coupe deux paralléles* AB, CD. *fait avec elle des angles alternes internes égaux, des angles alternes externes égaux, deux angles internes* BEG, EGD, *supplémens l'un de l'autre, & deux angles externes* TEB, DGN, *aussi supplémens l'un de l'autre.*

389. THÉOR. II. Réciproquement, *toutes les fois que deux droites* BE, DG, *tombant sur une droite* TN, *font des angles alternes internes égaux, ou des angles alternes externes égaux, ou deux angles internes* BEG, EGD, *supplemens l'un de l'autre, ou deux angles externes* TEB, DGN *aussi supplémens l'un de l'autre, toutes les fois ces lignes* BE, DG, *sont paralléles.* Parce que cela ne se peut faire à moins que ces deux lignes ne soient précisément posées de la même maniere l'une à l'égard de l'autre.

390. V°. La mobile continuant de tourner, il est clair que les points F, G, H, de son intersection avec CD, seront d'autant plus proches du point E, que la mobile approchera plus d'être perpendiculaire à la fixe AE; en sorte que lorsqu'elle la sera devenue, le point I de son intersection avec CD, sera le plus près du point E qu'il est possible; ensuite la mobile continuant d'aller vers EB, les points d'intersection K, L, M deviendront d'autant plus éloignés de E, que la mobile s'inclinera plus vers EB.

391. VI°. Donc quand la mobile panchera autant vers la fixe BE, étant devenue ER, qu'elle panchoit vers AE lorſqu'elle étoit EN ; ou, ce qui eſt la même choſe, quand les angles AEN, BER, ou NEP, REP feront égaux, les points d'interſection G, L, ſeront à égale diſtance du point E & du point I, c'eſt-à-dire, on aura GI=IL, GE=LE.

Pour s'en convaincre, il faut concevoir toute cette Figure 2 pliée ſur la perpendiculaire EP ; car alors il eſt clair que AE ſera couchée exactement ſur EB, IC ſur ID, l'arc AN ſur l'arc égal BR, & l'arc NP ſur ſon égal PR ; donc le rayon NE ſera exactement couché ſur le rayon ER, & le point G ſur le point L ; ainſi GE=LE, & GI=IL.

De-là il eſt aiſé de déduire les Theorêmes ſuivans.

392. THEOR. III. *Toute perpendiculaire* comme EI, *tirée d'un point* E *ſur une droite quelconque* CD, *eſt la ligne la plus courte qu'on puiſſe mener de ce point à cette droite.* Et réciproquement, *ſi une droite* EI *eſt la plus courte qu'on puiſſe mener d'un point* E *a une autre droite* CD, *elle lui eſt perpendiculaire ;* car elle ne peut lui être inclinée.

393. COROLL. *Donc une perpendiculaire eſt la vraye meſure de la diſtance d'un point à une ligne.*

394. THEOREME IV. *D'un point pris hors d'une droite,* comme E, *on ne peut mener qu'une ſeule perpendiculaire* EI *ſur cette droite* ; car il n'y a qu'une ſeule ligne qui ſoit la plus courte, & qu'un ſeul cas où une droite menée d'un point ſur une autre droite, ne lui ſoit pas plus inclinée d'un côté que d'un autre.

395. THEOR. V. *Une droite*, comme EI, *eſt perpendiculaire à une autre* CD, *quand deux de ſes points*, par exemple, E, I, *ſont chacun également éloignés de deux points* G, L *quelconques pris dans cette autre ligne* ; c'eſt-à-dire, ſi EG=EL & ſi IG=IL ; car alors il eſt certain que ces deux points E, I, ne panchent pas plus vers G que vers L, & que comme deux points ſuffiſent (349) pour déterminer la poſition d'une droite, toute la droite EI ne panche pas plus vers G que vers L.

396. THEOR. VI. *Si deux points* G, L *d'une droite ſont également éloignés d'un point* I *de la même droite où elle eſt*

coupée par une perpendiculaire EI, *tous les points de cette perpendiculaire sont également éloignés de ces deux mêmes points* G, L; car s'il y avoit quelque point dans cette perpendiculaire qui ne fût pas à égale distance des points G, L, dans ce point la perpendiculaire pancheroit plus du côté où la distance seroit moindre, & par conséquent elle ne seroit pas perpendiculaire.

Après avoir compris ces propriétés, il sera facile de résoudre les problêmes qui suivent.

397. PROBLEME I. *D'un point* C (Fig. 3.) *donné hors d'une droite donnée* AB, *mener une paralléle à cette ligne.*

SOLUTION. Posez la pointe du compas en C, & ayant décrit avec l'autre pointe, ouverte à volonté, un arc quelconque EK, posez la pointe en E, & décrivez avec la même ouverture l'arc CF, depuis le point donné C jusqu'à la rencontre de AB. Prenez avec le compas l'amplitude de l'arc CF, & portez-la sur l'arc EK, depuis E jusqu'à quelque point comme I, & par le point donné C & le point trouvé I, menez la droite CID, elle sera paralléle à AB.

DEMONSTRATION. Car si on tire CE, on connoîtra qu'à cause des arcs égaux EI, CF, les angles CEF, ECI sont égaux (366.); donc EC est une droite qui coupe les droites AB, CD, de sorte que les angles alternes internes sont égaux; donc (389.) les droites CD, AB sont paralléles.

398. PROBL. II. *D'un point* I *donné sur une droite* CD, *y élever une perpendiculaire.* (Fig. 4.)

SOLUTION. Prenez à volonté sur CD deux points H, K, également éloignés de I; & des points H, K, comme centres, décrivez avec une même ouverture de compas deux arcs du cercle OER, AEB, qui s'entrecoupent en un point E, par lequel menez EI, elle sera perpendiculaire sur CD.

DEM. Car ayant tiré les rayons HE, KE, il est clair qu'ils sont égaux à cause de la même ouverture de compas; d'ailleurs HI=IK par la construction, donc EI est une droite dont deux points E, I, sont également éloignés chacun de deux autres points H, K de la droite CD; donc (395) EI est perpendiculaire sur CD.

399. PROBL.

399. PROBL. III. *D'un point donné* E *hors d'une droite* CD, *mener une perpendiculaire.* (Fig. 5.)

SOLUTION. Ayant posé la pointe d'un compas sur le point donné E, marquez avec l'autre pointe deux points à volonté H, K sur la droite CD, qui soient à égale distance de E; puis des points H, K comme centres, décrivez avec une même ouverture de compas quelconque, des arcs de cercle OGR, AGB, qui se coupent en un point G; par lequel & par le point donné E, tirez EG, ce sera une droite perpendiculaire à la donnée CD.

DEM. Car ayant mené les rayons HG, KG, on verra comme ci-dessus (398.) que les points G, E de la droite GE, sont également éloignés des points H, K de la droite donnée CD, & que par conséquent GE lui est perpendiculaire.

400. PROBL. IV. *Diviser une droite donnée* HK *en deux parties égales.* (Fig. 6.)

SOLUTION. Des deux extrémités H, K comme centres, décrivez de part & d'autre avec une même ouverture de compas quatre arcs, qui se coupent en deux points G, E, par lesquels tirez la droite EG qui divisera HK en deux également.

DEM. Car on voit aussi que les points E, G de la droite EG, sont également éloignés des extrémités de la donnée HK; que par conséquent (396.) tous les points de cette droite EG sont également éloignés de ces mêmes extrémités, & qu'ainsi le point I en est aussi également éloigné.

De quelques propriétés des Lignes droites, par rapport au cercle.

PUISQUE nous avons jusqu'ici considéré les lignes droites dans le cercle, nous allons donner ici quelques-unes de leurs propriétés, qui se déduisent de la nature du cercle, nous réservant à parler des autres, lorsque nous traiterons du cercle en particulier.

401. DEFINITION. Une droite FM (Fig. 2. ou 7.) ter-

minée par la circonférence d'un cercle, s'appelle *une corde* ou *une soutendante* ; ainsi on dit l'arc FPM a pour corde, ou bien est *soutendu* par la corde FM. La corde OQ (Fig. 7.) soutend l'arc OPQ, c'est-à-dire, est terminée par les extrémités de l'arc OPQ.

Dans la Fig. 2. on démontrera aisément les propriétés suivantes.

402. THEOR. I. *Une perpendiculaire* EP *menée du centre* E *d'un cercle sur une corde* FM, *la partage en deux également.*

DEM. Puisque la ligne EP part du centre du cercle, elle a un point E qui est également éloigné des extrêmités F, M de la corde, & puisqu'outre cela elle est perpendiculaire à la corde, tous ses autres points sont également éloignés de ces mêmes extrémités F, M. Donc le point I en est également éloigné, donc FI=IM.

403. THEOR. II. Réciproquement, *toute droite* EP *qui passant par le centre* E *d'un cercle, coupe en deux également une corde* FM, *est perpendiculaire à cette corde.*

DEM. Puisque EP coupe la corde en deux également, elle a un point I qui est à égale distance de ses extrémités F, M; & puisqu'elle passe par le centre E, elle a encore un point E également éloigné de ces mêmes extrémités F, M; donc EP est une droite qui a deux points I, E également éloignés des points F, M de la corde FM, donc (395.) EP est perpendiculaire à FM.

404. THEOR. III. De même, *si une droite* EP *perpendiculaire sur une corde* FM *la coupe en deux également, elle passe par le centre du cercle.*

DEM. Car puisqu'elle coupe la corde en deux également, elle a un point I qui passe à égale distance des extrémités F, M; & puisqu'elle est perpendiculaire, tous ses points passent aussi à égale distance des extrémités F, M (396); or le centre E est un des points qui sont à égale distance des extrémités F, M (356); donc le centre E est un des points par où passe la perpendiculaire.

405. HYPOTHESE. Si on fait tourner la corde FM dans son cercle, en sorte que ses extrémités F, M soient toujours

dans la circonférence ; il est clair 1°. que cette corde soutendra toujours un arc égal. 2°. Qu'elle sera toujours également éloignée du centre. Car dans ce mouvement on peut concevoir que la Figure FEM tourne toute entiere sur le point E, les rayons EF, EM suivans toujours la corde ; c'est pourquoi l'angle FEM restera toujours le même, & par conséquent sa mesure sera toujours un arc égal à l'arc FPM. On voit aussi que la ligne EI restera toujours la même dans ce mouvement. Donc......

406. THEOR. IV. *Dans un même cercle, ou dans des cercles égaux, les cordes égales soutendent des arcs égaux ; les cordes inégales soutendent des arcs inégaux ; & en même-temps les cordes égales sont à égale distance du centre, & les cordes inégales en sont inégalement éloignées.* Car une corde qui tourne dans son cercle se couchera toujours exactement sur les cordes qui lui seront égales, & ne pourra jamais se coucher sur des cordes qui ne lui seront pas égales.

407. THEOR. V. *Dans un même demi-cercle, ou dans des demi-cercles égaux, plus les arcs sont grands ou petits, plus les cordes sont grandes ou petites, & plus elles sont proche ou loin du centre* : & réciproquement, *plus les cordes sont grandes ou petites, proche ou loin du centre, plus les arcs qu'elles soutendent sont grands ou petits.*

408. THEOR. VI. *Une droite* EP *qui partant du centre* E *coupe en deux également une corde* FM, *coupe aussi en deux également l'arc* FPM *que cette corde soutend, & par conséquent l'angle* FEM *que cet arc mesure.*

DEM. Car alors cette droite est perpendiculaire sur la corde FM, (403) & a tous ses points également éloignés de ses extrémités F, M : donc le point P est aussi également éloigné de F & de M. Donc si on tire PM, PF, ce seront deux cordes égales ; & par conséquent (406.) l'arc PRM=PNF ; donc l'arc FPM & l'angle FEM sont divisés en deux également par le rayon EP.

409. THEOR. VII. *Une corde* FM *étant paralléle à un diametre* AB, *intercepte de part & d'autre entr'elle & ce diametre, des arcs égaux* AF, BM.

DEM. Si par le centre E on éleve sur AB la perpendiculaire EP, elle sera aussi perpendiculaire sur la corde FM, (388.) & par conséquent (402) elle la coupera en deux également; & (408.) les arcs ANP=PRB, FNP=MRP; donc (17.) si des arcs égaux ANP, BRP on retranche les arcs égaux FNP, MRP, resteront les arcs égaux AF, BM.

410. COROLL. I. *Si deux cordes* FM, OQ (Fig, 7. & 8.) *sont paralléles entr'elles, elles interceptent entr'elles de part & d'autre des arcs égaux* OF, QM*;* car si par le centre E on méne un diametre AB paralléle à ces cordes, on aura (409) AF=BM, & AO=BQ; donc (17.) AO+AF =BQ+BM, donc OF=QM.

411. COROLL. II. Si on éloignoit la corde OQ (Fig. 7.) parallélement à elle-même ou à la corde FM, en sorte qu'étant prête à sortir totalement hors du cercle, elle restât dans la position *oq*, où elle ne feroit plus qu'effleurer la circonférence au point P, les arcs PM & PF seroient encore égaux; car la partie P de la ligne *oq* qui toucheroit le point P de la circonférence, feroit une corde infiniment petite, paralléle à la corde FM, & par conséquent les arcs PM, PF interceptés entre la ligne *oq* & la corde paralléle MF seroient égaux.

412. Une droite qui ne fait que toucher la circonférence d'un cercle sans entrer dedans, même étant prolongée, s'appelle une *Tangente* au cercle, & le point où elle touche le cercle s'appelle le *point de contact.*

413. THEOR. VIII. *Un rayon mené au point de contact est perpendiculaire sur la Tangente.*

DEM. Puisque la droite *oq* n'entre pas dans le cercle, mais le touche seulement, la plus courte distance du centre E à cette droite, est le rayon EP qui aboutit au point du contact P, & par conséquent (392.) ce rayon EP est perpendiculaire à la Tangente *oq*.

SCHOLIE. Cette propriété est une suite de ce qu'on peut regarder le point de contact comme une corde infiniment petite, que le rayon qui y aboutit divise en deux également, & à laquelle par conséquent (403) il doit être perpendiculaire.

414. COROLL. *Donc une droite ne peut toucher le cercle qu'en un seul de ses points.* Car si elle le touchoit en plusieurs points, tous les rayons qui y aboutiroient seroient perpendiculaires à cette Tangente, ce qui est impossible (394.)

415. THEOR. IX. Réciproquement *si une droite quelconque* oq *est perpendiculaire à l'extrémité* P *d'un rayon* EP, *elle touche le cercle au seul point* P.

DEM. Car puisque *oq* passe par l'extrémité P du rayon EP, le point P est commun au cercle, au rayon & à la ligne *oq*. Et puisque le rayon EP est perpendiculaire sur *oq*; il est la plus courte ligne qu'on puisse mener du centre E sur la droite *oq*. Donc tous les autres points de la ligne *oq* sont plus éloignés du centre E que le point P; donc le point P est le seul de la Tangente qui soit commun au cercle, & où elle le touche.

416. THEOR. X. *L'angle* BAD (Fig. 9. & 10.) *formé par la rencontre de deux cordes* AB, AD *dans un même point* A *de la circonférence d'un cercle, est mesuré par la moitié de l'arc* BHD *intercepté par ces deux cordes.*

DEM. Par le centre C menez deux diametres EF, GH paralléles aux deux cordes AD, AB; je dis 1°. que l'angle FCH formé au centre par ces deux diametres, est égal à l'angle BAD. Car les diametres paralléles aux cordes sont posés entr'eux ou inclinés l'un à l'autre de la même maniere que les cordes le font: Ou, pour démontrer cela rigoureusement, à cause des paralléles AD, EF, coupées obliquement par GH, les angles HCF, HID sont égaux (388). Et à cause des paralléles AB, GH coupées par AD, les angles HID, BAD sont égaux: donc (16) les angles HCF, BAD sont égaux, & par conséquent la vraye mesure de l'angle BAD, est un arc de cercle égal à l'arc HF, qui mesure l'angle HCF.

Je dis 2°. que l'arc HF vraye mesure de l'angle BAD, est la moitié de l'arc intercepté BD: c'est-à-dire $HF = \frac{1}{2}BD$, ou bien, ôtant la fraction, $2HF = BD$.

Car (Fig. 9.) $BD = HF + BH + FD$. Or (409) BH $= AG$, & $FD = AE$; donc $BH + FD = EG$: mais EG

=HF. Donc BH+FD=HF. Donc BD=HF+HF=2HF.

De même (Fig. 10.) BD=BH+HF—DF ou BD=HF+BH—DF. Or BH=AG, & DF=AE, donc BH—DF=AG—AE=EG=HF ; donc BD=HF+HF=2HF ;

417. COROLL. I. *L'angle formé au centre d'un cercle est double de l'angle formé à la circonférence de ce cercle, & appuyé sur le même arc, que l'angle au centre.* Ainsi si on tiroit des rayons aux points B & D (Fig. 9. & 10.) on voit évidemment que l'angle BCD seroit double de l'angle BAD.

418. COROLL. II. *L'angle* MP*q* (Fig. 7.) *formé au point de contact par une tangente* P*q* & *par une corde* PM, *a pour mesure la moitié de l'arc* PQM *soutendu par la corde* PM.

Car si par le point M on mene une corde MF parallèle à la Tangente P*q*, l'arc FP sera (411) égal à l'arc PQM, & (388) l'angle MP*q* à l'angle PMF. Or la mesure de l'angle PMF est la moitié de l'arc FOP, donc la mesure de l'angle MP*q* est la moitié de l'arc PQM.

419. SCHOLIE. En suivant le même raisonnement, il est aisé de faire voir ......

I°. Que *la mesure de tout angle* BAD (Fig. 11.) *formé en dedans d'un cercle entre le centre & la circonférence, a pour mesure la moitié de l'arc* BD *intercepté par ses côtés, plus la moitié de l'arc* bd *intercepté par les prolongemens de ces mêmes côtés.*

Car l'angle BAD étant égal à l'angle HCF, je dis que HF=$\frac{1}{2}$BD+$\frac{1}{2}$*bd*, ou 2HF=BD+*bd*; ou enfin, HF+EG=BD+*bd*. Il est clair que HF=DF+BD—BH, & que EG=*b*G+*bd*—E*d*. Donc HF+EG=DF+BD—BH+*b*G+*bd*—E*d*. Or dans cette équation les arcs égaux BH, *b*G ayant des signes contraires, se détruisent aussi-bien que les arcs égaux DF, E*d*. Reste donc HF+EG=BD+*bd*.

II°. Que *la mesure de tout angle* BAD (Fig. 12.) *formé hors d'un cercle, est la moitié de l'arc concave* BD, *moins la moitié de l'arc convexe* bd, *qui sont interceptés par ses côtés.*

A cause des angles égaux FCH, BAD, je dis que l'arc HF=$\frac{1}{2}$BD—$\frac{1}{2}$*bd*, ou que HF+EG=BD—*bd*. Car HF=HB+BD—DF. Et EG=E*d*—G*b*—*bd*. Donc HF+EG=HB+BD—DF+E*d*—G*b*—*bd*. Or les arcs égaux HB, —G*b*, & —DF, +E*d* se détruisent, reste donc HF+EG=BD—*bd*.

Il faut remarquer que suivant les différens cas déterminés par les différentes figures, ces arcs peuvent avoir des signes différens de ceux que nous leur avons donnés dans les deux équations précédentes, mais ils ne peuvent faire aucune difficulté, parce qu'on en trouvera toujours deux qui en détruiront deux autres, comme on peut l'éprouver.

III°. Que *la mesure de tout angle δAB formé hors d'un cercle entre une Tangente Aδ & une droite AB qui passe à travers la circonférence, est mesuré par la moitié de l'arc concave Bδ, moins la moitié de l'arc convexe bδ.* Car en supposant que la ligne AD se soit mue sur le point A jusqu'à venir dans la position Aδ, l'arc dD aura toujours diminué, & les deux points d, D se seront enfin confondus dans le point δ; mais la démonstration précédente n'en subsistera pas moins.

IV°. *Enfin que la mesure d'un angle βAδ formé hors d'un cercle par deux Tangentes, est mesuré par la moitié de l'arc βBδ, moins la moitié de l'arc βbδ.* Ce qui est évident par la même raison.

420. D'où on peut déduire ce Theorême Général. *Un angle est déterminé en quelque endroit que soit placé son sommet, si ses côtés (prolongés s'il est nécessaire) coupent ou touchent une circonférence de cercle dans des points déterminés.*

421. Coroll. III. *Dans un cercle ou dans des cercles égaux, des cordes égales sont opposées à des angles égaux dans la circonférence; & des cordes inégales à des angles inégaux.* Car (406) les arcs égaux sont soutendus par des cordes égales, & les arcs inégaux par des cordes inégales.

422. Coroll. IV. *Un angle droit à la circonférence est toujours appuyé sur un diametre, & comprend par ses côtés un demi-cercle: un angle aigu ou un angle obtus est toujours appuyé sur une corde; mais avec cette différence, que l'angle aigu est soutendu par la corde d'un arc moindre que de 180°, ou qui est au-delà du centre par rapport à l'angle; au lieu que l'angle obtus est soutendu par la corde d'un arc plus grand que de 180°, ou qui est en deçà du centre par rapport à l'angle.*

423. Coroll. V. *Si dans un arc de cercle quelconque* FRM (fig. 8.) *on fait tant d'angles* FNM, FPM, FRM *qu'on voudra, dont les côtés passent par les mêmes points* F, M *de la circonférence, ils seront tous égaux entr'eux*, parce qu'ils auront tous une même mesure, qui est la moitié de l'arc FOQM.

424. Probleme I. *Diviser un arc donné en deux arcs égaux.*

Solution. Imaginez une corde menée par les extrémités de l'arc, & coupez-la en deux également par une perpendiculaire (400), l'arc sera aussi coupé en deux egalement. (408.)

425. PROBL. II. *Diviser un angle donné en deux également.*

Solution. Posez la pointe du compas sur le sommet de l'angle, & décrivez avec une ouverture quelconque, un arc entre les deux côtés de l'angle ; divisez (424) cet arc en deux également, & par le sommet de l'angle menez une droite au milieu de l'arc, elle divisera l'angle donné en deux également.

426. REMARQUE. Par les deux Problêmes précédens on peut diviser tout arc ou tout angle donné en 2, 4, 8, 16, 32, &c. parties égales qui sont les termes d'une progression géométrique double ; mais on n'a pas encore trouvé la méthode de diviser géométriquement par la Regle & par le compas un arc ou un angle quelconque en trois parties égales ; c'est le fameux Problême *de la trisection de l'angle*, tant cherché par les Anciens. A plus forte raison ne peut-on pas diviser un arc en 5, 6, 7, 9, &c. parties égales par la Géométrie élémentaire. On démontre dans l'analyse que c'est un Problême du 3. 4. 5. &c. degré, que de diviser un arc de cercle en 3, 4, 5, &c parties égales. Et qu'il n'est possible de diviser un arc en 4. parties égales par la Géométrie élémentaire, que parce que c'est un de ces Problémes du 4. degré, qui se réduisent à un du second degré, comme nous avons vû (250). Que la division en 16 parties égales est un Problême du 16. degré, qui par l'extraction de la racine quarrée de l'inconnue, devient un Problême du quatriéme degré, & ensuite du second degré, par une autre extraction, & ainsi de suite.

427. PROBLEME III. *Faire passer une circonférence de cercle par trois points donnés.*

Solution. Il est évident que ce Problême seroit impossible si les trois points étoient en ligne droite ; c'est-pourquoi lorsqu'ils n'y seront pas, on tirera deux droites comme on voudra, qui joindront ces trois points donnés. On considérera ces deux droites comme deux cordes du cercle cherché ; on les divisera donc chacune en deux également (400.) les deux lignes qui les diviseront ainsi, passeront (404.) par le centre du cercle, & par conséquent le centre de ce cercle sera dans l'intersection de ces deux lignes.

428. PROBL. IV. *Trouver le centre d'un cercle ou d'un arc donné.*

Solut. Tirez deux cordes à volonté dans ce cercle ou dans cet arc, & cherchez (427.) le centre comme ci-dessus.

429. PROBL. V. *Continuer un arc de cercle donné en un cercle entier si on veut.*

Solut. Cherchez (428.) le centre de cet arc.

Propriétés des lignes droites, qui renferment un espace.

430. DEFINITIONS. LES droites qui par leur rencontre renferment un espace, composent une *figure rectiligne.* Or la rencontre de plusieurs droites ne se peut faire que par des angles, ce qui fait qu'on appelle une figure rectiligne *un Polygone.*

431. Un Polygone en général signifie un espace renfermé entre plusieurs droites qui s'appellent *les côtés*, & qui se joignant les unes aux autres par chaque bout, forment par conséquent autant d'angles que de côtés.

432. Il est aisé de concevoir qu'il faut au moins trois lignes droites pour renfermer un espace; c'est pourquoi le premier & le plus simple des Polygones est *le triangle*; le second est *le Quadrilatere* ou *Tetragone*, c'est-à-dire, une figure de quatre angles & de quatre côtés; le troisiéme est *le Pentagone*, c'est-à-dire, une figure de cinq angles & de cinq côtés; le quatriéme est l'*Exagone*, ensuite *l'Eptagone*, *l'Octogone*, *l'Enneagone*, *le Decagone*, *l'Endecagone*, *le Dodecagone*, &c. *l'Ecatogone*, *le Chiliogone*, *le Myriogone*, &c. qui ont 6, 7, 8, 9, 10, 11, 12 &c. 100, 1000, 10000 angles, & autant de côtés.

Comme toutes ces figures se rapportent au Triangle, ainsi qu'on le verra dans la suite, il faut commencer par bien connoître les propriétés du triangle.

Des Triangles.

Des différentes espéces & des propriétés des Triangles.

433. Le Triangle prend différens noms suivant les différens rapports de ses côtés & de ses angles.

Par rapport à ses côtés. Un Triangle dont les trois côtés sont égaux entr'eux, comme ABC (Fig. 14.) s'appelle *Equilatéral*, celui dont deux côtés AC, AB (Fig. 15.) sont égaux, s'appelle *Isoscéle*, & celui dont les trois côtés sont inégaux, comme ABC (Fig. 16.) s'appelle *Scalene*.

434. Par rapport à ses angles. Un Triangle dont les trois angles sont aigus, comme ABC (Fig. 14.) s'appelle *Oxygone* ou *Acutangle*, celui qui a un angle droit A (Fig. 15.) s'appelle *Rectangle*, & celui qui a un angle obtus C (Fig. 16.) s'appelle *Ambligone* ou *Obtusangle*.

435. Dans un Triangle rectangle comme ABC (fig. 15.) le côté BC qui est opposé à l'angle droit s'appelle *l'hypotenuse*.

436. Dans un Triangle quelconque, le côté opposé à un angle s'appelle *la base* de cet angle, ou si on conçoit cet angle comme l'angle du sommet du Triangle, le côté opposé s'appelle la base du triangle.

437. Theoreme I. *Tout triangle se peut* inscrire *dans un cercle*, c'est-à-dire, *on peut faire passer un cercle par les trois angles d'un triangle quelconque*, car c'est la même chose que de faire passer un cercle par trois points donnés.

438. Coroll. Un Triangle rectangle étant inscrit dans un cercle, l'hypotenuse en est le diametre (422.) ou bien le centre du cercle est dans l'hypotenuse; par la même raison le centre du cercle est en dedans d'un Triangle *oxygone* qui y est inscrit, & en dehors du Triangle amblygone inscrit.

439. Theor. II. *La somme des trois angles d'un triangle quelconque est de* 180 *degrés*, *ou équivaut à deux angles droits.*

Dem. Ayant inscrit un Triangle quelconque dans un cercle, les trois côtés en sont trois cordes, & chaque angle a pour meſure (416.) la moitié de l'arc que chaque côté ſoutend ; la ſomme des trois angles eſt donc égale à la moitié de la ſomme des trois arcs, c'eſt-à-dire, à la moitié de la circonférence du cercle ou à 180 degrés.

440. COROLL. I. *Un triangle ne peut avoir qu'un ſeul angle droit, ou qu'un ſeul angle obtus, & alors les deux autres ſont néceſſairement aigus.*

441. COROLL. II. *Dans un triangle rectangle la ſomme des deux angles aigus eſt de 90°.*

442. COROLL. III. *Si on connoît deux angles d'un triangle quelconque, on en peut déduire la valeur du troiſiéme* ; car elle eſt égale à la différence entre 180°. & la ſomme de ces deux angles connus : & *ſi on n'en connoît qu'un, ſon ſupplément eſt égal à la ſomme des deux autres.*

443. THEOR. III. *Dans un Triangle quelconque* ABC (Fig. 14.) *ſi on prolonge un côté quelconque, l'angle extérieur* ABI *eſt égal à la ſomme des angles intérieurs oppoſé* ACB, CAB.

DEM. La ſomme de l'angle extérieur ABI & de l'intérieur contigu ABC eſt de 180 degrés (380) ; mais (439.) la ſomme des deux angles ACB, CAB & de l'angle ABC eſt auſſi de 180 degrés. Donc l'angle extérieur ABI eſt égal à la ſomme des deux intérieurs oppoſés ACB, CAB.

444. THEOR. IV. *Si d'un point quelconque* D *pris au dedans d'un Triangle* CAB (Fig. 15.) *on tire des droites* DA, DB *ſur les extrémités d'un côté quelconque* AB, *l'angle* ADB *compris par ces droites eſt plus grand que l'angle* BCA *oppoſé à ce côté* AB.

DEM. Car ayant inſcrit le triangle ABC dans un cercle, la meſure de l'angle ACB eſt la moitié de l'arc ſoutendu par la corde BA (416.) au lieu que la meſure de l'angle BDA eſt cette même moitié, plus la moitié de l'arc intercepté par le prolongement des côtés BD, AD (419).

445. THEOR. V. *Dans un triangle quelconque la ſomme de deux côtés quelconques eſt plus grande que le troiſiéme côté* ; car ſi elle étoit ſeulement égale à ce côté, les deux côtés ne pourroient qu'être exactement couchés ſur ce troiſiéme côté, & par conſéquent ils ne pourroient former un triangle avec lui.

446. THEOR. VI. *Dans un triangle quelconque le plus grand côté eſt oppoſé au plus grand angle, & le plus petit côté au plus*

petit angle. Réciproquement, *le plus grand angle est opposé au plus grand côté, & le plus petit angle au plus petit côté*. Puisque ayant inscrit le triangle dans un cercle, le plus grand angle est mesuré par le plus grand arc, & que (407) le plus grand arc est soutendu par la plus grande corde, & réciproquement.

447. COROLL. *Si on suppose que l'angle d'un triangle s'ouvre de plus en plus, tandis que les deux côtés qui forment cet angle restent de même grandeur, le troisiéme côté opposé à l'angle qui croît, croîtra aussi de plus en plus*; & réciproquement, *il diminuera, lorsque l'angle opposé diminuera*.

448. THEOR. VII. *Dans un triangle équilatéral tous les angles sont égaux entr'eux, & chacun de 60°.* & réciproquement, *si les trois angles d'un triangle sont égaux entr'eux, ou si deux sont chacun de 60°. le triangle est équilatéral.* Car les trois côtés égaux sont trois cordes égales qui soutendent par conséquent trois arcs égaux, lesquels mesurent trois angles égaux & dont chacun est le tiers de 180 degrés, &c.

449. THEOR. VIII. *Dans un triangle isoscele, les angles opposés aux côtés égaux sont égaux*: & réciproquement, *si deux angles d'un triangle sont égaux, le triangle est isoscele*; car les angles égaux interceptent des arcs égaux, & les arcs égaux sont soutendus par des cordes égales. (406.)

450. THEOR. IX. *Tout triangle est circonscriptible au cercle.*

DEM. Si on divise en deux également deux des angles quelconques d'un triangle, par exemple, les angles B & A du triangle ABC (Fig. 15) les deux droites BD, AD qui les diviseront se rencontreront en un point D. Or je dis que si de ce point on abbaisse sur les trois côtés les perpendiculaires DG, DF, DE, elles seront égales entr'elles & que par conséquent elles pourront être les rayons d'un même cercle, qui touchera les trois côtés aux points G, F, E (415.) Car les triangles rectangles GBD, BDE sont égaux, à cause de l'angle en B égal dans chacun, & du côté commun BD, donc GD=DE; Par la même raison les triangles rectangles égaux DEA, DFA donnent DE=DF. Donc GD=DE=DF.

451. COROLL. *Les trois droites qui divisent en deux également les trois angles d'un triangle, vont se rencontrer en un même point dans le triangle.* Car il est clair que si on divisoit l'angle C en deux également par une droite, elle viendroit rencontrer le point D.

De la comparaison des Triangles.

452. LEs Géométres comparent les Triangles & toutes sortes de figures en deux manieres ; dans l'une ils comparent la position des côtés & la grandeur des angles des figures ; dans l'autre ils comparent les espaces qui y sont contenus. Cette seconde comparaison regarde l'article des surfaces ; c'est pourquoi nous ne parlerons ici que de la premiere.

On appelle *triangles égaux entr'eux*, ceux dont tous les angles & tous les côtés sont égaux, & semblablement posés.

453. On appelle *triangles semblables* ou *Equiangles*, ceux dont tous les angles sont égaux chacun à chacun ; ainsi les Triangles ABC, DEF (Fig. 16.) sont semblables, parce que l'angle A=E, l'angle B=D, & l'Angle C=F.

454. Quand on compare des figures entr'elles, on appelle parties *homologues* celles qui sont de même dénomination de grandeur dans chaque figure : Dans deux triangles semblables, par exemple, le plus grand côté de l'un est homologue au plus grand côté de l'autre, le moyen côté de l'un est homologue au moyen côté de l'autre, &c.

455. THEOR. I. *Deux triangles qui ont tous leurs côtés homologues égaux, sont égaux entr'eux.*

DEM. Je dis que si AB=*ab*, AC=*ac*, BC=*bc*, (Fig. 13.) le triangle ABC est égal au triangle *abc*. Des points A & B comme centres décrivez les arcs FCG, DCE qui se coupent au sommet C. Appliquez ensuite le triangle *abc* sur le triangle ABC en mettant d'abord le point *a* sur A ; à cause de AB=*ab*, le point *b* tombera sur B : & à cause de *ac*=AC, la ligne *ac* aboutira quelque part dans l'arc FCG. De même à cause de *bc*=BC, la ligne *bc* aboutira quelque part dans l'arc DCE ; mais parce que les lignes *ac*, *bc* se joignent en *c*, elles aboutiront donc toutes deux dans le point C de l'intersection des deux arcs : Donc *ac* sera exactement couchée sur AC, & *bc* sur BC, & par conséquent tout le triangle *abc* sur tout le triangle ABC. Ces deux triangles seront donc égaux.

456. THEOR. II. *Deux triangles sont égaux entr'eux*,

quand tous les angles de l'un étant égaux à tous les angles de l'autre, ils ont chacun un côté homologue égal.

DEM. Si l'angle A=*a*, B=*b*, C=*c* (Fig. 13.) & AB=*ab*, je dis que le triangle ABC est égal au triangle *abc*. Posez le côté *ab* sur AB, mettant le point *a* sur A ; & *b* sur B, il est clair qu'à cause de l'angle *a*=A, & de l'angle *b*=B, le côté *ac* tombera nécessairement sur le côté AC, & *bc* sur BC, donc les deux côtés *ac*, *bc* se joindront au même point que les côtés AC, BC; c'est-à-dire, que le point *c* tombera sur le point C, & le triangle *abc* couvrira exactement le triangle ABC.

457. THEOR. III. *Deux triangles sont égaux quand ayant chacun deux côtés homologues égaux, l'angle compris par ces côtés est égal dans chacun.*

DEM. Si le côté AC=*ac*, & AB=*ab*, & si l'angle A=*a*; je dis que les triangles ABC, *abc* sont égaux: Appliquez *ab* sur AB, & *ac* sur AC, à cause des angles A, *a* égaux, ces côtés tomberont exactement les uns sur les autres; & parce que AC=*ac*, & AB=*ab*, le point *c* tombera sur C, & le point *b* tombera sur B; donc *bc* qui mesure la distance des points *b*, *c* sera égale & tombera aussi exactement sur BC, qui mesure la distance des points B & C. Donc le triangle *abc* couvrira exactement tout le triangle ABC.

458. THEOR. IV. *Si de deux triangles semblables & inégaux on pose un angle de l'un sur l'angle égal de l'autre, & les côtés qui comprennent cet angle du premier sur les côtés homologues du second, le troisiéme côté du premier sera paralléle au troisiéme côté de l'autre.*

DEM. Si on pose l'angle D (Fig. 16.) sur l'angle égal B, le côté DF sur son homologue BC, & le côté DE sur son homologue BA, le côté FE ou *fe* sera paralléle à AC ; car puisque les triangles sont semblables, l'angle *fe*B=CAB, donc (389.) *fe* est paralléle à AC.

Si on avoit posé l'angle F sur son égal C, DE auroit été paralléle à AB ; & si on avoit posé l'angle E sur son égal A, FD auroit été paralléle à BC.

459. THEOR. V. Réciproquement, *si ayant appliqué un*

angle d'un triangle sur un angle égal d'un autre triangle, les côtés opposés se trouvent paralléles, ces deux triangles sont équiangles ou semblables; car on voit de même que si *ef* ou EF est paralléle à AC, l'angle CAB=*fe*B ou FED, & l'angle BCA=B*fe* ou DFE. (388.)

Des autres Polygones.

460. Il y a trois sortes de Polygones, les *irréguliers*, les *symmétriques*, & les *réguliers*.

Les Polygones irréguliers sont ceux qui ont des angles & des côtés inégaux entr'eux, & differemment posés; (Fig. 20 22. 23.)

461. Les Polygones symmétriques sont ceux qui sont composés de côtés paralléles & égaux, (voyez Fig. 17. 18. 19. 21. 24. 25. 27.) d'où il suit qu'ils ont nécessairement un nombre pair de côtés.

462. Les Polygones réguliers sont ceux qui sont composés d'angles & de côtés tous égaux entr'eux, & semblablement posés. (Voyez Fig. 26. 27. & 28.)

463. Un Quadrilatere irrégulier s'appelle un *Trapeze*; (voyez Fig. 20.) un Quadrilatere régulier s'appelle un *Quarré*, (Fig. 18.) & un Quadrilatere symmétrique s'appelle un *Parallelogramme*; si tous ses angles sont droits, il s'appelle *Parallelogramme rectangle*, ou simplement *un rectangle* (Fig. 21.) Si ses angles ne sont pas droits, & si deux de ses côtés contigus sont égaux, il s'appelle *un Rhombe*, (Fig. 19.) & si deux de ses côtés sont inégaux, il s'appelle simplement parallelogramme ou *Rhomboïde*. (Fig. 17.)

464. On appelle *angle saillant*, celui dont le sommet sort de la figure, comme ABC. (Fig. 22. & 25.) & *angle rentrant* celui dont le sommet est en dedans de la figure, comme BCD (Fig. 22).

465. D'où il suit qu'*il n'y a que le Polygone irrégulier & le symmétrique qui puissent avoir des angles rentrans*, puisque tous ceux du Polygone régulier sont semblablement posés (462).

466. Une droite qui traverse un Polygone en passant d'un angle à un autre, s'appelle *une Diagonale*.

Propriétés des Polygones en général.

467. THEOR. I. *Les Polygones tant à angles saillans qu'à angles rentrans, se peuvent réduire en autant de triangles qu'ils ont de côtés*; car d'un point C pris à volonté dans l'espace qu'ils renferment, il n'y a qu'à tirer des droites à tous les angles, (voyez Fig. 20. 23.) chaque côté deviendra la base d'autant de triangles.

468. THEOR. II. *La somme de tous les angles d'un Polygone quelconque est égale au produit de 180° multiplié par le nombre des côtés moins deux côtés, ou moins 360°.*

DEM. Car la somme de tous les angles d'un Polygone est égale à la somme de tous les angles des triangles, ausquels le Polygone a été réduit, excepté les angles qui sont en dedans au point C, dont (379.) la somme vaut 360°. Or il y a autant de triangles que de côtés; donc la somme de tous les angles du Polygone est d'autant de fois 180° qu'il y a de côtés, excepté 360°, ou du moins la valeur du produit de deux côtés.

Ainsi si un Polygone a 7 côtés, par exemple, la somme de tous les degrés de ses angles est $= 180° \times \overline{7-2} = 900°$.

469. THEOR. III. *La somme de tous les supplémens des angles d'un Polygone quelconque, qui n'a pas d'angles rentrans, est de 360°.*

DEM. Car (380.) chaque angle intérieur, plus son supplément vaut 180°; donc la somme de chaque angle intérieur plus son supplément, est d'autant de fois 180° qu'il y a de côtés; mais (468.) la somme de tous les intérieurs est d'autant de fois 180° qu'il y a de côtés moins 360°; donc la somme de tous les supplémens est de 360°.

470. THEOR. IV. *Si un Polygone a des angles rentrans, la somme de tous les supplémens des angles saillans, plus les angles rentrans, est égale à 360° plus autant de fois 180° qu'il y a d'angles rentrans.*

DEM. Car il est clair (Fig. 22.) que la somme de tous les supplémens des angles saillans du Polygone ABDEF vaut 360 degrés dégrés (469) mais si dans ce Polygone on fait un angle rentrant DCB ; alors l'angle GDB supplément de l'angle EDB augmente de l'angle BDC ; l'angle DBI supplément de l'angle ABD augmente de l'angle CBD. Or (439) les angles CDB, CBD font 180° avec l'angle rentrant DCB. Donc quand on fait un angle rentrant dans un Polygone, on augmente les supplémens des deux angles saillans voisins d'une quantité, qui jointe à l'angle rentrant, fait 180 degrés. Donc dans un Polygone qui a des angles rentrans, &c.

471. SCHOLIE. On peut aussi réduire un Polygone en autant de triangles qu'il a de côtés, sçavoir, en tirant en-dedans autant de diagonales qu'il est possible d'en tirer sans qu'elles se coupent, (voyez fig. 22.) & on en déduit les mêmes propriétés qu'aux Articles 468 & 469.

Propriétés des Polygones symmétriques, tant à angles saillans qu'à angles rentrans.

472. THEOR. I. *Si de chaque angle d'un Polygone symmétrique on méne aux angles opposés des diagonales . . .*

I. *Les deux triangles opposés au sommet, & formés par deux diagonales voisines, sont égaux entr'eux ;* ainsi (Fig. 17. 24. 25.) les deux triangles BGC, FGE sont égaux ; car puisque par la nature du Polygone symmétrique, FE est égale & paralléle à BC, l'angle BCG = GFE (388.) par la même raison, l'angle CBG égale GEF ; donc (456.) les triangles BGC, FGE sont égaux : il en est ainsi de tous les autres triangles.

473. II. *Toutes ces diagonales se coupent en un même point ;* car elles forment en-dedans du Polygone des triangles qui ont deux à deux un côté commun, lequel par conséquent aboutit à un même point.

474. III. *Toutes ces diagonales se coupent réciproquement en deux parties égales ;* puisque tous les triangles opposés qu'elles forment sont égaux.

475. THEOR. II. *Une diagonale menée d'un angle à l'autre opposé, divise un Polygone symmétrique en deux figures égales &*

semblables ; car il y a d'un côté de la diagonale autant de triangles égaux & posés de la même maniere que de l'autre côté.

476. On peut donc appeller le point où se coupent les diagonales, *le centre du Polygone symmétrique*, à cause de l'égalité des rayons qui vont aux angles opposés.

477. THEOR. III. *Une droite quelconque* IH (Fig. 17. 24. 25.) *qui passe par le centre* G *d'un Polygone symmétrique, y est divisée en deux également, & partage le Polygone en deux figures égales & semblables* ; ce qui se démontre comme ci-dessus, (472 & 475.) par l'égalité des triangles BIG, HGE, ou de IGC, FGH.

478. THEOR. IV. *Deux droites quelconques qui passent par le centre d'un Polygone symmétrique, s'y coupent mutuellement en deux parties égales* ; ce qui est évident par la proposition précédente.

479. La réciproque, *Si deux droites quelconques se coupent en deux également dans un Polygone symmétrique, elles s'y coupent au centre*, n'est pas généralement vraye ; car si dans le Polygone symmétrique ABCD (fig. 18.) on prend CE = BF, & si on méne CF, EB, elles se couperont en deux également en G, à cause des triangles égaux GEC, GFB ; (456.) cependant le point G est loin du centre H.

Propriétés des Polygones réguliers.

480. THEOR. I. T*Out Polygone régulier, est inscriptible au cercle*, c'est-à-dire, *on peut faire passer la circonférence d'un cercle par tous ses angles*.

DEM. Cette proposition sera démontrée, si on fait voir qu'il y a en-dedans du Polygone régulier un point C, (fig. 26, 27.) dont toutes les distances CA, CB, CD, &c. aux angles, sont égales entr'elles.

Pour cela divisez en deux également tous les angles du Polygone par des droites AC, BC, DC, EC ; &c. Je dis qu'elles se couperont toutes au même point C, & qu'elles seront toutes égales entr'elles. Car, par exemple, les droites BC, AC se rencontrant en un point quelconque C, font un triangle ABC, & les droites BC, DC se rencontrant en un point quelconque C, font un autre triangle BCD. Or je dis que ces deux triangles sont égaux; car puisque tous les angles d'un Polygone régulier sont égaux, & qu'ils sont ici coupés en deux également, les angles CAB, CBA sont égaux entr'eux & aux angles CBD, CDB : & les côtés compris AB, BD sont aussi égaux : donc (456.) les triangles ACB, BCD, sont égaux, donc AC=CD, donc aussi le côté BC étant commun, les points C des lignes AC, DC tombent sur le point C de la ligne BC, & les droites AC, BC, DC sont égales entr'elles. Il en est de même des autres lignes EC, FC &c.

481. COROLL. I. *Les rayons tirés du centre d'un Polygone régulier à tous ses angles, le divisent en autant de triangles Isosceles & égaux qu'il a de côtés.*

482. COROLL. II *Chaque côté d'un Polygone régulier inscrit au cercle, est la corde d'un arc égal au quotient de 360° divisés par le nombre des côtés;* ainsi le côté d'un decagone est la corde d'un arc de 36°.

483. COROLL. III. *Le côté de l'exagone régulier est égal au rayon du cercle dans lequel il est inscrit;* car si par le centre C de l'exagone (fig. 27.) on le divise en six triangles, on connoîtra aisément que ces triangles sont équilatéraux, à cause des rayons égaux CA, CB, & de l'angle ACB de 60°; ce qui fait que chaque angle CAB, ABC est aussi de 60° (448.) donc CA=AB.

484. SCHOLIE. C'est par cette propriété de l'exagone régulier qu'on divise le cercle en ses degrés, ou du moins en parties égales dont la valeur est connue; ainsi si on porte un rayon sur la circonférence, on a un arc de 60°, si on le divise en deux également, on a un arc de 30°. Si on le subdivise en deux, on a un arc de 15°. Le reste de la division en degrés ne se fait guéres qu'en tâtonnant, à cause de l'impossibilité de diviser un arc de 15° en 3 ou 5, ou 15 parties égales. (426) Il faut donc que l'adresse supplée au défaut des moyens géométriques simples, pour diviser un instrument en tous ses degrés.

485. THEOR. II. *Tout Polygone régulier est circonscriptible au cercle;* c'est-à-dire, *on peut décrire en dedans d'un Polygone régulier, un cercle qui touche tous ses côtés par le milieu.*

DEM. Car puisque tout Polygone régulier se peut diviser en autant de triangles isosceles & égaux qu'il a de côtés, (481.)

les perpendiculaires tirées de ſon centre ſur chaque côté feront des triangles rectangles égaux, dont le nombre ſera double de celui des côtés du Polygone, & par conſéquent ces perpendiculaires ſeront égales; donc on pourra faire paſſer un cercle par toutes leurs extrêmités, lequel touchera tous les côtés du Polygone par le milieu, (voyez fig. 28.)

486. THEOREME III. *Tout Polygone régulier dont le nombre des côtés eſt pair, eſt un Polygone ſymmétrique.*

DEM. Ayant réduit un Polygone régulier en triangles par des rayons tirés du centre aux angles, on conçoit qu'à cauſe de l'égalité de ces triangles & du nombre pair de côtés, la moitié du nombre de ces triangles eſt ſéparée de l'autre par un diametre comme AE (Fig. 27.) lequel eſt formé par deux de ces rayons oppoſés AC, CE. Or à cauſe des triangles égaux ABC, ECF, les angles FEC, CAB ſont égaux; donc (389) les côtés FE & AB ſont paralléles & égaux.

COROLL. Les Polygones réguliers qui ont un nombre pair de côtés, ont donc les propriétés rapportées aux articles 472. & ſuivans.

487. PROBLEME I. *Circonſcrire un cercle à un Polygone regulier donné.*

Solut. Il ne faut qu'en chercher le centre, (480.) le reſte eſt facile.

488. PROBL. II. *Inſcrire un cercle dans un Polygone régulier donné.*

Solut. Ayant trouvé le centre du Polygone, (480.) abbaiſſez ſur un de ſes côtés une perpendiculaire, elle ſera le rayon du cercle. (485.)

489. PROBL. III. *Inſcrire dans un cercle donné un Polygone régulier quelconque.*

Solution générale. Diviſez 360° par le nombre des côtés du Polygone requis: prenez ſur le cercle donné un arc égal au quotient, la corde de cet arc ſera (482.) un des côtés du Polygone: portez cette corde tout autour de la circonférence, & vous y aurez inſcrit le Polygone demandé.

Par exemple, pour inſcrire un Pentagone régulier, faites $\frac{360}{5}=72$; prenez avec un demi-cercle diviſé, ou avec tel autre Instrument exact, un arc de 72° sur le cercle donné, & menez-en la corde par toute la circonférence.

490. REMARQUE. Quoique cette solution ne soit pas toujours géométrique, mais souvent tâtonneuse, c'est cependant celle qu'on a toujours suivie dans la pratique.

On n'a pû jusqu'ici inscrire dans le cercle, par la geométrie Elémentaire, que le triangle équilatéral, le quarré, le pentagone, le pentédecagone, & tous les polygones réguliers qui ont un nombre de côtés en progression géometrique double, dont ceux-ci sont les premiers : Ainsi le triangle équilatéral donne les polygones réguliers de 6, 12, 24, 48, &c. côtés. Le quarré, ceux de 16, 32, 64, &c. côtés. Le pentagone, ceux de 10, 20, 40, 80, &c. côtés. Le Pentedecagone, ceux de 30, 60, 120, 240, &c. côtés. Les autres polygones comme l'Eptagone, l'Enneagone, l'Endecagone, &c. ne se peuvent décrire géometriquement qu'en construisant des équations propres pour chacun, mais qui sont fort élevées.

491. PROBL. IV. *Circonscrire un Polygone régulier quelconque à un cercle donné.*

Solution générale. Divisez 360° par le double du nombre des côtés du Polygone demandé, & ayant pris (fig. 28.) un arc FG égal au quotient, tirez par ses extrémités F, G, un rayon CF, & une droite indéterminée CB ; élevez sur l'extrémité F du rayon une perpendiculaire AFB qui rencontrera CB en un point B : portez FB en FA, & la ligne AB sera un des côtés du Polygone cherché. Si donc du rayon CB on décrit un cercle BAHED, & si on porte par toute sa circonférence la corde AB, on y inscrira le Polygone BAHED, qui sera en même-temps circonscrit au cercle donné.

DEM. Car il est aisé de voir que par la construction on forme des triangles rectangles égaux, dont le nombre est double de celui des côtés du Polygone cherché, & dont un des côtés perpendiculaires est le rayon du cercle donné.

Propriétés du Cercle.

492. THEOR. I. UN *cercle est un Polygone régulier d'une infinité de côtés infiniment petits.*

DEM. Il est évident que plus un Polygone régulier a de

côtés, plus il se confond avec le cercle auquel il est inscrit ou circonscrit : donc s'il avoit réellement une infinité de côtés, il seroit entiérement confondu avec le cercle, & l'on pourroit prendre indistinctement le cercle pour le Polygone. Donc on peut supposer qu'un cercle est un Polygone régulier d'une infinité de côtés. Mais plus un Polygone régulier a de côtés, plus il faut que ces côtés soient petits pour être inscrits ou circonscrits au même cercle ; donc on peut supposer qu'un cercle est un Polygone régulier d'une infinité de côtés infiniment petits.

493. HYPOTHESE I. Soit le cercle DEB (fig. 29.) dont un diametre GB soit prolongé en-dehors en A, comme on voudra, qu'on suppose que la droite AB tournant sur son extrémité fixe A, décrive de part & d'autre par son extrémité B des arcs BNO, BML, ensorte qu'elle passe par tout l'espace que renferme le cercle donné DEB.

Cela posé, il est évident que cette droite AB devenant autant de rayons qu'il y a de points dans les arcs BO, BL, tous ces rayons seront inégalement coupés, tant par la partie concave DYIBKZE, que par la partie convexe DSQE ; en sorte qu'on peut dire en général....

494. THEOR. II. Que *de toutes les droites comme* AB, AI, AY, AD, AK, AZ, AE *qui partant du point* A *hors d'un cercle, sont terminées à sa circonférence concave*...

1°. *La plus longue est celle qui passe par le centre*, comme AB.

2°. *Celles-là sont d'autant plus courtes qu'elles passent plus loin du centre, en sorte que celles qui en passent à égales distances, sont égales.*

3°. *Les plus courtes sont celles qui ne font qu'effleurer la circonférence*, comme AD, AE.

4°. *Il ne peut y avoir plus de deux lignes égales entr'elles* ; sçavoir, celles qui passent à égale distance du centre ; parce qu'elles vont toujours en diminuant de la même maniere de part & d'autre.

Au contraire, on conclura en général...

495. THEOR. III. Que *de toutes les droites* AD, AS, AH, AG, AF, AQ, AE, *qui partant d'un point* A *hors d'un cercle, vont se terminer à sa partie convexe*....

1°. *La plus courte est celle qui étant prolongée passeroit par le centre.*

2°. *Celles-là sont d'autant plus longues, qu'étant prolongées, elles passeroient plus loin du centre ; en sorte que celles qui en passeroient à égale distance, sont égales.*

3°. *Les plus longues sont les deux qui touchent le cercle.*

4°. *Enfin il ne peut y avoir plus de deux droites égales entr'elles.*

Quoique tout cela soit démontré sensiblement, en décrivant du centre A & du rayon AG l'arc de cercle TGP, on peut cependant le démontrer rigoureusement en cette maniere.

Tirés du centre C, des rayons à tous les points de la circonférence où ces lignes sont terminées; & pour démontrer le Théorême II, on considérera toutes les droites AB, AI, AY, AD, AK, AZ, AE, comme troisiémes côtés de triangles, lesquels doivent décroître (les deux autres côtés demeurans constans) à proportion que l'angle opposé décroît (447.) : ainsi on peut regarder la ligne ACB comme un triangle dont l'angle ACB est infiniment obtus, & les angles CAB, CBA infiniment aigus ; donc la base AB sera la plus grande possible, tant que les autres côtés CA, CB resteront les mêmes. Maintenant dans le triangle ACI où les côtés AC, CI sont égaux aux côtés AC, CB du triangle ACB, l'angle compris ACI est plus petit que l'angle ACB, donc le côté opposé AI doit être plus petit que AB; &c. enfin si IB=BK, c'est-à-dire, si les distances de AI, AK sont égales, ces deux droites sont égales, à cause des triangles égaux ACI, ACK; il en est ainsi des autres.

Pareillement, pour démontrer le Theorême III. on considérera les droites AG, AH, AS, AD, AF, AQ, AE comme les troisiémes côtés des triangles ACG, ACH, ACS, &c. qui doivent (447.) être d'autant plus grands (les deux autres côtés restans les mêmes ou égaux) que les angles opposés deviennent plus grands ; ainsi la droite ACG étant considérée comme un triangle, dont l'angle AGC est infiniment obtus, & l'angle ACG infiniment petit, le côté AG sera le plus petit qu'il est possible ; mais dans le triangle ACH, où les côtés AC, CH sont égaux au côtés AC, CG du triangle ACG, l'angle compris ACH est plus grand que l'angle

ACG, donc le côté AH doit être plus grand que AG. On prouvera aussi que le côté AF=AH si ils passent à égale distance du centre C, c'est-à-dire, si l'angle ACF=ACH, &c.

496. HYPOTHESE II. Si sur un point quelconque A (Fig. 30.) pris dans l'espace qu'un cercle renferme, & qui soit autre que le centre, on fait tourner une ligne indéterminée ACB, elle sera toujours coupée inégalement par tous les points de la circonférence de ce cercle, & on concluera en général....

497. THEOR. IV. Que *de toutes les droites tirées depuis un point en-dedans du cercle autre que le centre, jusqu'à sa circonférence.....*

1°. *La plus longue est celle qui passe le centre.*

2°. *Celles-là sont d'autant plus courtes, qu'elles sont plus écartées du centre; en sorte que celles qui en sont également éloignées sont égales, & qu'il n'y en peut avoir que deux qui soient égales entr'elles.*

3°. *La plus courte est celle qui est diametralement opposée au centre.*

4°. *Les deux qui sont égales entr'elles étant prolongées, deviennent des cordes égales*, à cause de leurs distances égales au centre, qui rendent leurs prolongemens égaux.

Tout cela se voit sensiblement en décrivant du rayon AG le cercle GPT; car il paroît que AB qui passe par le centre C, est seule égale au rayon du cercle EBD; que toutes les autres droites AN, AX, &c. sont d'autant plus courtes que AB, qu'elles en sont plus écartées: on voit aussi que AG est seule égale au rayon du cercle GPT, & que toutes les autres sortent d'autant plus hors de ce cercle, qu'elles s'écartent plus de AG, en sorte que celles qui sont à égales distances de AG ou de AB, sont égales; ainsi AN=AM, AQ=AS.

Mais on peut démontrer tout cela par un raisonnement semblable au précédent, en tirant les rayons CN, CX, CO, CQ, &c. & faisant voir que toutes les droites tirées depuis A jusqu'au cercle, sont des troisiémes côtés de triangles, dont deux sont toujours égaux, sçavoir, AC & le rayon; & qu'ainsi ces troisiémes côtés doivent être d'autant plus grands ou plus petits, que ces lignes passent plus près ou plus loin du centre, en sorte que celles qui en sont également éloignées, sont opposées à des angles égaux, & sont par conséquent égales.

498. COROLL. *Si trois lignes tirées d'un point pris dans le cercle jusqu'à la circonférence sont égales entr'elles, ce point en est le centre.*

499. THEOR. V. *Deux cercles égaux ou inégaux ne peuvent se couper en plus de deux points.*

DEM. S'ils se pouvoient couper en trois points, par exemple, en tirant du centre d'un de ces deux cercles, des droites à chaque point d'intersection, elles seroient trois rayons, & par conséquent trois droites égales tirées d'un point qui ne seroit pas le centre de l'autre cercle, & qui seroient cependant terminées par sa circonférence, ce qui est impossible. (497)

500. COROLL. I. *Deux cercles qui ont trois points communs, ont le même centre & sont confondus.*

501. COROLL. II. *Deux cercles qui n'ont qu'un ou que deux points communs, sont excentriques,* c'est-à-dire, *n'ont pas un même centre.*

502. THEOR. VI. *Deux cordes qui se coupent dans un cercle en tout autre point que le centre, ne peuvent se couper en deux également.*

DEM. Si deux cordes se coupoient en deux également ailleurs qu'au centre, une droite tirée du centre à leur intersection seroit en même-temps perpendiculaire à ces deux cordes, puisque (403) elle les diviseroit chacune en deux parties égales, ce qui (394) est démontré impossible.

503. COROLL. *Donc si deux cordes se coupent en deux également dans un cercle, elles s'y coupent au centre, & elles sont deux diametres.*

504. THEOR. VII. *Si deux cercles se touchent, la droite qui passe par leur centre, passe aussi par leur point de contact.*

DEM. Car 1°. s'ils se touchent en dehors (Fig. 29.) le plus court chemin pour aller du centre A au centre C, est de passer par le point de contact G; puisqu'alors ce chemin n'est égal qu'à la somme des rayons AG+GC, & qu'en ne passant pas par A, il faut décrire, outre ces rayons, un espace compris entre les deux cercles.

2°. S'ils se touchent en-dedans (Fig. 30.) le point de contact G étant commun aux deux cercles, le plus court chemin pour aller du centre A au point G, doit être la plus courte ligne qu'on puisse mener de ce centre au grand cercle GLBOG: or (497.) la plus courte ligne qu'on puisse mener d'un point autre que le centre, à la circonférence d'un cercle, est dans la direction du centre de ce cercle, donc la ligne GACB qui passe par le centre A du petit cercle, & par le point de contact G, est aussi dans la direction du centre C du grand cercle GLBO.

505. THEOR. VIII. *Par un point donné sur un cercle, il ne peut passer qu'une seule touchante ou tangente ;* puisque par ce point on ne peut élever sur le rayon qui y aboutit, plus d'une perpendiculaire. (377.)

506. COROLL. Donc *si on tire une droite qui passe par le point de contact, il faut ou qu'elle soit confonduë avec la tangente, ou qu'elle entre dans le cercle.* Ainsi elle ne peut passer entre la tangente & la circonférence.

507. SCHOLIE. Les anciens Géometres avoient coutume de démontrer comme un paradoxe, que quoiqu'il ne puisse passer aucune droite entre la tangente & le cercle sans le couper, il pouvoit cependant y passer un nombre infini de circonférences (fig. 31.) qui touchent toutes la tangente au même point E, sans couper ni cette tangente ni le cercle; parce que le point de contact E peut être l'extrémité d'une infinité de rayons CE, FE, BE, DE, &c. qui seront tous perpendiculaires sur la tangente AE: voici comme il faut entendre cela.

Le cercle étant (492) un Polygone régulier d'une infinité de côtés infiniment petits, il suit que les cercles sont tous des Polygones de la même espece, le plus grand est celui dont les côtés infiniment petits sont plus grands que les côtés infiniment petits du petit cercle : de même que de deux exagones réguliers, le plus grand est celui dont les côtés sont plus grands, & réciproquement. Or la tangente d'un cercle, ou même de toute autre courbe quelconque, n'est qu'une prolongation finie d'un des côtés infiniment petits de la courbe, d'où il suit que ce côté étant regardé comme un point (346.) *la propriété générale d'une tangente d'une courbe quelconque, est de ne la toucher qu'en un point.*

Cela posé, quand on fait passer tous ces cercles par le point E, c'est comme si du côté infiniment petit E, on en faisoit un côté commun à plusieurs cercles, de même que (dans la Fig. 32.) on voit que du côté KEL, en le prolongeant de part & d'autre, on en a fait un côté commun à plusieurs exagones réguliers ; de sorte que le point E (Fig. 31.) commun à tous ces cercles, est un côté infiniment petit, qui devient d'autant plus grand que le rayon du cercle qu'on y fait passer est plus grand, & qui reste cependant toujours égal à un point, parce que ce côté restera toujours infiniment petit, tant que le rayon sera d'une grandeur finie.

508. PROBLEME I. *Faire passer une tangente par un point donné dans la circonférence d'un cercle.*

Il faut mener un rayon qui passe par le point donné, & élever une perpendiculaire à l'extrémité de ce rayon. (415.)

509. PROBL. II. *D'un point donné hors d'un cercle, mener une tangente à ce cercle.*

SOLUTION. Soit donné le point A (Fig. 33.) d'où il faille mener une tangente au cercle donné EBH ; tirez du point A au centre la droite AC, du milieu G de laquelle décrivez un demi-cercle AEC, dont elle soit un diametre, & par le point E, où le demi-cercle coupe le cercle donné, tirez la droite AEL qui sera tangente à ce cercle.

DEM. Car si on tire le rayon CE, on connoîtra (422.) que l'angle AEC est droit, que par conséquent AE est une droite perpendiculaire à l'extrémité du rayon CE, & qu'ainsi elle touche le cercle. (415.)

REM. Il est aisé de voir que ce Problême a deux solutions ; puisqu'on auroit pû décrire le demi-cercle CEA du côté de H, & par conséquent mener une tangente de ce côté-là.

Des Lignes Proportionnelles.

510. HYPOTHESE. SI on coupe deux droites quelconques AB, AC (Fig. 34.) qui font un angle quelconque BAC, par un nombre quelconque de paralléles DH, EI, FK, GL, &c. également éloignées les unes des autres...

1°. *Toutes les parties* AH, HI, IK, KL, &c. *de la ligne* AC *seront égales entr'elles, aussi-bien que les parties* AD, DE, EF, &c. *de la ligne* AB ; car si de chaque point où chaque paralléle coupe les lignes AB, AC, on abbaisse des perpendiculaires AV, DM, EN, &c. AV, HQ, IR, &c. il est aisé de voir que les triangles rectangles ADV, DEM, EFN, &c. sont égaux entr'eux, (456.) parce que la distance égale de ces paralléles, rend les perpendiculaires égales entr'elles, & que leurs intersections par la ligne AB, rendent égaux les angles ADV, DEM, EFN, &c. On voit par la même raison que les triangles rectangles AHV, HQI, IRK, &c. sont égaux, & que par conséquent les hypotenuses AD, DE, EF, &c. & AH, HI, IK &c. sont égales entr'elles.

2°. *Un nombre quelconque des parties de* AC, *sera au nombre des parties de* AB *interceptées entre les mêmes paralléles, comme un autre nombre quelconque des parties de* AC, *au nombre des parties de* AB *contenues entre les mêmes paralléles;* car on peut regarder la ligne AC comme formée par une de ses parties quelconques AH, répétée autant de fois qu'il y a de parties qui composent AC. De même on peut considérer la toute AB comme un produit d'une de ses parties quelconques, par le nombre de toutes ses parties; en général, on peut considérer deux parties quelconques comprises entre les mêmes paralléles, par exemple, EG, IL comme deux produits d'un même nombre multiplié l'un par AD, & l'autre par AH; or (260) les produits de deux quantités inégales multipliées par une même quantité, sont proportionnels à ces quantités inégales; donc AD. AH :: AD×2. AH×2 :: AE. AI :: AD×3. AH ×3 :: AF. AK, &c. donc AD. AH :: AD×5. AH×5 :: AB. AC; donc AF. AK :: AD. AH; donc (300.) *invertendo* AF. AD :: AK. AH. & *substrahendo*, AF—AD. AD :: AK—AH. AH, c'est-à-dire, DF. AD :: HK. AH. & *invertendo* DF. HK :: AD. AH :: AB. AC, &c.

511. THEOR. I. fondamental. *Les triangles semblables ont tous leurs côtés homologues proportionnels entr'eux.*

DEM. Puisque (458.) deux triangles semblables posés l'un sur l'autre, comme on a vû à l'endroit cité, ont leurs troisiémes côtés paralléles, si on suppose tout l'espace du triangle ABC (Fig. 16.) rempli de droites infiniment proches & paralléles à AC, les côtés BA, BC se trouveront dans le cas des droites AB, AC de la Fig. 34, & *fe* sera une de ces paralléles: on aura donc BA. BC :: B*e*. B*f*; ou, en substituant, AB. BC :: DE. DF, & *alternando* BA. DE :: BC. DF.

Si on avoit posé l'angle E sur l'homologue A, FD eut été paralléle à BC, & on eut eu AB. ED :: AC. EF.

Et si on avoit posé l'angle F sur l'égal C, on eut eu AC. EF :: BC. FD.

512. SCHOLIE. Il est évident aussi (510.) que les parties A*e*, C*f* sont proportionnelles aux côtés BA, BC; ou A*e*. C*f* :: BA. BC. :: DE. DF.

513. THEOR. II. *Deux triangles qui ont les trois côtés homologues proportionnels, sont équiangles & semblables.*

DEM. Si (Fig. 16.) AC. BC :: FE. FD, & AC AB :: FE. ED, je dis que les triangles ABC, DEF sont équiangles; car si sur EF on construit un triangle FEG équiangle au triangle ABC, en faisant l'angle GEF=BAC, & l'angle GFE =BCA, on aura (511.) AC. BC :: FE. FG: mais on a supposé AC. BC :: FE. FD, donc FE. FG :: FE. FD, donc (301.) FD=FG. Pareillement à cause des triangles semblables ABC, FEG, on a (511.) AC. AB :: FE. EG; mais on a supposé AC. AB :: FE. ED, donc FE. EG :: FE. ED, donc (301.) EG=ED; donc les deux triangles FED, FEG, sont équiangles & égaux (455.), ayant le côté commun FE, & les côtés FD=FG & EG=ED; or, par la construction, le triangle FEG est équiangle au triangle ABC; donc le triangle FED lui est aussi équiangle.

514. THEOR. III. *Deux triangles qui ont deux côtés homologues proportionnels autour d'un angle égal, sont équiangles.*

DEM. Si dans les triangles ABC, DEF, l'angle D=B & si DE. DF :: BA. BC, je dis que le triangle DEF est équiangle à ABC; prenez sur BA la partie B*e*=DE, & menez à AC la paralléle *ef*, les triangles ABC, *e*B*f*, sont équiangles, puisque la paralléle *ef* rend l'angle *fe*B=A, *ef*B=C, & que l'angle B est commun; donc (511.) B*e*. B*f* :: BA. BC: mais on a supposé DE. DF :: BA. BC; donc B*e*. B*f* :: DE. DF; or B*e*=DE, donc (301.) B*f*=DF, donc (457.) les deux triangles B*ef*, DEF sont égaux & semblables; mais B*ef* est équiangle à ABC, donc DEF est équiangle à ABC.

515. THEOR. IV. *Dans des cercles inégaux les cordes qui soutendent des arcs d'un égal nombre de degrés, sont proportionnelles.*

DEM. Soient les cordes BC, NO (Fig. 35. & 36.) posées

comme on voudra, qui ſoutendent les arcs CHB, NRO, dont le nombre de degrés eſt égal à celui des arcs FLE, PEQ, ſoutendus par les cordes EF, PQ, je dis que NO. BC :: PQ. FE; car ſi on joint les cordes enſemble dans leur cercle, en faiſant CA=NO, & DF=PQ, les arcs AIC=NRO, & DMF=PEQ (406.) ſi donc on méne AB & DE; les triangles ABC, DEF ſeront ſemblables, puiſque l'angle B=E étant meſurés par la moitié de deux arcs qui ont un même nombre de degrés. Par la même raiſon A=D; donc auſſi C=F, donc (511.) AC. BC :: DF. FE, & en ſubſtituant NO. BC :: PQ. FE.

SCHOLIE. La propoſition réciproque de ce Theorême, ſçavoir, que ſi deux cordes d'un cercle ſont proportionnelles à deux cordes d'un autre cercle inégal, elles ſoutendent dans chaque cercle des arcs d'un égal nombre de degrés : cette propoſition, dis-je, n'eſt pas toujours vraye ; il faut de plus, ou que les rayons de ces cercles ſoient proportionnels à ces cordes, ou que ces cordes étant jointes l'une à l'autre, chacune dans leur cercle, comprennent des angles égaux, & tombent dans le cas du Theorême III.

516. THEOR. V. *Une droite* AD *qui coupe en deux également un angle* BAC (Fig. 37.) *d'un triangle, coupe ſon côté oppoſé* BC *en deux parties* BD, DC, *proportionnelles aux côtés*, AB, AC, c'eſt-à-dire, que BD. DC :: AB. AC.

DEM. Prolongez indéfiniment AC, & par B menez BE paralléle à AD, les triangles BCE, DAC ſeront ſemblables (459.) ; donc (512.) BD. BC :: AE. AC : mais à cauſe des paralléles, l'angle BEA=DAC=DAB=ABE ; donc (449.) le triangle BAE eſt iſoſcele, donc AE=AB, donc en ſubſtituant BD. BC :: AB. AC.

517. THEOR. VI. *Si de l'angle droit* E (Fig. 41.) *d'un triangle rectangle* CEL, *on abbaiſſe ſur l'hypotenuſe* CL *une perpendiculaire* EO ; 1°. *Elle diviſera le triangle en deux autres triangles rectangles* COE, OEL *ſemblables entr'eux*, & *au triangle* CEL. 2°. *Cette perpendiculaire* EO *ſera moyenne proportionnelle entre les ſegmens* CO, OL *de l'hypotenuſe*. 3°. *Chaque côté du triangle* CEL *ſera moyen proportionnel entre l'hypotenuſe* CL & *le ſegment contigu à ce côté.*

DEM. Il eſt évident d'abord que les triangles COE, OEL ſont chacun ſemblables au triangle CEL, parce qu'outre un angle droit, ils ont chacun un angle commun avec le triangle CEL, d'où il ſuit qu'ils ſont auſſi ſemblables entr'eux, & par conſéquent . . . . .

Dans le triangle CEO, le petit côté CO est au moyen côté EO, comme dans le triangle EOL, le petit côté EO est au moyen LO, ou ÷ CO. EO. LO.

Dans le triangle CEO le petit côté CO est à son hypotenuse EC, comme dans le triangle CEL le petit côté EC est à l'hypotenuse LC; ou ÷ CO. CE. CL.

Dans le triangle EOL le moyen côté LO est à son hypotenuse EL, comme dans le triangle CEL le moyen côté EL est à l'hypotenuse LC, ou ÷ LO. LE. LC.

518. THEOR. VII. *Le quarré de l'hypotenuse* CL *d'un triangle rectangle* CEL *est égal à la somme des quarrés des deux autres côtés* CE, EL.

DEM. Soit CO$=p$, OL$=m$, donc CL$=m+p$, & (175.) $\overline{CL}^2= mm+mp+mp+pp$. Or puisque (517) ÷ CO. CE. CL, ou ÷ p. CE. $m+p$, on a (309.) $\overline{CE}^2= mp+pp$. De même à cause de ÷ LO. LE. LC, ou ÷ m. EL. $m+p$, on a $\overline{EL}^2=mm+mp$. Donc (17.) $\overline{EL}^2+\overline{CE}^2=mm+mp+mp+pp=\overline{CL}^2$.

SCHOLIE. On a donc aussi $\overline{EL}^2=\overline{CL}^2-\overline{CE}^2$ & $\overline{CE}^2=\overline{CL}^2-\overline{EL}^2$. c'est-à-dire, *que le quarré d'un côté quelconque d'un triangle rectangle est égal à l'excès du quarré de l'hypotenuse sur le quarré de l'autre côté.*

519. COROLL. *La Diagonale d'un quarré est incommensurable par rapport à un des côtés quelconque du quarré.*

DEM. Puisque les côtés d'un quarré sont égaux : le quarré de la Diagonale, est le quarré d'une hypotenuse d'un triangle rectangle dont les côtés sont égaux, & par conséquent le quarré de la diagonale étant égal à la somme des quarrés de ces deux côtés, il est double du quarré d'un des côtés quelconques. Or (182) il est impossible d'exprimer en nombres la racine d'un quarré double d'un autre : Donc si la valeur du côté du quarré est exprimée en nombres, celle de la diagonale ne pourra pas l'être, & réciproquement.

520. THEOR. VIII. *La perpendiculaire* EO (fig. 41.) *menée de la circonférence d'un cercle sur un diametre* CL, *est moyenne proportionnelle entre les parties* CO, OL *de ce diame-*

tre. *Ou*, ce qui est le même, *son quarré est égal au produit* CO×OL.

Car si du point E on méne aux extrémités de ce diamétre les droites EC, EL, on connoîtra (422.) que le triangle CEL est rectangle en E; d'où il suit (517.) que ÷ CO. EO. OL, ou (309.) $\overline{EO}^2$=CO×OL.

521. COROLL. Donc si sur un même diametre on éleve plusieurs perpendiculaires OE, GH, &c. on aura $\overline{OE}^2$. $\overline{GH}^2$ :: CO×OL. CG×GL.

522. THEOR. IX. *Les parties de deux cordes* BA, DC (Fig. 38.) *qui se coupent dans un cercle, sont réciproquement proportionnelles.*

DEM. Si on méne DA, CB, on connoitra que les triangles BEC, DAE sont semblables, à cause des angles égaux en E, de l'angle C appuyé sur le même arc BFD que l'angle A, & de l'angle B appuyé sur le même arc AGC que l'angle D; donc AE. DE :: CE. BE.

523. THEOR. X. *Si deux lignes* EB, EC (Fig. 39.) *partant d'un même point hors du cercle, vont se terminer à sa circonférence concave, leurs parties extérieures* EA, ED *sont réciproquement proportionnelles à ces lignes* EB, EC, c'est-à-dire, que EA. ED :: EC. EB.

DEM. Si on méne les cordes AC, BD, on verra aisément que les triangles EBD, EAC sont semblables, ayant l'angle E commun, & l'angle B appuyé sur le même arc AD, que l'angle C; donc (511.) EA. ED :: EC. EB.

524. THEOR. XI. *Si de deux lignes* EB, Ed (Fig. 39.) *qui partent du point* E *hors du cercle, l'une* EB *entre dedans & l'autre* Ed *est touchante; cette touchante est moyenne proportionnelle, entre l'autre ligne* EB *entiere, & sa partie extérieure* EA; ou ÷ EB. E*d*. EA, ou (309.) $\overline{Ed}^2$=EB×EA.

DEM. Car si on tire *d*B, *d*A, on verra que les triangles E*d*B, E*d*A sont semblables, ayant un angle E commun, & l'angle EB*d*=A*d*E étant mesurés par la moitié de l'arc A*d*, (416. & 418.) donc l'angle *d*AE=E*d*B; donc (511.) EB. E*d* :: E*d*. EA.

525. THEOR. XII. *Les parties de deux droites qui se coupent entre deux paralléles, sont proportionnelles entr'elles.*

DEM.

DEM. Les triangles ABE, CED (Fig. 40.) sont semblables, à cause de l'angle E égal dans chacun (381.) de l'angle EAB=EDC (388.) & de l'angle EBA=ECD; donc (511.) EA. ED :: EB. EC.

526. PROBLEME I. *Trouver une quatriéme proportionnelle à trois droites données* EA, EB, ED. (Fig. 40.)

SOLUTION. Joignez en ligne droite deux des données, comme EA, ED; par le point E menez, comme vous voudrez, une droite égale à EB; joignez les points A, B, & par D menez DCH paralléle à AB; prolongez BE jusqu'à cette paralléle en C, & CE sera (525.) la quatriéme proportionnelle cherchée.

527. PROBL. II. *Trouver à deux droites données* CO, OL (Fig. 41.) *une moyenne proportionnelle.*

SOLUTION. Joignez en ligne droite les deux données CO, OL, & de leur milieu F comme centre, décrivez un demi-cercle CEL, ensuite par le point O, où aboutissent les données, élevez la perpendiculaire OE, elle sera (520.) moyenne proportionnelle entre CO & OL.

528. PROBL. III. *Trouver à deux droites données* CO, OE (fig. 41.) *une troisiéme proportionnelle*, c'est-à-dire, *une droite telle que* OE *soit moyenne proportionnelle entre* CO, *& la cherchée.*

SOLUTION. Disposez les deux données en angle droit COE; tirez CE, & sur E élevez à CE la perpendiculaire indéterminée EL: prolongez CO jusqu'à ce qu'elle rencontre cette perpendiculaire en L, & OL sera la ligne demandée. (520.)

529. PROBL. IV. *Diviser une droite donnée dans la même raison qu'une droite est divisée.*

SOLUTION. Soient données AB (Fig. 42.) divisée comme on voudra en D, E, F, G, & une autre AC qu'on veuille diviser proportionnellement; faites avec ces deux droites un angle quelconque BAC, & ayant joint leurs extrémités par la droite BC, tirez-lui par tous les points de division les paralléles Gg, Ff, &c. & à cause des triangles semblables ABC, AGg, AFf &c. la ligne AC aura (512.) toutes ses parties proportionnelles à celles de la ligne AB.

530. PROBL. V. *Diviser une droite donnée en deux parties, telles que la plus grande soit moyenne proportionnelle entre la toute & l'autre partie.*

SOLUTION. Soit donnée AB, élevez sur son extrémité (Fig. 42. B) la perpendiculaire AE égale à la moitié de AB, & du point E, rayon EA ayant décrit un cercle DAF, tirez par B & par E, la droite BF; & du point B, rayon BD, menez l'arc DC, qui coupera AB comme il est demandé, c'est-à-dire, que ÷÷ AB. BC. AC.

DEM. A cause de la tangente BA, on a (524.) BF. BA :: BA. BD; donc *substrahendo* BF—BA. BA :: BA—BD. BD; or BF—BA =BD=BC; parce que FD est égale à BA étant double de EA moitié de AB; de même BA—BD=AC; donc en substituant BC. BA :: AC. BC. & *invertendo* ÷÷ BA. BC. AC.

La solution de ce Problême, s'appelle *diviser une droite en moyenne & extrême raison.* On l'a aussi appellée *la section divine*, à cause des merveilleuses propriétés qu'on lui a attribuées.

De la comparaison des Figures.

531. DEux figures quelconques sont semblables, lorsqu'ayant un nombre égal de côtés, tous les côtés de l'une sont proportionnels aux côtés homologues de l'autre; & tous les angles de l'une compris entre ces côtés homologues, sont égaux à tous les angles de l'autre chacun à chacun.

532. COROLL. *Tous les Polygones reguliers de la même espece & par conséquent les cercles sont des figures semblables, & même des arcs quelconques d'un égal nombre de degrés, sont des figures semblables.*

533. THEOR. I. *De quelque maniere que deux figures semblables soient divisées en triangles par des diagonales, qui partent des angles homologues, les triangles homologues sont semblables entr'eux.*

DEM. Si deux Polygones ABCDE, FGHIK (Fig. 43. & 44.) sont tels, que l'angle A=F, B=G, C=H, D=I, E=K; & si AB. FG :: BC. GH :: CD. HI :: DE. IK :: EA. KF; je dis que si on méne les diagonales AC, AD, FH, FI, les triangles ABC, FGH seront semblables, aussi-bien que ACD, FHI, & que ADE, FIK.

Car 1°. puisque l'angle B=G, & qu'ils sont compris entre des côtés proportionnels, il est clair (514.) que les triangles ABC, FGH sont semblables, aussi-bien que les triangles ADE, FIK par la même raison.

2°. Puisque les Triangles ABC, FGH sont semblables; l'Angle BAC=GFH, & l'angle DAE=IFK; donc l'angle BAE—BAC—DAE=CAD=GFK—GFH—IFK =HFI; donc l'angle CAD=HFI: on prouvera de même que si des angles égaux BCD, GHI, on ôte les angles égaux BCA, GHF, resteront les angles égaux ACD, FHI: pareillement l'angle ADC=FIH; donc les triangles ACD, FHI sont équiangles; donc tous les triangles homologues des Polygones semblables sont équiangles.

534. THEOR. II. Réciproquement: *Si deux figures quelconques se peuvent réduire en triangles équiangles, les deux figures sont semblables.*

DEM Car la somme des angles homologues des triangles équiangles, rend chaque angle de chaque figure égal à son homologue; & les côtés des figures étant aussi les côtés des triangles équiangles, qui sont (511) proportionnels, ces côtés sont aussi proportionnels; donc les deux figures sont semblables. (531)

535. THEOR. III. *Si dans des figures semblables on tire des lignes quelconques de la même maniere, c'est-à-dire, qui divisent les côtés homologues dans la même raison, 1°. ces lignes sont proportionnelles entr'elles & aux côtés homologues quelconques de ces figures; 2°. Elles divisent ces figures en d'autres figures semblables.*

DEM. Par exemple, 1°. ayant divisé BC en L (Fig. 43. & 44.), & son homologue GH en M, dans la même raison, c'est-à-dire, de sorte que BC. GH :: LC. MH. Si on méne ensuite deux droites à volonté LN, MO, qui fassent des angles CLN, HMO égaux quelconques dans le même sens, ou qui divisent les côtés homologues ED, KI dans la même raison, en sorte que ED. KI :: DN. IO; je dis que LN. MO :: CD. HI :: BC. GH, &c.

Car si on méne NC, OH, on connoîtra que les triangles NCD, OHI sont semblables, (514.) ayant les angles égaux D, I, compris entre les côtés proportionnels ND, DC; OI, IH; donc (511.) CD. HI :: CN. HO, & l'angle DCN=IHO. Si donc on les ôte des angles égaux DCL, IHM resteront les angles égaux NCL, OHM, donc aussi (514.) les triangles NCL, OHM sont semblables; donc LN. MO :: LC. MH :: BC. GH :: CD. HI, &c.

2°. Si on tire encore de même deux autres droites dans ces deux figures, on prouvera qu'elles sont entr'elles comme deux côtés homologues quelconques; & par conséquent, qu'elles sont aussi proportionnelles aux lignes LN, MO.

3°. Enfin, il est évident que les lignes LN, MO, partagent les deux figures en quatre, dont les homologues ABLNE, FGMOK sont semblables entr'elles, aussi-bien que LNDC, & MOIH, puisque les angles homologues sont égaux, & les côtés proportionnels.

536. J'appellerai *dimensions homologues* deux lignes comme LN, MO, tirées de la même maniere dans deux figures semblables; ainsi deux côtés homologues de deux figures semblables, les rayons de deux cercles, leurs diametres, & même deux cordes qui soutendent dans chacun un arc d'un égal nombre de degrés, &c. sont des dimensions homologues.

SECONDE SECTION.

Des Surfaces.

Du contour des Surfaces, & de leurs comparaisons.

537. AXIOME, ou THEOR. I. LE *contour* ou perimetre *d'une figure quelconque; est égal à la somme de ses côtés.*

538. COROLL. DONC *le contour d'une figure quelconque, est au contour d'une autre figure quelconque, comme la somme des côtés de la premiere, est à la somme de côtés de la seconde.*

539. THEOR. II. *Les contours de deux figures ſemblables, ſont entr'eux comme un côté, ou comme une dimenſion homologue quelconque dans chaque figure.*

DEM. Le contour de la premiere figure, eſt au contour de la ſeconde, comme la ſomme des côtés de la premiere, eſt à la ſomme des côtés de la ſeconde (538.); & puiſque les figures ſont ſuppoſées ſemblables, elles ont (531.) leurs côtés proportionnels : or (304.) la ſomme de pluſieurs antécédens proportionnels eſt à la ſomme de leurs conſéquens, comme un ſeul antécédent quelconque eſt à ſon conſéquent; donc le contour de la premiere figure eſt au contour de la ſeconde, comme un côté quelconque de la premiere, eſt au côté homologue de la ſeconde, ou (535.) comme une dimenſion quelconque de la premiere, à la dimenſion homologue de la ſeconde.

540. COROLL. *Les circonférences des cercles, ou les longueurs de deux arcs d'un même nombre de degrés dans des cercles inégaux, ſont entr'elles, ou comme les rayons de ces cercles, ou comme leurs diametres, ou enfin comme deux cordes qui ſoutendent dans chaque cercle ou dans chaque arc un égal nombre de degrés.* Car (532.) les cercles ou les arcs d'un égal nombre de degrés ſont des figures ſemblables, & les rayons, les diametres &c. en ſont des dimenſions homologues. (536.)

De la meſure des Surfaces & de leurs comparaiſons.

541. HYPOTHESE. POUR avoir une idée claire de la ſurface d'une figure, il faut la concevoir comme décrite par le mouvement d'une droite dans tout l'eſpace de la figure parallélement à un de ſes côtés. Par exemple, la ſurface du parallélogramme ABCD, (Fig. 19. ou 21.) peut être regardée comme produite par le mouvement de la ligne AB, parallélement à elle-même, juſqu'à ce qu'elle ſoit devenue DC.

Suivant cette idée on conçoit que le nombre infini de pas que la ligne AB a fait pour venir en DC, eſt meſuré par le nombre infini de points qui forment la ligne qui meſure la distance de AB à DC ; or (393.) cette distance est mesurée par une perpendiculaire menée d'un point quelconque de DC sur le côté AB, telles que sont les droites EF, DG ; donc le nombre des pas de la ligne AB est égal au nombre des points de EF ou DG ; & la surface n'est autre chose que la ligne AB répetée autant de fois qu'il y a de points dans EF : or AB est elle-même composée de points, (346.) donc la surface du parallelogramme ABCD est égale au nombre des points de AB, répétés autant de fois qu'il y a de points dans EF ; ou, ce qui est la même chose ; la surface du parallelogramme est égale au produit de la ligne AB multipliée par la ligne EF.

La ligne AB sur laquelle tombe la perpendiculaire qui mesure la distance, s'appelle *la base* du parallelogramme, & la ligne EF, ou DG, s'appelle *la hauteur.*

542. Donc en général, *la surface d'un parallelogramme quelconque, est égale au produit de sa base par sa hauteur.*

Mais un parallelogramme est (463.) une figure symmétrique, qu'une diagonale divise par conséquent (475.) en deux triangles égaux & semblables. Donc en général....

543. THEOR. I. *La surface d'un triangle quelconque est égale à la moitié du produit d'un de ses côtés quelconques, multiplié par la perpendiculaire menée de l'angle opposé sur ce côté.*

Cette proposition peut être démontrée par l'analyse indépendamment du parallelogramme, de cette sorte.

La surface d'un triangle quelconque ABC (Fig. 34.) est égale à la somme de toutes les lignes paralléles BC, GL, FK, &c. qu'on puisse mener depuis sa base BC jusqu'à son sommet ; or toutes ces paralléles décroissent en progression arithmétique, c'est-à-dire, elles ont toujours une même différence ; car GL differe de BC de la quantité BP + TC, & FK differe de GL, de GO + SL, &c. Or ces différences sont toutes égales entr'elles, puisque tous les petits triangles GBP, FGO, &c. sont égaux entr'eux (510.) aussi-bien que les triangles LTC, KSL, &c. donc BP + TC = GO + SL. On peut donc regarder toutes ces paralléles qui remplissent la surface du triangle, comme une ſuite de quantités en progreſſion arithmétique, dont la perpendiculaire AX exprime le nombre, BC eſt le dernier terme, & A qui eſt une paralléle infiniment petite, eſt le premier terme. Et (278.) la ſomme eſt égale à $\overline{BC+A}\times\frac{1}{2}$ AX, ou, parce que A eſt une ligne infiniment petite, la ſomme de toutes ces paralléles eſt égale à $BC\times\frac{1}{2}AX$, ou à la moitié du produit de $BC\times AX$.

544. COROLL. *Un nombre quelconque de triangles*, & par conſéquent, *de parallelogrammes qui ſont entre deux paralleles, & qui ont une même baſe, ou des baſes égales, ſont autant de ſurfaces égales*; parce qu'alors elles ont la même hauteur.

545. THEOR. II. *Les ſurfaces de deux Triangles quelconques, ſont entr'elles en raiſon compoſée de leur baſe & de leur hauteur.*

DEM. Car (543.) la ſurface du premier triangle eſt à la ſurface du ſecond, comme la moitié du produit de la baſe du premier multipliée par ſa hauteur, eſt à la moitié du produit de la baſe du ſecond multipliée par ſa hauteur : or les moitiés ſont entr'elles comme les tous (293). Donc la ſurface du premier triangle, eſt à la ſurface du ſecond, comme le produit de la baſe du premier par ſa hauteur, eſt au produit de la baſe du ſecond par ſa hauteur. Mais (287.) la raiſon de deux produits eſt une raiſon compoſée de ſes racines ; donc les ſurfaces de deux triangles ſont en raiſon compoſée de leur baſe & de leur hauteur.

546. THEOR. III. *Les ſurfaces de deux triangles inégaux qui ont des baſes égales, ſont entr'elles comme leurs hauteurs ; & les ſurfaces des triangles inégaux qui ont des hauteurs égales, ſont entr'elles comme leurs baſes.*

DEM. Car alors les ſurfaces ſont entr'elles comme les produits d'une même quantité multipliée par deux quantités inégales ; donc (292.) elles ſont comme ces quantités inégales.

547. THEOR. IV. *Si les hauteurs de deux triangles ſont en raiſon inverſe de leurs baſes, les ſurfaces ſont égales.*

DEM. Car alors la hauteur du premier étant à la hauteur du ſecond, comme la baſe du ſecond, à la baſe du premier ; le produit de la hauteur du premier par ſa baſe, eſt égal au produit de la hauteur du ſecond par ſa baſe. (296.)

548. THEOR. V. *Les surfaces de deux triangles semblables, sont entr'elles en raison doublée de leurs dimensions homologues.*

DEM. Puisque (535.) les figures semblables ont les dimensions homologues proportionnelles, les surfaces de deux triangles sont entr'elles comme deux produits de deux quantités proportionnelles : or (288.) les produits des quantités proportionnelles sont en raison doublée, ou (294.) sont entr'eux comme les quarrés de leurs racines quelconques : donc les surfaces de deux triangles semblables, sont entr'elles en raison doublée de leurs dimensions homologues quelconques ; ou comme le quarré d'un côté quelconque, par exemple, au quarré du côté homologue.

549. THEOR. VI. *La surface d'une figure quelconque est égale à la somme des surfaces des triangles ausquels elle est réduite.*

550. THEOR. VII. *Pour avoir la surface d'un Polygone irrégulier, il faut le diviser en triangles comme on voudra, prendre la surface de chacun, (543.) la somme de toutes ces surfaces, sera égale à celle du Polygone.*

551. THEOR. VIII. *Pour avoir la surface d'un Polygone symmétrique, il faut le diviser en deux par une diagonale qui passe par le centre, réduire une de ses parties en triangles, multiplier la hauteur de chacun par leur base, & la somme des produits sera égale à la surface du Polygone ;* parce qu'elle sera double de la surface des triangles qui sont dans cette partie, laquelle est égale & semblable à l'autre. (475.)

552. THEOR. IX. *La surface d'un Polygone régulier est égal au produit de la moitié de son contour, par la perpendiculaire tirée du centre sur un de ses côtés.*

DEM. Puisque tous les triangles ausquels on réduit un Polygone régulier par des rayons, sont égaux entr'eux, (480.) la surface d'un Polygone régulier est égale à la surface d'un de ses triangles multipliée par leur nombre, ou par le nombre des côtés du Polygone : or la surface d'un de ces triangles, par exemple, du triangle ACB (Fig. 26. & 27.) est égale au produit de CI par la moitié de AB, donc la surface de tous les triangles est égale au produit de CI par la moitié de la somme des côtés du Polygone.

553. COROLL. *La surface d'un cercle est égale au produit de son rayon par sa demi-circonférence ;* car le cercle est un Polygone régulier. (492.)

554. THEOR. X. *Les surfaces de deux figures semblables quelconques, sont entr'elles en raison doublée de leurs dimensions homologues, ou comme les quarrés de deux dimensions homologues quelconques.*

DEM. Les surfaces de deux figures quelconques sont entr'elles comme la somme des surfaces des triangles auxquels on les a réduites. Or (533.) les figures semblables se réduisent en triangles semblables, dont toutes les dimensions homologues sont proportionnelles, donc les surfaces de deux figures semblables sont entr'elles comme deux sommes de quantités proportionnelles. Mais (304.) quand on a plusieurs quantités proportionnelles, la somme des antécédens est à la somme des conséquens, comme un antécédent quelconque est à son conséquent : Donc les surfaces de deux figures semblables sont entr'elles comme les surfaces d'un triangle homologue pris dans chaque figure. Or (548.) les surfaces de deux triangles semblables sont entr'elles en raison doublée de leurs dimensions homologues quelconques : donc les surfaces de deux figures semblables, sont en raison doublée de leurs dimensions homologues quelconques.

555. COROLL. I. *Les surfaces des cercles sont entr'elles comme les quarrés de leurs rayons ou de leurs diametres.*

556. COROLL. II. Lors donc qu'on veut augmenter ou diminuer la surface d'un Polygone en conservant sa figure, il faut faire cette proportion pour en trouver chaque côté. Comme la surface du Polygone donné, est à la surface du Polygone cherché, ainsi le quarré d'un des côtés du Polygone donné, est au quarré du côté homologue du Polygone cherché : ou bien en ayant trouvé un des côtés par cette proportion, on aura chaque autre par celle-ci. Comme le côté du Polygone donné, est à son côté homologue trouvé par la premiere proportion ; ainsi chaque autre côté du Polygone donné, est à chaque côté homologue du Polygone cherché.

On veut par exemple faire un parallelogramme A dont

la surface soit triple ou soit comme 3 à 1 par rapport à celle du paralellogramme B, dont le grand côté est de 6 pieds, & le petit de 4. pieds. On fera donc comme 1 est à 3, ainsi 36. quarré de 6 pieds, sont à 108 quarré du grand côté du parallelogramme A, la racine est 10,392 pieds : ensuite comme 6 sont à 10,392 ainsi 4 sont à 6,928 pieds, c'est le petit côté du parallélogramme A. Il faut donc donner 10 pieds 4 pouces 8 lignes au grand côté, & 6 pieds 11 pouces 1 ligne $\frac{1}{2}$ au petit côté, pour avoir le parallelogramme A triple en surface par rapport au parallelogramme B.

Remarques sur la quadrature du Cercle.

557. QUOIQUE par les propositions précédentes on connoisse les rapports des contours & des surfaces des cercles, cependant on n'a pas encore trouvé de méthode directe & géométrique pour mesurer leur circonférence ou leur surface ; c'est ce qui fait qu'on n'a pû jusqu'ici trouver la *Quadrature du Cercle ;* car c'est ainsi qu'en Géométrie on appelle la méthode de trouver la surface des figures, & surtout des curvilignes ; parce que toute surface étant un produit de deux dimensions, en prenant (325.) un moyen proportionnel entre les racines de ce produit, on auroit le côté d'un quarré dont la surface seroit égale à celle-ci : Par exemple, le rayon d'un cercle étant $=r$, & la demi-circonférence étant $=\frac{1}{2}p$, la surface est $\frac{1}{2}pr$ (553.) ; si donc on trouvoit un nombre $=q$ moyen proportionnel entre r & $\frac{1}{2}p$, on auroit (309.) $qq=\frac{1}{2}pr$, c'est-à-dire, le quarré de q seroit égal à la surface du cercle, dont le rayon seroit r, & le contour p.

558. Les plus grands Mathématiciens ont de tout temps cherché envain la quadrature du cercle, ou le rapport du diametre à la circonférence : ils ont trouvé des méthodes pour en approcher à l'infini ; mais comme toutes les approximations sont des voyes indirectes, le Problême n'est pas encore parfaitement résolu ; cependant ce qu'on en a trouvé est plus que suffisant pour l'application de la Geométrie à la pratique la

plus scrupuleuse, en sorte que les habiles Géometres ne regardent à present la quadrature absoluë du cercle, que comme une chose de pure curiosité, & aiment mieux employer leur temps à des recherches plus utiles. Mais la plûpart de ceux qui n'ont qu'une connoissance superficielle des Mathématiques, entreprennent avec confiance, la solution de ce fameux Problême, sans même entendre trop bien l'état de la question, aussi n'ont-ils que trop *souvent le malheur de trouver la quadrature exacte du cercle refusée aux autres.*

559. On a trouvé des méthodes pour quarrer absolument certains espaces renfermés entre des portions de cercles, ou même entre des portions de cercles & des lignes droites. Par exemple, un ancien Géometre Grec, nommé Hyppocrate de Chio, a prouvé que *si sur l'hypotenuse & sur les côtés d'un triangle rectangle on décrit des demi-cercles* (comme dans la Fig. 45.) *on aura deux espaces curvilignes* AECGA, CFBHC, *dont la somme des surfaces sera égale à celle du triangle rectangle* ACB.

On appelle ces deux espaces les *Lunules* d'Hyppocrate.

Dem. Puisque (555.) les surfaces des cercles sont entr'elles comme les quarrés de leurs diamétres, les sommes de leurs surfaces sont entr'elles comme les sommes des quarrés de leurs diametres : or (518.) le quarré du diametre AB est égal à la somme des quarrés des diametres AC, BC ; donc la surface du demi-cercle ACHB, est égale à la somme des surfaces des demi-cercles AEC, CFB ; donc si du demi-cercle ACHB on ôte la partie CHB commune avec le demi-cercle CFB, & la partie AGC commune avec le demi cercle AEC, resteront les lunules CFBHC+AECGA égales en surface au triangle ABC.

Si le triangle rectangle étoit isoscéle, en abaissant une perpendiculaire de l'angle droit sur l'hypotenuse, elle le diviseroit en deux triangles égaux, qui seroient chacun égaux à leur lunule.

On peut encore voir différentes portions de cercles quarrables, dans les Mémoires de l'Académie Royale des Sciences, année 1701, pag. 17; & année 1703, page 21 ; voyez aussi dans la Fig. 45. B, une figure CDHAIBKC, terminée par des quarts de cercle, & égale au quarré CDAB.

560. Le rapport du diametre à la circonférence du cercle, a été déterminé par Archimede à peu près comme de 7 à 22 ; d'autres l'ont mis comme de 1 à 3. 1415926 5, &c. en ajoûtant jusqu'à 127 décimales, ce qui fait une approximation presque infinie. D'autres enfin ont déterminé ce rapport de 113 à 355, qui approche de très-près du vrai.

Ainsi pour connoître les dimensions d'un cercle, il faut mesurer géométriquement son diametre, & faire cette Regle de proportion ; comme 113 à 355, ainsi le diametre du cercle donné est à sa circonférence : si on veut sçavoir la surface de ce cercle, il faut (553.) multiplier la moitié du diametre par la moitié de la circonférence ainsi trouvée.

Propriétés des Surfaces Planes ou des Plans.

NOUS avons jusqu'ici supposé que toutes nos lignes & nos figures étoient posées sur un plan, & que les espaces qu'elles renferment étoient décrits par le mouvement des points ou des lignes sur un plan, dont nous avons demandé (350.) la possibilité ; nous allons montrer maintenant l'origine & la formation géométrique du plan.

561. HYPOTHESE. Concevez une droite AB posée en l'air, à laquelle soit perpendiculaire une droite indéfinie ED (Fig. 46.) ; concevez que la droite AB tourne sur elle-même sans sortir de place, & vous verrez évidemment que la droite ED décrira une surface plane CCCDDD ; cette surface sera un plan perpendiculaire à la ligne AB.

Le plan est donc une surface telle que tous les points d'une droite posée dessus & tournée en tout sens la touchent toujours.

562. Si les deux lignes n'étoient pas perpendiculaires l'une à l'autre, la figure décrite ne seroit pas un plan. Par exemple, si on fait tourner sur elle-même la droite MN (Fig. 54.) à laquelle est fixée la droite MB qui fait en M l'angle aigu NMB, il est aisé de voir que cette droite MB décrira une surface arrondie convexe en pointe d'un côté, & creuse ou concave en dedans, sur laquelle par conséquent il ne sera pas possible de poser en tout sens des droites, dont tous les points touchent cette surface.

563. THEOR. I. *Une droite posée sur un plan ne peut être en partie sur ce plan, & en partie élevée au-dessus ou abbaissée au-dessous.*

564. COROLL. I. *Si deux points d'une droite sont dans un plan, la droite y est toute entiere.*

565. COROLL. II. *Un même plan A ne peut pas être en partie*

touché exactement sur un autre plan B, *& en partie élevé au-dessus ou abaissé au-dessous.* Car alors une ligne droite posée sur le plan A pourroit être en partie sur le plan B, & en partie élevée au-dessus ou abbaissée au-dessous, ce qui est impossible.

566. THEOR. II. *Trois points qui ne sont pas en ligne droite déterminent la position d'un plan.*

DEM. Qu'on pose un plan sur tant de points qu'on voudra en ligne droite, on conçoit aisément que tous ces points formeront tout au plus un appui autour duquel ce plan pourra tourner librement. Mais qu'on pose un plan sur trois points qui ne sont pas en ligne droite, ces trois points formeront un appui sur lequel le plan ne pourra plus tourner, mais qui le retiendra dans une position constante : donc trois points qui ne sont pas en ligne droite déterminent la position d'un plan.

567. COROLL. *Un triangle détermine un plan & sa position.*

568. THEOR. III. *Une droite perpendiculaire à un plan, est aussi perpendiculaire à toutes les droites qui, posées sur ce plan, passent par l'extrémité de cette droite.* Ainsi AE est perpendiculaire sur toutes les droites CED, CED &c.

569. THEOR. IV. *Deux droites perpendiculaires ou également inclinées du même sens sur un même plan, sont paralléles entr'elles*, & réciproquement.

570. THEOR. V. *Deux droites qui s'entrecoupent sont toutes deux dans un même plan.*

DEM. Car le point d'intersection & un autre point pris à volonté dans chacune, sout trois points qui ne sont pas en ligne droite, & qui forment par conséquent (566.) un plan, sur lequel chacune de ces deux lignes a deux points : Donc (564.) ces deux lignes sont toutes entieres dans ce plan.

571. THEOR. VI. *Si deux droites qui sont dans un plan sont coupées par une troisiéme, hors de leur point d'intersection, si elles en ont un, cette droite qui les coupe est aussi dans le même plan.* car elle a deux de ses points dans ce plan, sçavoir ses deux points d'intersection avec les deux droites.

572. THEOR. VII. *Trois points ne peuvent être communs à deux plans différens s'ils ne sont en ligne droite.*

DEM. Trois points qui ne sont pas en ligne droite déterminent un plan triangulaire. Or si trois points non en ligne droite pouvoient être communs à deux plans différens, la surface renfermée entre ces trois plans seroit une partie commune à chacun des deux plans; l'un de ces deux plans auroit donc une de ses parties couchée exactement sur un autre plan, & le reste élevé au-dessus ou abbaissé au-dessous, ce qui est impossible. (563.)

573. COROLL. *L'intersection de deux plans ne peut être qu'une ligne droite.* Car l'intersection de deux plans est une ligne dont tous les points sont communs aux deux plans.

574. HYPOTHESE. Supposons maintenant un plan immobile A sur lequel soit couché un autre plan B terminé par des lignes droites, tel que seroit un Polygone ordinaire : ces deux plans n'ayant aucune épaisseur, ne peuvent former qu'un seul & même plan. Mais si on fait tourner le plan B sur un de ses côtés qui reste toujours posé sur le plan A, il sera aisé de concevoir 1°. que dès le premier instant du mouvement il ne restera plus rien de commun aux deux plans que la droite sur laquelle le plan B tournera, 2°. que ce plan passera par tous les dégrés possibles d'inclinaisons, si on le fait tourner jusqu'à le coucher sur le plan A de l'autre côté, 3°. qu'il deviendra perpendiculaire au plan A quand il ne sera pas plus incliné d'un côté que d'un autre, 4°. que les différens degrés d'inclinaison seront mesurés par le nombre de pas que chaque point aura décrit depuis qu'il aura quitté son point correspondant dans le plan A. Ce sera donc un arc de cercle dont le centre sera dans la ligne sur laquelle le plan tourne : & parce qu'un centre doit être dans le plan du cercle, le centre de cet arc est nécessairement dans la ligne droite qui forme le plan de cet arc en tournant. Or (562) une droite qui tourne ne peut former un plan, si elle n'est perpendiculaire à la ligne sur laquelle elle tourne. Donc *le centre de l'arc qui mesure les degrés d'inclinaison d'un plan par rapport à un autre, est dans une perpendiculaire à la ligne de rencontre des deux plans.*

Ainsi si on décrit un demi-cercle dont le centre soit dans la ligne commune à deux plans, & dont le plan soit perpendiculaire au plan immobile, tous les degrés de ce demi-cercle mesureront toutes les inclinaisons possibles du plan mobile.

On conçoit aussi que si une partie du plan mobile B ayant traversé le plan A tournoit sur la ligne d'intersection, l'autre partie tourneroit en même-temps, & feroit avec le plan immobile les mêmes angles de l'autre côté.

D'où il suit en général, que deux plans qui s'inclinent l'un sur l'autre ont les mêmes propriétés que deux droites qui s'inclinent l'une sur l'autre. Donc......

575. THEOR. VIII. *Un plan qui rencontre un autre plan fait avec lui deux angles droits, ou égaux ensemble à deux droits.*

576. THEOR. IX. *Dans l'intersection de deux plans les angles opposés au sommet sont égaux.*

577. THEOR. X. *La somme des angles de tant de plans qu'on voudra qui ont une même ligne d'intersection, est de 360 degrés.*

578. THEOR. XI. *Il n'y a qu'une ligne qui passant par un point d'un plan, puisse lui être perpendiculaire & d'un point pris hors d'un plan, on ne peut lui abbaisser qu'une perpendiculaire.*

579. THEOR. XII. *La distance d'un point à un plan est une perpendiculaire tirée du point sur le plan.*

580. THEOR. XIII. *Un plan qui coupe deux plans paralléles entr'eux, forme des angles alternes externes égaux, des angles alternes internes égaux, des angles internes supplémens l'un de l'autre, & des angles externes aussi supplémens l'un de l'autre,* & réciproquement.

581. THEOR. XIV. *Les intersections de deux plans paralléles par un troisiéme plan, sont deux droites paralléles:* parce qu'elles sont composées de points également éloignés les uns des autres.

TROISIE'ME SECTION.

Des Solides.

582. DEFINITION. ON appelle *Corps* ou *Solide* toute quantité continuë qui a les trois dimensions de l'étenduë, sçavoir, la longueur, la largeur & l'épaisseur.

On considere ordinairement les solides en deux manieres. I°. Comme produits par le mouvement des plans, de même que le plan est formé par le mouvement de la ligne droite, & que la ligne est produite par le mouvement du point.

Suivant cette idée, un solide n'est autre chose qu'un composé de vestiges d'un plan, ou plûtôt un amas de plans d'une épaisseur infiniment petite, dont le nombre infini est égal au nombre des points de la ligne qui mesure le chemin du plan.

583. Ces solides sont produits ou par un mouvement rectiligne d'un plan parallélement à lui-même, ou par la révolution circulaire d'une figure sur une droite immobile, qui s'appelle *l'axe* du solide.

584. II°. On peut aussi regarder les solides comme composés d'autres solides semblables ou non, appliqués les uns contre les autres, ensorte qu'ils ayent plusieurs faces & plusieurs angles; alors on appelle en général ces sortes de solides, *Polyedres*, & ils prennent le nom particulier de Tetraedre, Pentaedre, Exaedre, &c. lorsqu'ils ont 4, 5, 6, &c. faces.

Origine & propriétés des Solides, produits par un mouvement rectiligne.

585. I. HYPOTHESE. SOIT une figure plane quelconque ABCDE, (fig. 47. ou 48.) qui étant posée d'abord sur un plan, coule parallélement à elle-même le long

long de la droite MN, & s'arrête en FGHIK : cette figure aura produit par ses traces, un solide qui s'appelle *un Prisme*.

Dans ce mouvement il est clair I°. que les côtés AB, BC, CD, &c. auront décrit les parallelogrammes ABGF, BCHG, CDIH, &c.

II°. Que les bases du solide sont parallèles entr'elles, égales & semblablement posées. Donc en général . . . .

586. *Le Prisme est un corps terminé par des bases qui sont des figures égales & paralléles, & par des faces qui sont des parallelogrammes.*

587. Le Prisme est *droit ou oblique*, si la ligne MN, le long de laquelle se meut le Polygone générateur (que j'appellerai *l'Elément* du solide) est perpendiculaire ou inclinée sur le plan de la base du Prisme.

588. La droite PQ (fig. 48.) qui passe par le milieu de toutes les traces ou élémens d'un solide, s'appelle *l'axe* du solide.

589. Une perpendiculaire menée d'un des points quelconques d'une des bases d'un solide sur le plan de l'autre base, s'appelle *la hauteur* du solide; ainsi PQ (fig. 47.) est la hauteur du Prisme, & P*q* est son axe.

590. Coroll. I. *La hauteur d'un solide droit est égale à son axe, & la hauteur d'un solide oblique est d'autant plus petite que l'axe, que ce solide est plus incliné sur le plan de sa base.*

591. Coroll. II. *La hauteur d'un solide exprime le nombre des Elémens dont il est composé.* Car elle exprime la distance des plans des deux extrémités du solide; or il ne peut y avoir plus d'élémens entre ces deux plans, qu'il n'y a de points dans la ligne qui mesure leur distance. Donc la hauteur d'un solide exprime le nombre de ses élémens.

592. Le Prisme prend differens noms, suivant l'espece du Polygone élémentaire. Si l'élément du Prisme est un triangle, le Prisme s'appelle Triangulaire; si c'est un Quadrilatere, il s'appelle Quadrangulaire; si c'est un Pentagone, il s'appelle Pentagonal, &c. si c'est un cercle, & si son mouvement s'est fait le long d'une ligne perpendiculaire à la base, le Prisme s'appelle un *Cylindre droit*, (voyez fig. 49.)

593. Si l'élément du Prisme est un Parallelogramme, le Prisme s'appelle *Parallelopipede* : si le parallelogramme est un rectangle, & si le Prisme produit par ce rectangle est droit, il s'appelle un *Parallelopipede rectangle* ; (voyez Fig 50.) Si l'élément est un quarré, & si le prisme formé par ce quarré est droit, & a son axe égal au côté du quarré, il s'appelle un *Cube* ou un *hexaedre régulier*, (voyez fig. 51.)

594. II. HYPOTHESE. Soit une figure plane quelconque ABCDE, (fig. 52. & 53.) qui étant posée sur un plan, monte le long d'une ligne quelconque MN (perpendiculaire ou inclinée au plan de la figure,) de sorte qu'à chaque pas chaque côté de la figure décroisse en progression arithmétique. Par exemple, qu'après le premier pas infiniment petit, chaque côté perde $\frac{1}{\infty}$ de sa longueur ; qu'après le second pas chaque côté perde encore $\frac{1}{\infty}$ de sa premiere longueur, &c. de maniere que la figure étant arrivée en M, n'ait plus que des côtés infiniment petits, ou soit réduite à n'être plus qu'un point : le solide produit de la sorte, s'appelle *une Pyramide*.

Il est clair que dans cette formation chaque côté AB, BC, CD, &c. de la figure, aura décrit les triangles ABM, BCM, CDM, &c. puisque (543.) l'espace que renferme un triangle n'est qu'un amas d'une infinité de droites, qui vont en progression arithmétique, depuis zero, qui est le sommet du triangle, jusqu'à sa base.

595. Donc I°. en général, *une Pyramide est un solide qui a pour base un Polygone, & qui est terminé par des faces triangulaires.*

596. II°. La ligne NM est aussi l'axe de la Pyramide, sa hauteur NM ou M*n* est égale ou plus courte que son axe, selon que la Pyramide est droite ou inclinée.

597. La Pyramide prend aussi différens noms, suivant l'espece du Polygone qui lui sert d'élément, si c'est un triangle, elle s'appelle triangulaire : si l'élément est un triangle équilatéral, & si l'axe étant perpendiculaire, les faces sont aussi des triangles équilatéraux, la Pyramide s'appelle *Réguliere* ou *Tetraedre régulier*. Si l'élément est un Quadrilatere,

la Pyramide s'appelle Quadrangulaire ou a quatre faces ; si c'est un Pentagone , elle s'appelle pentagonale , &c. enfin si c'est un cercle , & si l'axe est droit , elle s'appelle un *Cone droit.*

598. Si dans la formation de la Pyramide il arrivoit que le Polygone atteignît le bout de l'axe , avant que d'être devenu infiniment petit, la Pyramide ou le Cone formés de cette sorte, s'appellent *Pyramides* ou *Cones tronqués.* (Voyez fig. 55.) Parce qu'on les peut concevoir comme des Pyramides ou des Cones, dont on auroit coupé une partie par un plan paralléle à la base.

Origine & propriétés des Solides produits par un mouvement circulaire.

599. I°. ON peut concevoir le Cylindre formé par un mouvement circulaire , en deux manieres , ou en faisant tourner un rectangle MABN (fig. 49.) sur un de ses côtés immobile MN , & qui devient l'axe du cylindre , ou en supposant deux cercles immobiles AC , DB égaux & paralléles , & dont les centres M , N soient dans une même droite perpendiculaire à leurs plans , & en faisant tourner une droite AB tout autour de la circonférence de ces cercles.

600. On peut enfin concevoir le cylindre formé par un paquet de prismes droits infiniment minces , à bases égales & de même hauteur , & renfermés dans des cercles égaux , dont ils remplissent exactement l'espace , & dont le nombre est égal à celui des points de la surface de ces cercles.

601. II°. On peut concevoir le Cone formé par un mouvement circulaire , 1°. en faisant tourner un triangle rectangle MNB (fig. 54.) sur un de ses côtés MN , qui sera l'axe du cone , l'hypotenuse MB décrira la surface , & l'autre côté NB sera le rayon de la base. 2°. en supposant qu'à l'extrémité M d'une droite MN , élevée perpendiculairement sur le plan d'un cercle BD , & passant par son centre , soit fixée l'extrémité M d'une autre droite MB , & que l'autre bout B tourne autour du cercle BD.

602. III°. Si on fait tourner un demi-cercle sur son diametre, le solide produit par ce mouvement, s'appelle un *Globe* ou une *Sphere*.

La Sphere est donc un solide, dont tous les points de la surface pris en tout sens, sont également éloignés d'un point en-dedans, qui en est le centre.

603. Si avant de faire tourner le demi-cercle on avoit élevé sur son diametre jusqu'à sa circonférence, autant de perpendiculaires qu'il y a de points dans ce diametre, toutes ces perpendiculaires, qu'on appelle *les ordonnées du cercle*, auroient en tournant été autant de rayons d'autant de cercles; d'où il suit, qu'on peut considérer la sphere comme un amas de surfaces de cercles, posées les unes sur les autres, & dont les diametres croissent & décroissent dans le même rapport que toutes les cordes paralléles qu'on peut mener dans un cercle.

604. On appelle *Axe* de la sphere toute droite qui passant par le centre, se termine de part & d'autre à sa surface.

605. Donc *tous les axes de la sphere sont égaux entr'eux*, puisqu'ils sont la somme de deux rayons.

606. La sphere étant produite,comme on vient de le dire, il est clair qu'à cause de la régularité & de l'uniformité de sa figure, on peut prendre un de ses axes quelconques pour l'axe du demi-cercle générateur.

607. D'où il suit I°. Qu'*en quelque sens qu'on coupe la sphere par un plan, les parties coupées seront terminées par des cercles*; car si par le centre de la sphere on fait passer un axe perpendiculaire sur le plan de la section, on pourra (606.) le prendre pour l'axe du demi-cercle générateur, & par conséquent le plan coupera cet axe dans le sens d'une des surfaces circulaires, dont l'amas compose la sphere.

608. II°. *Que les sections de la sphere par un plan quelconque, sont des cercles d'autant plus grands, que le plan coupant passe plus près du centre de la sphere*, & réciproquement; *en sorte que la plus grande section possible, est celle qui passe par le centre*; puisque ces sections ont pour

rayons les ordonnées du demi-cercle génerateur, qui étant des demi-cordes, sont (407.) d'autant plus grandes qu'elles passent plus près du centre, & dont la plus grande de toutes est le rayon lui-même.

609. III°. C'est pourquoi on appelle *grand cercle de la Sphere*, celui qui a le même centre que la sphere; & on appelle *petit cercle de la Sphere*, celui dont le plan ne passe pas par le centre de la sphere, mais dont le centre divise un des axes en deux parties inégales.

610. IV°. Enfin on peut considérer la sphere comme composée de Pyramides égales, dont tous les sommets concourent au centre de la sphere, & dont toutes les bases, qui sont des Polygones infiniment petits, forment la surface de la sphere, ainsi le nombre de ces Pyramides est déterminé par le nombre des points qui sont sur la surface de la sphere.

Des Polyedres & de leurs comparaisons.

611. ON appelle *angle solide*, un angle formé par le concours de plusieurs angles plans, qui étant inclinés les uns sur les autres, se réünissent en une seule pointe; tels sont les sommets des Pyramides, les coins des Prismes, &c. & on appelle *angles solides égaux*, ceux qui sont composés d'un même nombre d'angles plans, dont les homologues sont égaux, & semblablement posés.

612. COROLL. I. *Il faut au moins trois angles plans pour en former un solide*; parce que deux angles plans inclinés l'un sur l'autre, ne peuvent jamais former une pointe solide, & laissent nécessairement un vuide.

613. COROLL. II. *De plusieurs angles plans qui servent à former un angle solide, le plus grand doit être moindre que la somme de tous les autres*; car s'il étoit seulement égal à la somme des autres, on ne pourroit que les coucher sur celui-ci, & par conséquent on ne pourroit en former une pointe solide.

614. COROLL. III. *La somme de tous les angles plans qui composent un angle solide, où il n'y a pas d'angles rentrans, est moindre que de 360 degrés*; car si la somme de plusieurs angles plans est de 360°, en les réünissant tous en une même pointe, ils composeront un plan, & l'on n'en pourra jamais faire un angle solide, qu'en retranchant quelque chose de ces angles.

615. On appelle en général *Polyedre* tout corps terminé par des surfaces planes ou rectilignes, qui forment des angles solides.

616. COROLL. I. *Les Prismes & les Pyramides sont des Polyedres.*

617. COROLL. II. *Il faut au moins qu'un Polyedre ait quatre faces*; car il faut déja au moins trois plans pour former un des angles solides d'un Polyedre; or un angle ainsi formé laisse un vuide en-dedans, il faut donc au moins un plan encore pour fermer le vuide, & afin que le Polyedre ait ses trois dimensions.

618. COROLL. III. *Il faut qu'un Polyedre ait au moins quatre angles.*

Car le vuide que laissent trois plans qui forment un angle solide, est une figure ou surface qui a au moins trois angles; (432.) or on ne peut fermer les angles de ce vuide qu'en y formant autant d'angles solides, il faut donc qu'un Polyedre en ait au moins quatre.

619. On appelle *Polyedre régulier*, celui dont tous les angles sont égaux & dont toutes les faces sont des Polygones réguliers égaux.

620. COROLL. *Il ne peut y avoir que cinq Polyedres réguliers, sçavoir, trois dont les faces soient des triangles équilatéraux; un dont les faces soient des quarrés, & un dont les faces soient des Pentagones réguliers.*

Car puis (612.) qu'il faut au moins trois angles plans pour former un angle solide, & que (614.) un angle solide ne peut être de 360 degrés; il est clair, qu'il n'y a que cinq cas où on puisse faire un angle solide avec des plans de polygones réguliers. 1°. L'angle d'un triangle équilatéral étant de 60 degrés, trois joints ensemble font un angle solide de 180 degrés; & par conséquent quatre triangles de cette espece peuvent faire un *tetraedre*. 2°. Quatre triangles équilateraux joints ensemble peuvent faire un angle solide de 240°. & former un corps régulier à huit faces, appellé *Octaedre*. 3°. Cinq de ces triangles joints ensemble, peuvent former un angle de 300°. & par conséquent on en peut composer un corps régulier à 20 faces, appellé *Icosaedre*; mais six joints ensemble feroient 360°; ce qui ne peut être un angle solide. 4°. Chaque angle d'un quarré valant 90°. trois joints ensemble feront un angle solide de 270°. & par conséquent on en pourra composer un corps régulier à six faces, appellé *Hexaedre*; mais quatre de ces angles feroient 360°. ce qui ne peut faire un angle solide. 5°. Chaque angle du Pentagone régulier valant 108°. trois joints ensemble pourront faire un angle solide de 324°. & on en pourra faire un corps regulier à douze faces, appellé *Dodecaedre*; mais si on joignoit quatre de ces angles, on auroit 432°. angle solide impossible. Enfin l'angle de l'exagone régulier étant de 120°. si on en ajoûte trois ensemble, la somme 360°. montre qu'on ne peut faire d'angles solides, ni par conséquent de corps réguliers avec des exagones, & à plus forte raison n'en pourra-t'on pas faire avec des *Eptagones*, *Octogones*, &c. donc il ne peut y avoir que cinq corps réguliers.

Il est bon d'avoir en main en lisant ceci des Polygones réguliers égaux, faits de carton ou autrement.

De la comparaison des solides.

621. ON appelle *solides semblables* ceux dont tous les angles homologues sont égaux, & dont les faces sont des figures semblables, qui par conséquent (533.) peuvent se réduire en triangles semblables, & ont tous leurs côtés homologues proportionnels entr'eux.

622. COROLL. *Deux polyedres réguliers quelconques de la même espece, & par conséquent deux spheres, sont des solides semblables.*

Pour avoir une idée claire de deux solides semblables, il faut les concevoir comme composés tous deux d'un égal nombre de plans semblables & semblablement posés, en sorte que leur inégalité consiste en ce que chaque plan élémentaire du plus grand solide a une surface & une épaisseur plus grande que n'est la surface & l'épaisseur du plan homologue du plus petit solide, mais ces plans homologues gardent toujours un même rapport. Par exemple, deux spheres sont deux solides semblables, 1°. parce qu'elles sont composées de plans circulaires qui sont des figures semblables; puisqu'ils sont des Polygones symmétriques & réguliers (492.) d'un même nombre infini de côtés. 2°. Ces plans sont semblablement posés dans chaque ſphere, car ils ſont tous placés perpendiculairement à l'axe qui paſſe par leurs centres, & ils ſont arrangés de ſorte que leurs diametres ſuivent le rapport de toutes les cordes ſucceſſives du cercle. 3°. Ils ſont en égal nombre dans chaque ſphere : parce que tous les cercles imaginables n'ont qu'un même nombre de côtés infiniment petits, & par conſéquent ils ont chacun un égal nombre de cordes ; car les cordes ſont des droites qui joignent tous les côtés qui ſont placés de la même maniere, & à égale diſtance de part & d'autre de l'axe.

La différence d'une grande à une petite ſphere conſiſte : 1°. en ce que chaque diametre de tous les plans élémentaires de la grande ſphere eſt plus grand (mais dans un rapport conſtant) que celui de chaque plan homologue de la petite 2°, Que les côtés des plans élémentaires de la grande ſphere étant (quoiqu'infiniment petits) plus grands que ceux de la petite ſphere, les cordes qui les joignent de part & d'autre de l'axe, ſont moins ſerrées, & par conſéquent l'épaiſſeur des plans, qui eſt meſurée par l'intervalle de ces cordes, eſt plus grande dans la grande ſphere que dans la petite.

623. J'appelle *points homologues de deux figures ſemblables* deux points P, *p*, tels qu'ayant tiré à deux angles homologues quelconques D, C ; *d*, *c*, des droites PD, PC, *pd*, *pc*, les triangles PDC, *pdc*, ſoient ſemblables, (fig. 56 & 57.) ou bien tels qu'ayant mené par ces points P, *p* deux droites quelconques MN, *mn* qui faſſent avec les côtés homologues de la figure des angles égaux NMF, *nmf*, ces deux droites & les côtés de cette figure ſoient diviſés proportionnellement, en ſorte qu'on ait MF. *mf* : : NE. *ne* : : MP. *mp* : : NC. *nc*, &c.

624. Si par deux points homologues pris dans des faces homologues vers les extrémités de deux ſolides ſemblables, on fait paſſer une droite à travers du ſolide, on appellera cette droite *un axe homologue.*

625. THEOREME I. *Si ayant fait paſſer à travers un ſolide quelconque* A *tant de plans paralléles & également éloignés entr'eux qu'on aura voulu, (leſquels par conſéquent, étant prolongés s'il eſt néceſſaire, ſont toujours avec l'axe du ſolide* A *un*

même angle, & le divisent en parties égales) ; on fait ensuite passer au travers d'un solide semblable B, *un même nombre de plans paralléles & également éloignés entr'eux, & qui fassent avec l'axe homologue de ce solide, le même angle que celui que les plans faisoient avec l'axe du solide* A ; *ces deux solides* A, B *seront divisés en un même nombre de tranches homologues.*

DEM. Car 1°. si la distance des plans coupans est infiniment petite, le nombre de ces plans est infini, chaque tranche est infiniment mince, & comme elles sont terminées par des plans paralléles, elles sont semblablement posées : On peut donc (582.) regarder chaque tranche comme un des plans élémentaires qui composent chaque solide, & puisque le nombre de ces tranches est égal dans chaque solide, il faut que chaque tranche prise dans le solide A soit semblable à sa tranche homologue dans le solide B, autrement leur amas ne pourroit faire deux solides semblables.

2°. Si la distance des plans coupans est finie : comme ces plans sont supposés paralléles & en même nombre dans chaque solide, chaque tranche du solide A est composée d'autant de plans élémentaires semblablement posés que la tranche homologue du solide B, donc chaque tranche est elle-même un solide semblable à sa tranche homologue.

626. THEOR. II. *Si ayant coupé le solide* A *en deux comme on aura voulu, on coupe aussi le solide semblable* B, *de sorte que la section passe par tous les points homologues à ceux de la section du solide* A, *les deux parties coupées seront deux solides semblables, & les deux parties restantes le seront aussi.*

DEM. Car si par exemple, la section du solide A passe par sa 100e. tranche élémentaire, celle du solide B passera aussi par sa centiéme tranche, & comme ces tranches sont supposées homologues, elles sont semblablement posées ; donc chaque partie coupée est composée de 99 tranches semblables & semblablement posées, & par conséquent chaque partie coupée est un solide semblable.

627. THEOR. III. Il est clair aussi que *les surfaces de ces sections sont des surfaces semblables.* Car par la supposition les sections passent par des points qui sont tous homolo-

gues, & qui par conséquent sont arrangés de la même maniere, & forment des figures semblables.

628. THEOR. IV. *Si par trois points homologues pris (non en ligne droite) sur la surface de deux solides semblables on fait passer un plan à travers chaque solide, chaque solide sera coupé en deux parties dont les homologues seront des solides semblables.*

DEM. Tous les points qui sont dans un même plan composent évidemment un des plans élémentaires d'un solide. Or (566.) trois points pris non en ligne droite déterminent un plan : Donc un plan mené par trois points pris non en ligne droite dans une tranche élémentaire, passe par tous les autres points de cette tranche : par conséquent la section qui passe par trois points homologues dans deux solides semblables, passe par des tranches homologues, & divise ces solides en parties semblables.

629. THEOR. V. *Deux droites quelconques* PQ, pq (fig. 56. & 57.) *qui passent par deux points homologues pris dans deux solides semblables, sont entr'elles comme deux côtés homologues quelconques de ces solides.*

DEM. Car si par deux points homologues quelconques M, *m* & par les droites PQ, *pq* on fait passer les plans MPNEQH, *mpneqh*, il est clair que ces plans seront deux surfaces semblables (628.) dans lesquelles se trouveront deux droites PQ, *pq*, tirées d'une même maniere ; & par conséquent (535.) ces droites sont entr'elles comme MF à *mf*. Or à cause des points homologues M, *m*, on a (623.) MF. *mf* :: FD. *fd*. Donc PQ. *pq* :: FD. *fd*. &c.

630. THEOR. VI. *Si des angles homologues quelconques* C, c, *on abbaisse sur les plans homologues voisins ou opposés, prolongés ou non, des perpendiculaires* CR, cr *qui mesurent la hauteur des angles* C, c *sur ces plans, elles seront proportionnelles aux côtés ou lignes homologues quelconques* ; par exemple, CR. *cr* :: CE. *ce* :: PQ. *pq*, &c.

Car à cause de la ressemblance des solides, les côtés homologues CE, *ce* sont également inclinés sur les plans homologues GHEF, *ghef*, & par conséquent font des angles égaux CER, *cer* ; donc les triangles rectangles CER, *cer* sont semblables ; donc CR. *cr* :: CE. *ce* :: PQ. *pq*, &c.

631. J'appellerai *dimensions homologues* de deux solides semblables, les côtés homologues, ou les lignes tirées de la même maniere, comme on vient de le montrer. *La propriété générale des solides semblables est donc d'avoir toutes leurs dimensions homologues proportionnelles.*

De la mesure des Surfaces de chaque espece de Solides.

632. Nous appellerons dans la suite *la surface d'un solide*, celle de ses faces seulement, en exceptant ses bases, s'il en a ; & nous appellerons *surface totale d'un solide*, celle de ses faces & de ses bases ensemble.

633. AXIOME ou THEOR. I. *La surface totale d'un solide ou polyedre quelconque, est égale à la somme des surfaces des figures qui composent ses faces & ses bases.*

634. THEOR. II. *La surface d'un Prisme quelconque est égale au produit de sa hauteur, par le contour de sa base* : car elle est égale à la somme des surfaces des parallelogrammes de ses faces, qui sont chacunes égales au produit de chaque côté du contour de sa base par la hauteur du Prisme.

635. COROLL. *La surface d'un Cylindre droit est égale au produit de son axe par la circonférence du cercle qui forme sa base.*

636. THEOR. III. *La surface d'une Pyramide droite, dont la base est un Polygone régulier, est égale au produit de la moitié du contour de sa base, multipliée par une perpendiculaire menée du sommet sur un des côtés de sa base.* On appelle cette perpendiculaire, *l'Apothême* de la Pyramide.

Car sa surface est égale (633.) à la somme des surfaces des triangles qui composent ses faces. Or tous ces triangles étant égaux, la somme de leurs surfaces est égale au produit de la hauteur d'un de ces triangles (c'est-à-dire de l'apothême) par la moitié de la somme de leurs bases, c'est-à-dire par la moitié du contour du pied de la pyramide.

REMARQUE. Si la pyramide n'étoit pas droite, ou si la base

n'étoit pas un Polygone régulier, on n'en pourroit avoir la surface qu'en prenant successivement la surface de chacun des triangles qui forment les faces.

637. COROLL. *La surface d'un cone droit est égale à la moitié du produit de la circonférence de sa base, par la longueur de ses côtés, ou par un de ses apothêmes.*

638. THEOR. IV. GENERAL. *La surface de tout Prisme droit, Cylindre droit, Pyramide droite, entiere ou tronquée, dont la base est un Polygone régulier, cone droit, entier ou tronqué, est égale au produit de l'apothême multiplié par le contour de l'élément, qui est au milieu entre le sommet & la base.*

DEM. I°. Puisque tous les élémens des prismes & des cylindres sont égaux, le Theorême est évident à leur égard.

II°. Puisque les côtés des élémens des Pyramides ou cones décroissent (594.) comme leurs distances au sommet, il suit, que chaque côté de l'élément qui est au milieu entre le sommet & la base, est précisément la moitié de celui qui lui est homologue dans la base, & que par conséquent le contour de l'élément qui passe par le milieu est égal à la moitié du contour de la base. Ainsi la surface de tout cone ou pyramide droite, dont la base est un Polygone régulier, est égale au produit de l'apothême multiplié par le contour de l'élément qui est au milieu de l'apothême, ou au milieu entre le sommet & la base.

III°. En appliquant ce raisonnement aux cones & aux Pyramides tronquées, on verra que leur surface est égale au produit de leur apothême par le contour de l'élément qui passe au milieu, ou qui est moyen proportionnel arithmétique entre les bases; Soit le cone MED (fig. 55.) dont le côté ou apothême MD$=a$, la circonférence EDC de la base soit $=c$, sa surface (637.) sera $=\frac{ac}{2}$; si on fait $\frac{a}{p}$ l'apothême MB du petit cone MFB (p represente un dénominateur d'une partie quelconque de MD, comme d'un tiers, d'un quart, &c.) le contour de la base de ce petit cone sera $\frac{c}{p}$. Car à cause des triangles semblables MAB, MND, on a MD.MB :: ND. AB. Or (540.) les rayons ND, AB sont entr'eux comme les circonférences ECD, FAB. Donc MD ou a. MB ou $\frac{a}{p}$ :: ECD ou c. FAB $= \frac{c}{p}$ (314). Cela posé la surface du petit cône est (637.) $\frac{ac}{2pp}$. l'ayant retranchée de la surface $\frac{ac}{2}$ du cone MED, reste $\frac{ac}{2} - \frac{ac}{2pp}$ pour la surface du cone tronqué EFBD. Or si on prend (272.) un moyen proportionnel arithmétique entre c & $\frac{c}{p}$, qu'on trouvera $\frac{c}{2} + \frac{c}{2p}$, & si on le multiplie par $a - \frac{a}{p}$ valeur de BD apothême du cone tronqué, on aura aussi pour produit $\frac{ac}{2} - \frac{ac}{2pp}$; donc la surface d'un cone tronqué ou d'une pyramide droite tronquée dont la base est un Polygone régulier, est égale au produit de leur apothême, par le contour de l'élément moyen entre ses deux bases.

639. THEOR. V. *La surface de la sphere est égale au produit de la circonférence de son grand cercle multipliée par son axe.*

DEM. Le demi-cercle générateur d RSL (fig. 58.) est un Polygone régulier symmétrique d'une infinité de côtés infiniment petits représentés par FD, DE, EG, GH, &c. ces côtés par leur mouvement autour de la droite dL deviennent des apothêmes de cones tronqués, déterminés par les plans BD, AE, PG, &c. de sorte que la surface de la sphere est égale à la somme des surfaces de tous les cones tronqués BOFD, ABDE, PAEG, &c. qui sont ses élémens. Si donc on démontre que la surface de chacun de ces cones tronqués, est égale au produit de son axe par la circonférence, dont le diametre est un axe de sphere, on aura démontré que la somme des surfaces de tous ces cones tronqués, & par conséquent que la surface de la sphere, est égale au produit de la somme de tous leurs axes, laquelle forme l'axe entier dL de la sphere, multipliée par la circonférence de son grand cercle.

Pour cela, par Y milieu du côté ou apothême AB du cone tronqué ABDE pris à volonté, menez YR paralléle aux plans BD, AE, & YS perpendiculaire, qui passera (413.) par le centre de la sphere, & en sera un axe. Par B menez BZ perpendiculaire sur AE, & vous aurez BZ égal à l'axe TX du cone tronqué; tirez RS, les triangles rectangles ABZ, YRS seront semblables, ayant outre l'angle droit, l'angle BAZ = RSY. Car à des paralléles YR, AE, l'angle BAZ = BYR. Or l'angle BYR a pour mesure (418.) la moitié de l'arc YdR, aussi-bien que l'angle RSY: Donc l'angle RSY = BAZ, donc aussi ABZ = RYS. Donc (511.) AB. BZ ou TX :: YS. YR; or (540) les circonférences des cercles sont entr'elles comme leurs diametres; donc AB est à TX, comme la circonférence du cercle dont YS seroit diametre, c'est-à-dire, comme celle d'un grand cercle de la sphere, à la circonférence dont YR est le diametre; donc (296.) le produit de AB par la circonférence dont le diametre est YR, est égal au produit de TX par la circonférence d'un grand cercle de la sphere; or (638.) la surface du cone tronqué BAED, est égale au produit de l'apothême AB, par la circonférence dont YR est diametre, donc la surface de ce cone tronqué est aussi égale au produit de son axe TX par la circonférence d'un des grands cercles de la sphere.

640. COROLL. I. *La surface de la sphere est quadruple de celle de son grand cercle*; car la surface du grand cercle de la sphere est égale au produit $\frac{1}{4}pd$ de son demi-diametre $\frac{1}{2}d$, multiplié par sa demi-circonférence $\frac{1}{2}p$ (553.); au lieu que la surface de la sphere est égale au produit pd de son diametre ou axe d, par la circonférence p de son grand cercle.

641. COROLL. II. *La surface de la sphere est égale à celle d'un cylindre dont l'axe est égal à celui de la sphere, & la base égale au grand cercle de la sphere; si on veut y comprendre les bases du cylindre, sa surface totale est à celle de la sphere comme 3 à 2*, parce qu'alors la surface de la sphere vaut quatre fois la base du cylindre, & la surface totale du cylindre vaut six fois celle de sa base.

642. COROLL. III. *La surface convexe d'une portion quelconque de sphere déterminée par la section d'un plan ou de*

deux plans paralléles, est égale à la surface d'un cylindre qui auroit à sa base un même diametre que la sphere, & une hauteur égale à l'épaisseur de cette portion.

Comparaisons des Surfaces des Solides.

ON a vû jusqu'ici que si on excepte les bases des solides, leurs surfaces sont toujours égales au produit de deux quantités, ou de deux dimensions, d'où il suit en général . . . .

643. THEOR. I. *Que les surfaces de deux solides quelconques de la même espece, sont en raison composée de leur deux dimensions de même nom;* car elles sont comme les produits de ces deux dimensions.

644. COROLL. I. *Si deux solides de la même espece ont chacun une dimension égale, leurs surfaces seront entr'elles comme l'autre dimension*, c'est-à-dire, si deux prismes, deux cylindres ont une même hauteur, ou si deux pyramides droites à base reguliere, deux cones, &c. ont un même apothême, leurs surfaces sont comme le contour de leurs bases. Et si deux prismes, deux cylindres, deux pyramides droites à bases régulieres, deux cones, &c. ont des contours de bases égaux, leurs surfaces sont entr'elles comme leurs apothêmes. Car alors (292.) elles sont comme des produits de deux quantités inégales par une même quantité.

645. COROLL. II. *Si les deux dimensions de même nom de deux solides de la même espece, sont réciproquement proportionnelles, les surfaces sont égales* (547.) ainsi la surface d'un cylindre est égale à celle d'un autre cylindre, ou même d'un prisme, lorsque la hauteur du premier est au contour de sa base, comme le contour de la base du second est à sa hauteur; & réciproquement, &c.

646. THEOREME II. *Les surfaces mêmes totales de deux solides semblables quelconques, sont entr'elles comme le quarré d'une dimension quelconque de l'un, est au quarré de la dimension homologue de l'autre, ou en raison doublée de ces dimensions homologues.*

DEM. Deux solides semblables quelconques, ont toutes leurs dimensions homologues proportionnelles (631.) leurs surfaces sont donc entr'elles comme les produits de quantités proportionnelles, & par conséquent (288.) en raison doublée de ces dimensions.

647. COROLL. *Les surfaces des spheres quelconques sont entr'elles comme les quarrés de leurs axes, ou de leurs rayons;* puisque (622.) les spheres sont des solides semblables, & que leurs axes & leurs rayons en sont des dimensions homologues. (631.)

De la mesure des Solidités de chaque espece de Solides.

648. THEOR. I. *LA solidité d'un prisme & d'un cylindre est égale au produit de sa hauteur par la surface de sa base.*

DEM. Puisque (591.) le prisme, & par conséquent le cylindre, est composé d'autant de traces d'un polygone, qu'il y a de points dans la perpendiculaire qui mesure la distance des deux bases du prisme, il suit que pour avoir la solidité du prisme : c'est-à-dire, le volume de matiere qu'il comprend, il faut ajouter à elle-même autant de fois la surface du Polygone générateur qu'il y a de points dans cette perpendiculaire, c'est-à-dire, il faut multiplier la surface du polygone générateur par la hauteur du prisme ou du cylindre.

649. THEOR. II. *La solidité d'une pyramide quelconque ou d'un cone, est égale au tiers du produit de la surface de sa base par sa hauteur.*

DEM. Une pyramide est composée d'une infinité de surfaces semblables, dont les côtés consécutifs croissent uniformement d'un $\frac{1}{\infty}$ depuis le sommet jusqu'à la base : sa solidité est donc representée par la somme d'une infinité de surfaces semblables, dont les côtés homologues croissent comme la suit. naturelle 1.2.3.4.5..... ∞. Or (554.) les surfaces semblables

blables sont entr'elles comme les quarrés des côtés homologues : Donc les surfaces qui composent une pyramide sont comme les quarrés consécutifs 1. 4. 9. 16. 25 ...... ∞^2 & par conséquent la solidité d'une pyramide est comme la somme de la suite infinie des quarrés consécutifs, c'est-à-dire ; (338.) elle est représentée par la formule $\frac{\infty^3}{3}$, laquelle exprime le tiers du produit de la derniere surface ∞^2 par leur nombre infini ∞, qui est celui des points de la perpendiculaire tirée du sommet sur la base, ou qui représente la hauteur de la pyramide.

650. COROLL. *Une pyramide n'a que le tiers de la solidité d'un prisme de même base & de même hauteur que la pyramide.*

651. THEOR. III. *La solidité d'une sphere est égale aux deux tiers du produit de son axe par la surface de son grand cercle.*

DEM. La sphere étant composée (610.) d'une infinité de pyramides égales, infiniment petites, qui ont pour hauteur le rayon de la sphere, & dont le nombre est égal à celui de tous les points de la surface de la sphere, sa solidité est égale à la somme des solidités de toutes ces pyramides; elle est donc égale (649.) au tiers du produit du rayon par tous les points de la surface de la sphere, ou, ce qui est la même chose, au tiers du produit de l'axe entier par la moitié de la surface de la sphere, ou enfin aux deux tiers du produit de l'axe entier par le quart de la surface de la sphere : Or le quart de la surface de la sphere est égal (640.) à la surface du grand cercle : Donc la solidité de la sphere est égale aux deux tiers du produit de son axe par la surface de son grand cercle.

652. COROLL. *La solidité d'une sphere n'est que les $\frac{2}{3}$ de celle d'un cylindre circonscrit à la sphere, ou dont la base seroit égale au grand cercle de la sphere, & la hauteur égale à l'axe de la sphere.* Car la solidité de ce cylindre est égale au produit de la surface de sa base par son axe (648.)

653. SCHOLIE. Pour avoir la solidité des autres corps, comme des Polyedres irréguliers, il faut les réduire en prismes ou pyramides, de même que pour avoir la surface des figures irrégulieres, il faut (550.) les réduire en triangles;

il faut prendre la solidité de chacun de ces prismes ou de ces pyramides, & la somme sera la solidité du Polyedre.

Mais lorsque le Polyedre est trop irrégulier, comme si on vouloit mesurer la solidité d'un caillou brut, d'un ouvrage de métal travaillé en figures de relief, &c. on le fera méchaniquement en cette sorte : on prendra un vase creux d'une figure aisée à mesurer, tel qu'un vase cylindrique ou prismatique rectangle, &c. ayant mesuré exactement la solidité de ce qu'il peut contenir, on le remplira d'eau entierement, on y plongera le corps irrégulier, qui chassera un volume d'eau égal à celui de ce corps, on le retirera hors du vase, & on mesurera très-exactement la solidité de la partie du vase dont l'eau est sortie, elle sera à très-peu près égale à celle du corps qu'on y aura plongé.

De la comparaison des Solidités des Solides.

654. ON vient de voir que la solidité de tout corps étoit un produit d'une surface par une hauteur ; & comme une surface est toujours égale à un produit de deux dimensions, il suit que toute solidité est un produit de trois dimensions ; donc ....

655. THEOR. I. *Les solidités de deux solides quelconques, sont entr'elles en raison composée des trois dimensions de même nom.*

656. THEOR. II. *Les solidités de deux solides semblables, sont entr'elles en raison triplée, ou comme les cubes d'une dimension homologue quelconque de chacun prise dans ces solides.*

DEM. Les solides semblables ont toutes leurs dimensions homologues proportionnelles (629.) donc leurs solidités sont des produits de trois quantités proportionnelles, & par conséquent (288.) elles sont en raison triplée d'une de ces dimensions quelconque dans chacun de ces solides.

657. COROLL. I. *Donc les solidités des spheres sont en raison triplée de leurs rayons ou de leurs diametres ;* ainsi si une sphere a un diametre double, triple, quadruple, &c. de celui d'une autre sphere ; sa surface sera 4, 9, 16 fois, &c.

plus grande, & sa solidité sera 8, 27, 64 fois, &c. plus grande. En general, un vaisseau dont toutes les dimensions sont doubles, triples, quadruples, des dimensions d'un autre, contient 8, 27, 64, &c. fois plus que celui-ci.

658. COROLL. II. Pour construire un solide semblable a un autre qui ait deux, trois &c. fois plus de capacité, il faut que toutes ses dimensions soient à toutes celles de l'autre comme $\sqrt[3]{2}$, $\sqrt[3]{3}$ &c. à 1. De même si une sphere de deux pouces de diametre contient trois livres de matiere, pour en faire une autre qui contienne 7 livres de la même matiere, il faut faire comme $\sqrt[3]{3}$ est à $\sqrt[3]{7}$, ainsi 2 est au diametre cherché, qu'on trouvera de 2,6527 pouces.

De la Trigonométrie rectiligne.

659. LA Trigonométrie est l'art de calculer les côtés & les angles des triangles; c'est une connoissance absolument nécessaire pour passer de la spéculation à la pratique; & puisqu'il n'y a point de figure qui ne se puisse réduire en triangles, lorsqu'on sçait calculer le triangle, on calcule aisément tout le reste.

Il y a deux sortes de Trigonométrie, l'une rectiligne pour les triangles rectilignes, l'autre sphérique pour ceux qui peuvent être formés sur une sphere. Nous ne traiterons ici que de la premiere.

660. DEFINITIONS, I. Soit un angle quelconque ACB (fig. 59.) au centre d'un cercle, si on éleve du point C une perpendiculaire CH, l'angle HCB s'appelle *le complément* de l'angle ACB; l'arc BH s'appelle aussi le complément de l'arc AB; de sorte qu'en general *le complément d'un angle ou d'un arc, est égal à sa difference avec l'angle droit.*

661. D'où il suit que *dans un triangle rectangle un des angles aigus est le complément de l'autre.*

662. II. Si on prolonge le côté AC en F, l'angle obtus BCF

ou l'arc BHF s'appelle *le ſupplément* de l'angle ACB ou de l'arc AB, & réciproquement, l'angle ACB & l'arc AB ſont ſupplémens de l'angle BCF & de l'arc BHF.

Ainſi un angle étant donné, comme de 55°. 43'. ſon complément eſt 34°. 17'. & ſon ſupplément 124°. 17'. Un angle de 121°, 19' étant donné, ſon complément eſt 31°. 19' & ſon ſupplément 58°. 41'.

663. III. Une perpendiculaire BD menée du point B de la circonférence du cercle ſur le côté ou rayon CA, s'appelle *le ſinus droit*, ou ſimplement, *le ſinus* de l'angle ACB ou de l'arc AB.

664. Si on prolonge BD en G juſqu'à la circonférence, la droite BG ſera la corde de l'arc BAG; cette corde & cet arc ſont coupés en deux également aux points D, A (402 & 408.) d'où il eſt évident que *le ſinus d'un angle ou d'un arc, eſt la moitié de la corde qui ſoutend le double de cet arc, ou de la meſure de cet angle.*

665. IV. Si ſur l'extrémité A du rayon CA on éleve une perpendiculaire AE, terminée en E par le prolongement de l'autre côté CB; elle s'appelle *la tangente* de l'angle ACB ou de l'arc AB, & la droite CE s'appelle *la ſecante* du même angle ACB ou de l'arc AB.

666. V. Si par le point B on abbaiſſe ſur CH la perpendiculaire BI, elle ſera appellée *le ſinus du complément* de l'angle ACB ou de l'arc AB; & ſi par le point H on éleve la perpendiculaire HK terminée par le prolongement de CB, on l'appellera *la tangente du complément* de l'angle ACB ou de l'arc AB, & CK en ſera la *ſecante du complément.*

Pour abréger, on appelle ordinairement le ſinus de complément, *Co-ſinus*; la tangente de complément, *Co-tangente*; & la ſecante de complément, *Co-ſecante*,

667. VI. Le ſinus, la tangente & la ſecante d'un angle obtus BCF, ſont les mêmes que ceux de ſon ſupplément; & ſes co-ſinus, co-tangente & co-ſecante, ſont auſſi les mêmes que ceux de ſon complément; ainſi le ſinus de BCF eſt BD, ſon co-ſinus BI, ſa tangente AE, ſa co-tangente HK, ſa ſecante eſt CE, & ſa co-ſecante eſt CK.

668. VII. La partie du rayon comprise entre la circonférence & un sinus, ou en termes géometriques, l'abscisse dont le sinus est l'ordonnée, s'appelle *le sinus verse* de ce sinus ou de cette ordonnée ; ainsi DA est le sinus verse de l'angle ACB ou de l'arc AB ; HI est le sinus verse de son complément, & DF est le sinus verse de son supplément.

669. COROLLAIRES. Il suit de ces définitions, 1°. Que le sinus d'un angle droit est le rayon même, & qu'il est en même-temps le plus grand de ces sinus, d'où lui est venu le nom de *Sinus total*.

670. 2°. Que le sinus verse DA d'un arc est égal à la différence entre le rayon CA & le sinus de complément BI=CD : que le co-sinus verse HI est égal à la différence entre le rayon & le sinus droit BD ; qu'enfin le sinus verse du supplément FD, est égal à la somme du rayon & du co-sinus ; ainsi connoissant tous les sinus droits, il est aisé d'en déduire les sinus verses.

671. 3°. Qu'il n'est nécessaire de connoître les sinus, tangentes & secantes que des 90 dégrés du quart d'un cercle.

672. C'est par le moyen des sinus, tangentes, & secantes, que l'on parvient à trouver la valeur des angles ou côtés inconnus ; & c'est pour cela que les Mathématiciens en ont dressé des Tables, où le rayon étant supposé 1, on trouve en fractions décimales, les valeurs du sinus, de la tangente & de la secante de chaque minute du quart de cercle ; ainsi le sinus de 51°. 0' est 0.7771460 ; sa tangente est 1.2348972, & sa secante est 1.5890157, son co-sinus est 0.6293204, sa co-tangente 0.8097840, & sa co-secante est 1.2867596, &c. Ces Tables sont fort communes & connuës sous le nom de *Tables de sinus* ; mais il faut remarquer que quoiqu'il y ait toujours des décimales, on n'a pas coûtume de se servir de zero ni de points pour en distinguer les entiers, parce qu'on suppose qu'il y a toujours 7 décimales, ou que le dénominateur est toujours 10000000.

673. La construction de ces Tables dépend des propriétés de certaines cordes, comme de celle d'un arc de 60°. qui est égale au rayon, (483.) dont par conséquent la moitié est le sinus de 30°. &c. On en peut voir le détail dans la plûpart des Livres où ces Tables se trouvent.

674. Les Problêmes de Trigonométrie se reduisent à ces trois

Etant donnés dans un Triangle quelconque ou les trois côtés, ou deux côtés & un angle, ou deux angles & un côté, trouver les autres angles ou côtés inconnus. On résoud ces problêmes par des analogies ou proportions, qui forment des regles de trois, dans lesquelles on fait entrer à la place des angles, les sinus ou les tangentes des arcs qui les mesurent. Il ne s'agit donc que de connoître les differens rapports que les sinus & les tangentes des angles ont avec les côtés des triangles. Ces rapports sont exprimés dans les cinq Théorêmes qui suivent.

Pour les Triangles rectangles.

675. THEOR. I. D*Ans tout triangle rectangle on a toujours cette proportion ; comme le rayon, est à l'hypotenuse* CB, *ainsi le sinus d'un des angles aigus, est au côté opposé.*

DEM. Car il est clair (fig. 59.) qu'on peut dire que la droite BC, regardée comme le rayon d'un cercle, est à la même droite BC regardée comme hypotenuse d'un triangle rectangle BCD, comme la droite BD regardée comme sinus de l'angle BCD, est à la même droite BD regardée comme côté du même triangle rectangle.

676. THEOR. II. *Dans tout triangle rectangle on a toujours cette analogie. Comme le rayon est à un côté, ainsi la tangente de l'angle opposé à l'autre côté, est à cet autre côté.*

DEM. Car dans le triangle CAE on peut dire, CA regardée comme rayon, est à CA regardée comme côté du triangle rectangle CAE, comme AE regardée comme tangente de l'angle ACE, est à la même AE regardée comme côté opposé à cet angle ACE.

Pour les Triangles obliquangles.

677. THEOR. III. E*N tout triangle on a cette proportion, comme le sinus d'un angle, est à son côté opposé ; ainsi le sinus d'un autre angle, est à son côté opposé.*

DEM. Ayant inscrit un triangle dans un cercle, chaque côté devient la corde d'un arc double de celui qui mesure l'angle opposé à ce côté (416). Donc (664.) la moitié de chaque côté est le sinus de l'angle opposé. Or (293.) les moitiés sont entr'elles comme les tous, donc chaque côté est comme le sinus de l'angle opposé.

678. THEOR. IV. *En tout triangle* ABC (fig. 60.) *si du plus grand angle* B *on méne au côté opposé* AC *la perpendiculaire* BE, *on aura cette analogie : Comme le plus grand côté* AC, *est à la somme des deux autres côtés* AB, BC ; *ainsi la différence de ces mêmes côtés, est à la différence des segmens* CE, EA *du plus grand côté.*

DEM. Car si du centre B à l'intervalle du plus petit côté BC, on décrit un cercle CHD, & si on prolonge AB en G ; il est clair que AG sera égale à la somme des côtés AB, BC, & que AH sera égale à leur différence. Pareillement CE=ED (402.), & par conséquent AD est la différence des segmens CE, EA ; or (523.) AC. AG : : AH. AD.

679. THEOR. V. *En tout triangle rectiligne* ABC (fig. 60.) *la somme* BA+BC *de deux côtés quelconques, est à leur différence* BA—BC, *comme la tangente de la moitié de la somme des deux angles* BCA *&* BAC *opposés à ces côtés, est à la tangente de la moitié de la difference entre ces deux mêmes angles* BCA *&* BAC.

DEM. Du sommet de l'angle B décrivez à l'ouverture du plus petit des deux côtés BA, BC, un cercle GCDH, prolongez l'autre côté jusqu'à la circonférence en G; il est clair, comme dans le Theorême précédent, que AG=BA+BC, & que AH=BA—BC. Tirez CH, & par le point A sa paralléle AI, que vous terminerez en I par une droite menée par les points G & C. On a donc (438.) un triangle rectangle GCH, & son semblable (459.) GIA. L'angle

CBG eſt (443.) égal à la ſomme des deux angles BAC, BCA, donc (417.) GHC ou ſon égal GAI eſt la moitié de la ſomme des deux angles BAC, BCA. Tirez BD, & par A ſa paralléle indéfinie AF; à cauſe du triangle iſoſcele CBD, l'angle BCA=BDC=FAC. Donc la différence entre l'angle BCA ou FAC & l'angle BAC, eſt l'angle FAG ou ABD, dont la moitié eſt (417.) l'angle HCD ou ſon égal CAI. Maintenant ſi du centre A avec le rayon AI on décrit l'arc de cercle IK, CI ſera la tangente de l'angle CAI, & GI celle de l'angle GAI (665.) Mais à cauſe des triangles ſemblables, on a (512.) GA. AH :: GI. CI. c'eſt-à-dire, la ſomme des côtés BA+BC eſt à leur différence AH, comme la tangente de l'angle GAI demi-ſomme des angles BAC, BCA, eſt à la tangente de l'angle CAI, demi-différence des mêmes angles.

Toute la Trigonométrie eſt fondée ſur ces cinq Theorêmes; mais avant de parler de la maniere de les employer dans la pratique, il faut donner ici une notion des Logarithmes, qui ſervent à abréger extrêmement toutes les opérations de l'Arithmétique, & particulierement celles de la Trigonométrie.

Des Logarithmes.

De leur nature & de leurs uſages.

680. LEs Logarithmes ſont des nombres artificiels qu'on ſubſtitue aux nombres ordinaires, pour changer toutes les eſpéces de multiplications en additions, & toutes les eſpéces de diviſions en ſouſtractions.

681. Pour ſe former une idée claire des Logarithmes, il faut ſe rappeller que toute progreſſion géométrique eſt repreſentée par la formule $\div\!\div\; a \,.\, aq^1 \,.\, aq^2 \,.\, aq^3 \,.\, aq^4 \,.\, aq^5 \,.\, aq^6 \,.\, aq^7 \,.\, aq^8$. &c. dans laquelle a & q peuvent exprimer un nombre quelconque. Si donc on fait $a=1$, on aura $\div\!\div\; 1 \,.\, q^1 \,.\, q^2 \,.\, q^3 \,.\, q^4 \,.\, q^5 \,.\, q^6 \,.\, q^7 \,.\, q^8$. &c. les expoſans des termes de cette progreſſion ſont les termes conſécutifs de la ſuite naturelle des nombres. D'où il ſuit .....

682. 1°. Que dans cette progreſſion geometrique, les expoſans expriment la diſtance de chaque terme à l'unité qui eſt le premier terme.

683. 2°. Que par conſéquent ſi on inſéroit des moyens geométriques entre les termes de cette progreſſion, ils auroient à leurs expoſans des fractions qui exprimeroient encore la diſtance de chacun à l'unité.

684. 3°. Que le produit de deux des termes de cette progreſſion a pour expoſant la ſomme de leurs expoſans (88) ainſi le produit de $q^3 \times q^4 = q^7$. Si donc on veut ſçavoir quel eſt le terme de cette progreſſion, qui eſt égal au produit de deux autres, il faut chercher quel eſt celui qui a pour expoſant la ſomme de leurs expoſans.

685. 4°. Que le quotient de deux de ces termes, eſt un terme qui a pour expoſant la différence des expoſans de ces deux termes. Ainſi le quotient de q^8 diviſé par q^3 eſt q^5 ou q^{8-3}. Donc pour connoître quel eſt le terme égal au quotient de deux autres, il faut chercher quel eſt celui dont l'expoſant eſt égal à la différence des expoſans de ces deux termes.

686. 5°. Enfin que parce que ces expoſans forment une progreſſion arithmétique, dont o eſt le premier terme naturel, il faut que 1 ſoit $= q^0$. En effet les trois premiers termes $\div 1 . q^1 . q^2$. donnent cette proportion $1 . q^1 :: q^1 . q^2$ Donc (313.) q^2 diviſé par $q^2 = 1$ Or (685.) q^2 diviſé par q^2 eſt $q^{2-2} = q^0$ Donc $1 = q^0$. Donç la progreſſion geometrique eſt general.....

$\div q^0 . q^1 . q^2 . q^3 . q^4 . q^5 . q^6 . q^7 . q^8$. &c.

687. Les logarithmes dont on ſe ſert dans la Trigonométrie & dans toutes les parties des Mathématiques, ne ſont autre choſe que les expoſans de la progreſſion geométrique, dans laquelle $q = 10$. Cette progreſſion eſt donc.....

$\div 10^0 . 10^1 . 10^2 . 10^3 . 10^4 . 10^5 . 10^6$. &c.

Ou bien.

$\div$ 1. 10. 100. 1000. 10000. 100000. 1000000. &c.

Ainſi on dit que le logarithme de 1 eſt o, que le logarithme de 10 eſt 1, que celui de 100 eſt 2, celui de 1000 eſt 3 &c. Mais parce qu'entre 1 & 10 il y a huit nombres ſçavoir, 2, 3, 4, 5, 6, 7, 8, 9, & qu'entre 10 & 100. il y en a 89, ſçavoir 11, 12, 13, &c. pour avoir des logarithmes qui répondent à tous ces nombres, on a inſéré 9999998 moyens proportionnels geométriques entre 1 & 10, ou ce qui eſt la même choſe, entre 10^0 & 10^1; & on a trouvé que 2 étoit le 3010300[e] terme de la nouvelle progreſſion; que 3 étoit le 4771213[e], que 4 étoit le 6020600[e], que 5 étoit le 6989700[e]. &c. De ſorte que dans cette nouvelle progreſſion 2 s'eſt trouvé égal à 10 élevé a la 0,3010300 puiſſance, 3 s'eſt trouvé égal à 10 élevé a la 0,4771213[e]. puiſſance, 4 s'eſt trouvé égal à 10 élevé à la 0,6020600[e] puiſſance &c. De même on a inſéré 9999998 moyens proportionnels geométriques entre 10 & 100, & on a trouvé que le 413926[e] moyen proportionnel étoit 11, que le 791811[e]. moyen étoit 12, que 1139433[e]. étoit 13 &c. & qu'ainſi 11 étoit égal à 10 élevé à la 1,0413927[e]. puiſſance, que 12 étoit égal à 10 élevé à la 1,0791812[e]. puiſſance, que 13 étoit égal à 10 élevé à la 1,1139435[e]. puiſſance, &c. De ſorte qu'on a enfin conclu que . . . . . .

$$1 = 10^{0.}$$
$$2 = 10^{0.3010300}$$
$$3 = 10^{0.4771213}$$
$$4 = 10^{0.6020600}$$
$$5 = 10^{0.6989700}$$
$$6 = 10^{0.7781513}$$
$$7 = 10^{0.8450980}$$
$$8 = 10^{0.9030900}$$
$$9 = 10^{0.9542425}$$
$$10 = 10^{1.}$$
$$11 = 10^{1.0413927}$$
$$12 = 10^{1.0791812}$$
$$13 = 10^{1.1139434} \text{ \&c.}$$

& par ce moyen on a conſtruit une Table ou l'on trouve à côté de tous les nombres leurs logarithmes, elle commence ainſi :

Nombres	Logarithmes.
1	00000000
2	03010300
3	04771213
4	06020600
5	06989700 &c.

688. On voit donc 1°. que les logarithmes de tous les nombres compris entre 1 & 10 commencent par 0, que ceux de tous les nombres qui ſont entre 10 & 100 commencent par 1, que le premier chiffre des logarithmes des nombres compris entre 100 & 1000 eſt 2, &c. Ce premier chiffre, (qui eſt l'entier de l'expoſant) s'appelle *la caracteriſtique* du logarithme, parce qu'il ſert à faire connoître de combien de caracteres eſt compoſé le nombre qui répond à un logarithme donné. Car il eſt évident qu'il doit y en avoir un de plus que la caracteriſtique ne contient d'unités. Ainſi je vois tout d'un coup que ce logarithme 48145605 appartient a un nombre de cinq chiffres, parce que ſa caracteriſtique eſt 4.

689. 2°. Que pour trouver le logarithme d'un nombre donné, par exemple de 341, il faut chercher quel eſt celui des 9999998 moyens proportionnels geométriques compris entre 100 & 1000, qui eſt préciſément =341 : on trouvera que c'eſt le 5327543e. & que par conſéquent 341 eſt le 5327544e. terme d'une progreſſion de 10000000. termes, dont 100 eſt le premier & 1000 le dernier : qu'ainſi le logarithme de 341 eſt 2,5327544 : parce que l'entier de l'expoſant doit être entre 2 qui eſt celui de 100, & 3 qui eſt celui de 1000. On ſent bien que le calcul en doit être fort long, mais on a trouvé des méthodes pour l'abréger, que nous ne rapporterons pas ici. Les Tables ordinaires qu'on a conſtruites, donnent les logarithmes de tous les nombres depuis 1 juſqu'à 10000 ; il y en a auſſi où l'on les trouve depuis 1 juſquà 100000, ce qui eſt plus que ſuffiſant pour la pratique.

690. 3°. Qu'il peut arriver que le nombre donné, dont on cherche le logarithme, ne ſe trouve pas être préciſément un des 9999998 moyens proportionnels, & qu'en ce cas, pour plus d'exactitude, il faut en inſérer un plus grand nombre que 9999998. C'eſt auſſi ce qui a été exécuté par ceux qui ont calculé la Table des logarithmes de 100000, dans laquelle le nombre des moyens proportionnels eſt 9999999998.

691. 4°. Que le produit (684.) de deux nombres répond à la ſomme de leurs logarithmes, & que leur quotient (685.) répond à la difference de leurs logarithmes. Ainſi pour multi-

plier 48 par 166 j'ajoute leur logarihmes, qui sont 16812412, & 22201081, la somme est 39013493, c'est un logarithme qui répond dans la Table au nombre 7968, qui est le produit de 48×166. Pour diviser 7336 par 56, il faut retrancher le logarithme de 56, qui est 17481880, du logarithme de 7336, qui est 38654593, & la différence 21172713 est un Logarithme, qui répond dans la Table à 131. Donc 131 est le quotient de 7336 divisé par 56.

692. 5°. Donc *pour faire une Regle de trois par les logarithmes, il faut ajouter ensemble les logarithmes du second & du troisiéme terme, & de la somme retrancher le logarithme du premier terme, le reste sera le logarithme du quatriéme terme cherché.* Par exemple, soient donnés 2843. 8529 :: 3147. x Il faudroit (314.) pour avoir la valeur de x, multiplier 3147 par 8529, & diviser leur produit 26840763 par 2843, le quotient seroit $9441 = x$, cette opération est longue, & sujette à erreur si l'on n'y prête une grande attention ; mais par les logarithmes, il faut ajouter ensemble les logarithmes de 8529 & de 3147, qui sont 39308981 & 34978967, & de la somme 74287948, ôter 34537769 logarithme de 2843, le reste 39750179 est le logarithme de x, lequel répond dans les Tables à 9441.

693. 6°. Que *pour élever une quantité à une puissance quelconque*, il faut en ajouter le logarithme à lui-même autant de fois qu'on auroit multiplié cette quantité ; c'est-à-dire, qu'*il faut multiplier son logarithme par l'exposant de la puissance.* Ainsi pour élever 8 à la quatriéme puissance, il faut multiplier son logarithme 09030900 par 4, & le produit 36123600 est le logarithme de 4096, quatriéme puissance de 8.

694. Qu'enfin *si on divise le logarithme d'une quantité donnée par l'exposant de la racine qu'on en veut extraire, le quotient sera le logarithme de cette racine* ; ainsi pour extraire la racine cubique de 6859, divisez son logarithme 38362608 par 3, & le quotient 12787536 sera le logarithme de 19, qui est la racine cherchée.

Remarques sur l'usage des Tables de Logarithmes.

695. I. ON néglige ordinairement les deux dernieres décimales des logarithmes, lorsque le calcul qu'on veut faire ne demande pas une très-grande exactitude (142), & alors il faut avoir soin d'ajouter une unité à la derniere décimale, lorsque le premier des chiffres qu'on rejette surpasse 5, (Voyez art. 143.)

696. II. Quand après avoir fait une opération, on ne trouve pas dans les Tables le logarithme du résultat, ou c'est parce que la caracteristique de ce logarithme excede celle des Tables, ou parce que ce logarithme se trouve entre deux logarithmes consécutifs des Tables, dont il excéde le supérieur, & se trouve plus petit que l'inférieur....

697. Si la caracteristique d'un logarithme excéde celle des Tables, il faut retrancher autant d'unités de cette caracteristique, qu'il est nécessaire pour trouver le reste dans les Tables, & ajouter au nombre qui répond à ce reste, autant de zero qu'on a retranché d'unités : par exemple, ayant ce logarithme 524920 à chercher dans les Tables, & la plus grande caracteristique des Tables étant 4, il faut ôter deux unités de la caracteristique 5, & chercher le nombre qui répond au logarithme 324920, qu'on trouvera 1775, on y ajoûtera deux zero, & la valeur du logarithme 524920 sera 177500.

La raison en est, qu'en diminuant d'une unité la caracteristique d'un logarithme, c'est (687.) comme si on divisoit son nombre correspondant par 10; donc ayant trouvé la valeur d'un nombre ainsi divisé par 10, il faut lui ajoûter un zero, ou (49.) le multiplier par 10, pour avoir sa juste valeur.

698. Si ayant retranché autant d'unités qu'il est nécessaire, on ne trouvoit pas encore exactement le reste dans les Tables, alors ce cas seroit compliqué avec le suivant, & il faut faire comme on va dire....

Si donc parmi les caracteristiques des Tables on ne trouve

pas exactement le logarithme dont on veut sçavoir la valeur, comme si on cherchoit la valeur du logarithme 203454; c'est une marque que cette valeur n'est pas un nombre entier, mais qu'elle a une fraction, puisque la valeur du logarithme prochainement moindre 203342 est 108, & que celle du suivant 203743 est 109, il est clair que la valeur de 203454 est entre 108 & 109, & alors si on ne veut pas faire un calcul bien exact, il faut prendre pour valeur de 203454 celle du logarithme le plus approchant, qui sera 108.

699. Mais si on veut avoir la fraction sans être astreint au dénominateur, on prendra la différence 401 entre les deux logarithmes consécutifs plus approchans du cherché, & ayant pris la différence 112. entre le logarithme donné 203454, & le plus prochainement moindre 2.03342, on dira que la valeur de 203454 est 108 $\frac{112}{401}$. De même on trouvera la valeur du logarithme 3749823 de 5621 $\frac{9}{77}$.

700. Si on veut avoir un dénominateur déterminé, comme si le logarithme 203454 representant des pieds, on vouloit avoir les pouces & les lignes jointes à 108 pieds, on fera la même opération que cy-dessus (699.) & on réduira le dénominateur 401 par cette regle de proportion: Si 401 répondent à un pied ou à 144 lignes de différence; à combien 112 répondront-ils? On trouvera 40 lignes environ, ou 3 pouces 4 lignes; donc la valeur du logarithme 203454 est de 108 pieds 3 pouces 4 lignes.

701. Enfin si on veut avoir la fraction en décimales, ce qui est le plus commode lorsque la caracteristique est fort petite, comme 0, 1, 2, il faut ajoûter à la caracteristique autant d'unités qu'on voudra de décimales, & ayant trouvé la valeur de ce logarithme, on en séparera à droite autant de chiffres, qu'on aura ajouté d'unités à la caracteristique. Par exemple, si on veut la valeur de 203454 avec une décimale, on cherchera la valeur du logarithme 303454, dont la plus proche est 1083, & l'on aura 1083 pour la valeur cherchée. Pour avoir la racine sixiéme du nombre 9660, ayant divisé son logarithme 398498 par 6, j'ajoûte 3 à la caracteristique du quotient 066416., & ayant trouvé 4615

vis-à-vis de 366416, je dis que 4615 est la racine sixiéme de 9660.

702. Mais lorsque la caracteristique sera égale, ou surpassera la plus grande des Tables, comme si on vouloit avoir trois décimales à la fraction de la valeur de 203454, il faudroit (comme à l'art. 700.) faire cette Regle de trois; si 401 valent 1000, combien valent 112? on trouvera 259; donc cette valeur est 108.259.

703. III. Pour avoir le logarithme d'un nombre qui ne se trouve pas dans les Tables, parce qu'il excéde 10000, comme par exemple, pour avoir le logarithme de 48653, il faut prendre les logarithmes des nombres 4865 & 4866, qui sont 36870828, & 36871721, & ayant ajoûté une unité à leurs caracteristiques, ils seront les log. des nombres 48650 & 48660 : prenez la différence entre ces logarithmes, & faites cette Regle de proportion : si 10 qui est la différence entre 48650 & 48660, donne 893 différence entre leurs logarithmes; combien 3 différence entre 48650 & 48653 donnera-t'elle de différence entre leurs logarithmes? On trouvera 268, laquelle différence étant ajoûtée au logarithme de 48650., donnera 46871096 logarithme de 48653.

Pour avoir le logarithme du nombre 8932653, on prendra celui de 8932, on ajoûtera 3 à sa caracteristique, & on aura 69509487 logarithme de 8932000; on prendra la différence 486 entre les logarithmes de 8932 & de 8933, & on fera ainsi; si 1000 (différence entre 8932000 & 8933000) donne 486 différence entre leurs logarithmes; combien 653 donneront-ils? on trouvera 317, & par conséquent le logarithme de 8932653 sera 69509804.

704. IV. Pour avoir le logarithme d'un nombre auquel est jointe une fraction, par exemple, pour avoir le logarithme de $4862\frac{5}{7}$, il faut prendre la difference 89 entre les logarithmes de 4862 & 4863, qui sont 3686815 & 3686904, & faire cette Regle de trois; Comme 7 (dénominateur qui represente une unité entiere) est à 89, ainsi 5 numerateur, est à 64; donc le logarithme de $4862\frac{5}{7}$ est 3686879.

705. Si le nombre étoit grand, comme, par exemple, si on avoit à trouver le logarithme de 883365 $\frac{48}{58}$, il faudroit trouver comme dans l'article précédent, les logarithmes de 883365 & de 883366, qui seront 59461402 & 59461407; & faire comme ci-dessus; 58 est à 5, comme 48 est à 4, & par conséquent le logarithme de 893365 $\frac{48}{58}$ sera 59461406.

706. Si le nombre proposé a des fractions décimales, & s'il est petit, comme, par exemple, s'il est 4.857, il faudra chercher le logarithme de 4857, retrancher 3 de sa caracteristique, & on aura 068637. Le logarithme de 893.2 sera 295095. Mais si le nombre est grand comme 556347.355, on cherchera (703.) le logarithme de 556347355, qui sera 87453461, on ôtera 3 de sa caracteristique, à cause des trois décimales, & on aura 57453461 logarithme de 556347.355.

707. V. On peut faire toutes les opérations sur les fractions par leurs logarithmes; mais il faut observer que puisque les fractions sont des quantités moindres que l'unité (101), & que (687.) le logarithme de l'unité est 0, les logarithmes des fractions ne sont que des nombres défectifs ou négatifs, & leur caracteristique doit être précédée du signe —; mais on peut opérer dessus comme s'ils étoient positifs, en supposant que le logarithme de l'unité est 100, & cette supposition étant une fois faite, tous les logarithmes qui résulteront d'une opération faite sur les fractions, répondront à des fractions décimales, dont les chiffres seront précédés d'autant de zero moins un, qu'il s'en faudra que leur caracteristique ne soit égale à 100. Voyez la Table suivante.

Nombres naturels.	Logarith. des Tables.	Logarith. supposés
10000	+4.0000000	104.0000000
1000	+3.0000000	103.0000000
100	+2.0000000	102.0000000
10	+1.0000000	101.0000000
1	±0.0000000	100.0000000
0.1	—1.0000000	99.0000000
0.01	—2.0000000	98.0000000
0.001	—3.0000000	97.0000000
0.0001	—4.0000000	96.0000000 &c.

Il est visible qu'ayant ainsi supposé que la caracteristique du logarithme de l'unité est 100, toutes les fois qu'après une opération la caracteristique

racteristique du logarithme surpassera 100, ce logarithme sera celui d'un nombre entier, composé d'autant de chiffres plus un, que cette caracteristique aura d'unité au-dessus de 100; & que toutes les fois que la caracteristique sera au-dessous de 100, elle appartiendra au logarithme d'une fraction décimale précédée d'autant de zero moins un, que la caracteristique sera au-dessous de 100.

707. Cela posé, toutes les fois qu'on ne peut soustraire un logarithme pris dans les Tables, d'un autre logarithme, quoique la regle le prescrive, parce que ce premier est plus grand que celui-ci, c'est une marque que le résultat doit être une fraction : Soit proposée cette regle de trois : si 12 donnent 5, combien 2 donneront-ils? Ayant ajoûté ensemble les logarithmes de 5 & de 2, leur somme 1.00000 est plus petite que 1.07918 logarithme de 12 qu'il en faudroit soustraire; dans ce cas il faut ajoûter 100 à la caracteristique de chacun de ces logarithmes; la somme de ceux de 5 & de 2 sera 201.00000, dont on retranchera celui de 12 qui sera 101.07918; & le reste *99.92082* sera le logarithme de la fraction, qui est le quatriéme terme de la proportion, & qu'on trouvera de 0.83333, comme on le dira ci-après.

708. Pour avoir le logarithme d'une fraction décimale quelconque, il faut chercher le logarithme de ses chiffres seulement, & mettre pour caracteristique de ce logarithme la difference entre *99* & le nombre des zero qui précédent ces chiffres, jusqu'au point qui sert à marquer la fraction; ainsi le logarithme de 0.49 sera *99.69020*, celui de 0.00155 sera *97.19033*, celui de 0.000000405000 sera *93.60745* &c.

709. Pour avoir le logarithme d'une fraction quelconque, il faut ajoûter 100 à la caracteristique du logarithme du numérateur, & en retrancher le logarithme du dénominateur, tel qu'il se trouve dans les Tables; ainsi pour avoir le logarithme de $\frac{7}{12}$ au lieu de 0.84510 logarithme de 7, il faut prendre 100.84510, & en ôter le logarithme de 12 qui est 1.07918, la difference *99.76592* sera le logarithme de $\frac{7}{12}$. Pour avoir le logarithme de $\frac{147}{81230}$, on mettra 102.16732 pour le logarithme de 147, & on en ôtera 4.90972 logarithme de 81230, le reste *97.25760* sera le logarithme cherché.

710. Pour avoir des décimales de la valeur d'un logarithme d'une fraction quelconque, il faut chercher ce logarithme dans les Tables, avec la caracteristique qu'on voudra; comme 3, 4, 5, &c. suivant le nombre des décimales qu'on voudra avoir, & mettre devant les nombres trouvez autant de zero, que la caracteristique du logarithme est au-dessous de *99*. Par exemple, pour avoir la valeur du logarithme *95.41867*, je le cherche, comme si la caracteristique étoit 3, & que ce logarithme fût 3.41867, je trouve sa valeur 2622; donc puisque la caracteristique *95* est moindre que *99* de 4, je dis que la valeur de *95.41867* est 0.00002622: on trouvera de même que la valeur de *99.45924* est 0.2879; que celle de 88.68106 est 0.00000000004798, &c.

O

711. Pour multiplier une fraction par une autre, il faut ajouter leurs logarithmes (trouvez art. 708 & 709), & de la caracteristique de la somme retrancher 100, le reste sera le logarithme du produit. Pour multiplier $\frac{7}{12}$ par $\frac{147}{81230}$, il faut ajoûter leurs logarithmes 99.76592 & 97.25760, & de la caracteristique de la somme 197.02350 ayant ôté 100, le reste 97,02350 est le logarithme de 0.0010556 produit de ces deux fractions. Pour multiplier 0.0047 par 0.000051, il faut ajoûter les logarithmes 97.67210,95.70757, & le logarithme du produit sera 93.37967, dont la valeur est 0.0000002397.

La raison pour laquelle il faut ôter 100, est que (44.) l'unité est au multiplicateur, comme le multiplicande est au produit ; donc pour avoir le produit de deux fractions, comme $\frac{7}{12}$ & $\frac{147}{81230}$, il faut faire cette proportion, $1.\frac{7}{12}::\frac{147}{81230}.\frac{7}{12}\times\frac{147}{81230}$; & ainsi pour avoir le quatriéme terme, il faut (692.) ajouter les logarithmes des deux moyens, & en retrancher le logarithme de l'unité.

712. Pour diviser une fraction par une autre ; il faut ajoûter 100 à la caracteristique du dividende, & en retrancher le logarithme du diviseur, le reste sera le logarithme du quotient. Par la raison que (53.) le diviseur est à l'unité, comme le dividende au quotient ; ainsi pour diviser $\frac{7}{12}$ par $\frac{147}{81230}$, il faut ôter le logarithme 97.25760. du logarithme 199.76592, & le reste 102.50832 fait voir que le quotient est le nombre entier 322, ou plus exactement 322.35.

713. Pour élever une fraction à une puissance quelconque m, il faut multiplier son logarithme par l'exposant m de cette puissance, & de la caracteristique du produit, retrancher le produit de $100\times m-1$. Par exemple, pour élever 0.17 à la cinquiéme puissance, il en faut multiplier le log. 99.2304489 par 5, & de la caracteristique du produit 496.1522445 ôter $400=100\times5-1$; le reste 96.1522445 est le log. de 0.0001419857 cinquiéme puissance de 0.17. Pour avoir la vingt-uniéme puissance de 0.041, je multiplie son logarithme 98.6127839 par 21, & de la caracteristique du produit 2070.8684619 j'ôte 2000 produit de $100\times21-1$, restent 70.8684619 logarithme de la vingt-uniéme puissance de 0.041, dont la valeur est à peu près 73869 précédés de vingt-neuf zero.

714. Pour extraire la racine quelconque d'une fraction, il faut ajoûter à la caracteristique du logarithme de cette fraction le produit de 100 par l'exposant de la racine moins un, & diviser la somme par cet exposant entier. Par exemple, pour extraire la racine onziéme de 0.17, il faut ajoûter à la caracteristique de son logarithme 99.2304489, le produit 1000 de $100\times11-1$, & diviser la somme 1099.2304489 par 11, le quotient 99.9304044 sera le logarithme de 0.85193 racine onziéme de 0.17. Pour extraire la racine cinquiéme de $\frac{7}{12}$, j'ajoûte 400 produit de $100\times5-1$ à la caracteristique du logarithme de $\frac{7}{12}$, qui est 99.76592, & je divise par 5 la somme 499.76592, le quotient 99.95318 est le logarithme de 0.8978, racine cinquiéme de $\frac{7}{12}$.

715. Pour avoir une idée de la raison de ces deux Regles, il faut

considérer que toutes les puissances & toutes les racines de 1 étant 1, il semble que 100 soit la caracteristique de leurs logarithmes; cependant comme le logarithme de 1 élevé à la seconde, troisiéme, quatriéme, &c. puissance doit être (693.) 100.00000×2, 100.00000×3, 100.00000×4, c'est-à-dire, 200.00000, 300.00000, 400.00000, &c. ces logarithmes ne peuvent être ceux des puissances de l'unité, à moins qu'on n'ôte de leurs caracteristiques le produit de 100, caracteristique de l'unité, par l'exposant de la puissance moins un; ainsi il faut ôter de ces logarithmes 100, 200, 300, &c. qui sont les produits de 100×2—1, 100×3—1, 100×4—1, &c. il en est de même des fractions, puisque l'unité peut être considérée comme la fraction $\frac{1}{1}$. On pourra appliquer cette induction aux Racines.

Regles pour la Solution de tous les Problêmes de la Trigonometrie, tant par les nombres naturels que par les Logarithmes, ou nombres artificiels.

716. POUR abreger les calculs de la Trigonometrie, on ne se sert plus que des logarithmes des sinus & des Tangentes, de sorte que les Tables de sinus ordinaires ont communément cinq colomnes, une pour les sinus, la seconde pour les tangentes, la troisiéme pour les secantes, la quatriéme pour les logarithmes des sinus, & la cinquiéme pour les logarithmes des tangentes. Il y en a où tous les sinus tangentes & secantes sont seulement en nombres naturels, d'autres où ils sont seulement en logarithmes; il faut choisir celles où se trouvent les uns & les autres, ou du moins préférer celles où sont les logarithmes, à celles où il n'y en a point.

Pour les Triangles rectangles.

717. I. DANS un triangle rectangle quelconque DBC (fig. 59.) *étant donnés l'hypotenuse* BC, *& un angle aigu quelconque* C *ou* B, *trouver le côté opposé à cet angle.* Il faut faire la Regle de trois indiquée par l'analogie suivante.

Comme le rayon ou sinus total,
A l'hypotenuse ;
Ainsi le sinus de l'angle donné,
Est à son côté opposé cherché.

718. II. *Etant donnés l'hypotenuse* BC, *& un côté quelconque* DC *ou* BD, *trouver l'angle opposé à ce côté.*

Comme l'hypotenuse,
Au côté donné ;
Ainsi le sinus total,
Au sinus de l'angle opposé au côté donné.

C'est l'inverse de la précédente.

719. III. *Etant donnés un angle, & un côté quelconque, trouver l'hypotenuse.*

Comme le sinus de l'angle opposé au côté donné,
Est à ce côté ;
Ainsi le sinus total,
Est à l'hypotenuse.

C'est encore l'inverse de la même analogie.

720. IV. *Etant donnés un angle & un côté, trouver l'autre côté.*

Comme le rayon,
Au côté donné ;
Ainsi la tangente de l'angle opposé au côté cherché,
A ce côté cherché.

C'est le Théorême II. (676.)

721. V. *Etant donnés les deux côtés, trouver un des deux angles aigus.*

Comme un des côtés donnés,
Est au rayon ;
Ainsi l'autre côté donné,
Est à la tangente de son angle opposé.

C'est l'inverse de la précédente.

722. VI. *Etant donnés les deux côtés, trouver l'hypotenuse.*

Cette question peut être résolue en deux manieres ; la premiere est d'ajoûter ensemble les quarrés des côtés donnés, & d'extraire la racine de la somme, elle sera (518.) la valeur de l'hypotenuse ; la seconde est de faire les deux analogies suivantes, dont la premiere est la même que la précedente, & la seconde est la même que celle de l'art. 719.

Comme un des côtés donnés,
Au rayon;
Ainsi l'autre côté donné,
A la tangente de l'angle qui lui est opposé.

Par cette analogie, on connoît tous les angles du triangle. (442.)

Comme le sinus d'un des angles aigus,
A son côté opposé;
Ainsi le sinus total,
A l'hypotenuse.

723. VII. *Etant donnés l'hypotenuse, & un côté, trouver l'autre côté.*

Cette question peut avoir plusieurs solutions; 1°. Il faut soustraire le quarré du côté donné, du quarré de l'hypotenuse, & la racine quarrée du reste est le côté cherché (518.)

2°. On peut prendre pour le logarithme du côté cherché, la moitié de la somme des logarithmes de la somme & de la différence de l'hypotenuse & du côté donné.

3°. Ou bien faire ces deux analogies, dont la premiere est la même que celle de l'article 718, & la seconde est la même que celle de l'article 717.

Comme l'hypotenuse,
Au sinus total;
Ainsi le côté donné,
Au sinus de l'angle opposé à ce côté.

Par cette analogie, on connoît tous les angles de ce triangle.

Comme le sinus total,
A l'hypotenuse;
Ainsi le sinus de l'angle opposé au côté cherché,
A ce côté.

On pourroit substituer à cette derniere analogie, celle de l'article 720.

724. REMARQUES & EXEMPLES. Comme cette derniere question renferme presque toutes les autres, nous en allons donner des exemples, tant en nombres naturels qu'en logarithmes.

I°. Soit l'hypotenuse BC (fig. 59.) de 851 pieds, le côté BD de 702.

Par la premiere solution on aura

Quarré de 851 724201

Quarré de 702 492804

Différ. & quarré de CD. 231397 Racine 481.047

II°. BC 851

BD 702

Somme. . . . 1553 Log. 319117

Différence 149 Log. 217319

Somme. 536436

Moitié. . . . . . 268218. Log. de CD. 481.04.

III°. *Par les nombres naturels*. Il faut multiplier 702 par 10000000, & diviser le produit 7020000000 par 881, le quotient 8249141 est le sinus de l'angle BCD opposé au côté BD; ayant cherché l'angle qui répond à ce sinus, on trouve qu'il est à très-peu près de 55° 35' donc (661.) l'angle CBD opposé au côté cherché CD est de 34° 25'. C'est pourquoi il faut par la seconde analogie multiplier le sinus de 34° 25' qui est 5652070 par 851, & diviser le produit 4809911570 par 10000000 sinus total, le quotient 480.9911570 sera la valeur du côté cherché BD, qui differe des précédentes d'environ $\frac{4}{100}$ parce qu'on a négligé les secondes de l'angle DCB.

Solution par les logarithmes

Il faut ajouter le logarithme du rayon 1000000

au logarithme de 702 284634

& de la somme 1284634

retrancher le logarithme de 851 292993

le reste 991641

est le logarithme du sinus de l'angle DCB, qu'on trouve dans les Tables d'environ 55° 35'. Donc l'angle CBD est de 34° 25'. Et pour la seconde analogie . . . . .

il faut ajouter le logarithme de 851 292993

au logarithme du sinus de 34° 25'. 975221

& de la somme 1268214

retrancher le logarithme du rayon 1000000

le reste . . . . 268214 eſt le logarithme du côte cherché BD, qu'on trouvera dans la Table de 481.

725. REMARQUE II. Pour abréger les calculs où le rayon ou ſinus total ſe trouve, il paroît que quand il en faut ajouter le logarithme, il ſuffit de mettre une unité à gauche de la caracteriſtique du logarithme auquel il le faut ajouter ; & que quand il faut ſouſtraire le logarithme du rayon, d'un autre logarithme, il faut effacer l'unité qui précéde la caracteriſtique de ce logarithme.

Pour les Triangles obliquangles.

726. I. ETant donnés deux angles & un côté, trouver les autres côtés.

> *Comme le ſinus de l'angle oppoſé au côté connu,*
> *A ce côté ;*
> *Ainſi le ſinus de l'angle oppoſé au côté cherché,*
> *A ce côté cherché.* (677.)

727. II. Etant donnés deux côtés & un angle oppoſé à l'un des deux, trouver l'angle oppoſé à l'autre, *pourvû qu'on ſçache auparavant s'il eſt aigu ou obtus.*

> *Comme le côté oppoſé à l'angle donné,*
> *Au ſinus de cet angle ;*
> *Ainſi l'autre côté,*
> *Au ſinus de l'angle qui lui eſt oppoſé.*

C'eſt l'inverſe de la précédente, au moyen de laquelle on trouvera ſi on veut, le troiſiéme côté.

728. III. Etant donnés deux côtés, & l'angle compris, trouver les autres angles.

> *Comme la ſomme des côtés donnés,*
> *A leur différence ;*
> *Ainſi la tangente de la demi-ſomme des angles inconnus,*
> *A la tangente de leur demi-différence.* (740.)

Par exemple, ſoit AB (fig. 60.) 865. pieds, CB 517, & l'angle ABC 96° 36' par les Logarithmes, on fera.....

AB..865 ABC.......96° 36'
BC..517 Supplem.....83 24...c'est (442.) la somme
Som. 1382 Demi somme 41 42 des 2. autres angles.
Diff...348...Log....254158
Tang. 41° 42' 994986

1249144
Log. 1382...314051

935093 Log. Tang. 12° 39' demi-diff.
La demi-somme......41 42
Le plus grand angle..54 21
Le plus petit angle...29 3

L'angle ACB opposé au plus grand côté AB, est le plus grand, il est par conséquent de 54° 21' & l'autre angle BAC est de 29° 3'.

729. IV. Etant donnés deux côtés, & l'angle compris, trouver le troisiéme côté.

Il faut chercher les angles par la Regle précédente, & le troisiéme côté, par la premiere. (726.)

730. V. Etant donnés les trois côtés, trouver les trois angles.

Si on a (fig. 60.) les trois côtés AC, AB, BC pour trouver un angle quelconque comme A, il faut d'abord faire cette analogie :

Comme le plus grand des trois côtés AC,
Est à la somme des deux autres AB+BC;
Ainsi la différence des deux autres côtés AB—BC,
Est à la différence AD *des segmens* CE, EA du plus grand côté, faits par une perpendiculaire BE menée de son angle opposé B.

AC étant donc la somme des segmens CE, EA; & AD étant leur différence, CE sera (224.) égale à la moitié de AC—AD, & EA sera égale à la moitié de AC+AD; c'est pourquoi dans les triangles rectangles CEB, BEA, on connoîtra les deux côtés BC, CE, & AB, AE, donc (718.) on pourra trouver la valeur des angles C & A, & par conséquent celle de l'angle CBA.

Soit par exemple AC=453, AB=261, BC=182; on fera par les Logarithmes,

AB 361
BC 182

Som. . . . . 543 Log. . . 273480
Diff. . . . . 179 Log. . . 225285

Somme . . . 498765
Log. A C. 265610

233155 Log. AD. . . 214.56
AC. . . 453.

Som. 667.56
Diff. . . 238.44

Moitié de la som. 333.78 . . . EA.
Moitié de la diff. . . . 119.22 . . . CE.

Donc (718.)

Comme BC 226007
Au rayon . . . .
Ainsi CE 1207635

Au Sinus de CBE. . . 981628 . . . . 40° 55'.
Donc compl. ECB . . . 49 5

Comme AB. 256751
Au rayon . . . .
Ainsi EA 1252346

Au Sinus de EBA . . 996595 . . . . 67° 36'
Donc compl. BAE 22 24

Angle EBC . . . . . . 40° 55'
Angle EBA 67 36

Donc angle CBA. . . 108 31

731. Il faut remarquer qu'étant donnés les trois angles d'un triangle rectiligne, on ne peut en déduire les trois côtés, mais seulement leur rapport, qui est le même que celui des sinus des angles.

Des Sections Coniques.

Notions préliminaires sur la nature des Courbes en général.

732. I. ON appelle *fonction* d'une quantité l'état où elle se trouve par quelque composition que ce soit, qui l'empêche d'être simple. Par exemple une puissance quelconque de a, une racine quelconque de a, (car (201.) une racine est une puissance dont l'exposant est une fraction) une somme ou une difference quelconque de a & de quelque autre quantité, un produit, un quotient quelconque de a &c. tout cela s'appelle en général une fonction de a.

733. II. Tous les Géometres sont convenus que pour distinguer les differentes courbes, on supposeroit des lignes mp, mp, mp, &c. (fig. 61.) (on les appelle *ordonnées*) tirées de la même maniere de chacun des points de la courbe, sur une ligne Spp &c. (qu'on appelle *un diametre* de la courbe) qui doit avoir un point déterminé comme S, & alors on appelle *abscisses* les parties Sp, Sp, Sp &c. de ce diametre comprises entre le point déterminé S (qu'on appelle *l'origine* des abscisses) & la rencontre de chaque ordonnée : De sorte que le rapport constant qui se trouve entre une certaine fonction de chaque ordonnée & une certaine fonction de chaque abscisse correspondante, détermine la nature de la courbe ; & l'équation algébrique qui exprime ce rapport, s'appelle l'équation à la courbe.

734. Si chaque ordonnée & son abscisse sont des lignes droites, & dont le rapport puisse être déterminé géométriquement ; la courbe s'appelle *geométrique*, mais si l'une des deux ou toutes deux sont des courbes, ou si étant droites, leur rapport ne se peut déterminer géométriquement, comme s'il suppose la quadrature du cercle, &c. la courbe s'appelle *méchanique* ; parce qu'on ne peut la décrire que méchaniquement & non géometriquement.

Par exemple, la nature du cercle consiste en ce que si de tous les points de sa circonference, on abbaisse sur un même diametre quelconque, des perpendiculaires EO, HG (fig. 41.) on a toujours (520.) $EO^2 \times CO \times OL$, $HG^2 = CG \times GL$. Toutes ces perpendiculaires sont les ordonnées ; les points C, ou L sont les origines des abscisses, les parties CO, OL sont les abscisses de l'ordonnée EO, & les parties CG, GL sont les abscisses de l'ordonnée HG. La nature du cercle consiste donc en ce que le quarré d'une ordonnée quelconque, est égal au produit de ses abscisses. Si donc on fait le diametre $CL = a$, l'ordonnée $EO = y$, son abscisse correspondante $CO = x$, (on a coutume dans l'Algebre d'exprimer les ordonnées par y & les abscisses par x, de sorte que dans le discours familier on dit souvent les y & les x d'une courbe, pour dire ses ordonnées & ses abscisses) on aura $CO = a - x$, & par conséquent $EO^2 = CO \times OL$ sera exprimé algébriquement par $yy=ax-xx$, & c'est là l'équation au cercle.

735. III. On suppose que les courbes sont formées par les pas égaux d'un même point, qui se détourne après chaque pas en suivant une certaine loi dans les angles infiniment petits de ses détours.

736. D'où il suit 1°. Qu'*on ne considere pas en géometrie des lignes mixtes*, c'est-à dire dont une partie finie est droite, & une autre partie finie est courbe.

737. 2°. Que *si les angles des détours sont toujours égaux entr'eux la courbe est un cercle.*

738. 3°. Que *la courbure d'une courbe est d'autant plus grande, que les angles des détours sont plus grands, à proportion de la grandeur des pas du point qui la décrit.*

739. 4°. Que *le contact d'une courbe par une droite ne peut se faire qu'en un seul point*, ou qu'*une droite ne peut toucher une courbe en deux ou trois points contigus.* Car une droite qui touche une courbe est un prolongement fini d'un des côtés infiniment petits de la courbe, or tous les côtés contigus doivent être détournés les uns par rapport aux autres.

740. IV. Lorsqu'on fait passer un diametre par le milieu d'un point de contact d'une courbe geometrique avec une ligne droite, on suppose que la moitié de ce point ou côté infiniment petit est la plus petite ordonnée possible à ce diametre, & comme toutes les ordonnées à un diametre doivent être tirées de la même maniere (733.) l'angle de la tangente avec le diametre détermine celui des ordonnées. Si cet angle est droit, le diametre s'appelle *l'axe* de la courbe, & s'il est oblique, il s'appelle simplement *diametre.*

741. Delà il suit que les tangentes d'un cercle étant toujours perpendiculaires aux diametres qui passent par les points de contingence (413.) Tous les diametres des cercles sont des axes, & les ordonnées au cercle ne peuvent être que des perpendiculaires.

742. V. Quand un diametre *Sp* (fig. 61.) est rencontré par une tangente MT, la partie TP de ce diametre comprise entre le point de rencontre T & l'ordonnée MP à ce diametre menée du point de contact M, s'appelle la *soutangente*, & si par le même point de contingence M, on éleve à la tangente une perpendiculaire MC qui puisse rencontrer le même diametre *Sp*, la partie PC de ce diametre comprise entre l'ordonnée MP & la rencontre de la perpendiculaire MC, s'appelle la *souperpendiculaire.*

743. VI. Quand une courbe n'est pas rentrante par rapport à son diametre, c'est-à-dire quand ses branches s'en écartent toujours, alors on peut mener de tous ses points *m*, *m* &c. (fig. 61.) des droites *mq*, *mq* &c. paralleles au diametre *Sp* jusqu'à la rencontre de la droite *Sq* tirée de l'origine S des abscisses parallélement aux ordonnées, en sorte que ces droites *mq*, *mq* &c. soient toutes en dehors de la courbe. En ce cas il est clair qu'elles forment des parallelogrammes semblables *pq*, *pq* &c. & qu'on peut prendre les droites *mq*, *mq*, pour les abscisses du diametre *Sp*, & les droites *Sq*, *Sq* pour les ordon-

nées. Ces sortes d'ordonnées s'appellent des *coordonnées*, le parallelogramme *pq* s'appelle le parallelogramme des *coordonnées*, & l'angle *qSp* s'appelle *l'angle des coordonnées*.

744. VII. L'équation d'une courbe renfermant toujours des fonctions de deux quantités indéterminées *x* & *y*, on appelle *lignes du premier genre* celles dont l'équation n'est que du premier degré. On appelle *lignes du second genre* ou *du second ordre* celles dont l'équation est du second degré. On appelle *lignes du troisiéme genre* ou *du troisiéme ordre*, celles dont l'équation est du troisiéme degré & ainsi de suite. Il n'y a que la ligne droite qui soit une ligne du premier genre; les sections coniques, en y comprenant le cercle, sont les lignes du second genre, & les lignes du troisiéme, quatriéme &c. genre sont des courbes plus composées & en plus grand nombre.

Des Sections Coniques en général.

745. HYPOTHESE. Si on veut couper par un plan un cone droit en deux parties, on ne le pourra faire que des quatre manieres suivantes.

1°. Ou le plan coupant sera paralléle à la base du cone, & alors il est clair que la courbe qui terminera les plans des deux parties coupées, sera un cercle, puisqu'elle sera un des élémens du cone.

746. 2°. Ou le plan *Sp* (fig. 72.) sera paralléle à un des côtés AB du cone, c'est-à-dire, fera sur le plan BC de la base un angle *Sp*C égal à celui des côtés ou apothémes de ce cone, & alors la section sera terminée par une ligne courbe indéfinie *m*MSM*m*, puisque si le cone étoit prolongé à l'infini, le plan le couperoit toujours de la même maniere; cette courbe s'appelle *la parabole*.

747. 3°. Ou le plan coupant *Sp* (fig. 73.) n'étant paralléle ni à un côté ni à la base du cone, sera plus incliné sur le plan CB de la base, que ne sont les côtés du cone, alors il est clair que le plan pourra couper tous les côtés du cone, & que la section sera terminée par une courbe finie, rentrante en elle-même, & elle s'appelle l'*ellipse*.

748. 4°. Ou le plan coupant *Sp* (fig. 74.) sera moins incliné sur la base du cone, que ne sont les côtés du cone, & alors on voit que ce plan ne peut couper de part en part tous les côtés du cone, qu'ainsi la section *m*MSM*m* est une courbe indéfinie, & que si on posoit au sommet A du cone, le sommet d'un autre cone semblable, le plan coupant étant prolongé iroit couper cet autre cone en *s* de la même maniere: cette section s'appelle *une hyperbole*, & les deux ensemble s'appellent *hyperboles opposées*.

749. Il est clair que le plan coupant étant perpendiculaire au plan de la base du cone, fait aussi des sections hyperboliques; mais que s'il passe par le sommet & le long de l'axe du cone, ces hyperboles deviennent des triangles rectilignes isosceles & semblables.

Nous allons d'abord démontrer les principales propriétés de ces courbes sur un plan, & nous ferons voir ensuite que ce sont les mêmes courbes qui sont produites par les differentes sections du cone.

Propriétés de la Parabole.

750. HYPOTHESE. SI sur une droite DA (Fig. 63.) posée sur un plan, on éleve une perpendiculaire AR, sur laquelle on prenne à volonté un point F, & si par tant de points qu'on voudra de la droite DA on méne à la droite AR des parallèles DO, sur chacune desquelles on prenne un point M, tel que MD soit égale à MF, la courbe qui passera par tous ces points M, est la *Parabole*.

Il est évident que pour avoir le point M, il faut joindre DF, & faire en F l'angle DFM=FDM, parce qu'alors le triangle DMF étant isoscele, DM=MF. (449.)

751. COROLL. I. *La ligne* AF *est partagée en deux également au point* S *par la courbe*, puisque tous ses points doivent être à égale distance de la droite DA & du point F.

752. COROLL. II. *Le point* S *est de tous ceux de la courbe le plus proche de la droite* DA ; car puisqu'il est précisément au milieu entr'elle & le point F, si quelque point de la courbe étoit plus près de DA que S, il seroit nécessairement plus éloigné de F que S, & par conséquent il ne seroit pas à égale distance de DA & de F.

753. DEFINITIONS. *La parabole est donc une courbe telle que chacun de ses points sont en même-temps à égale distance d'une ligne droite posée sur un plan, & d'un point posé hors de cette droite.*

754. La droite AD s'appelle *la Directrice* ou *la Generatrice*. Le point F s'appelle *le Foyer* de la parabole, le point S s'appelle *le Sommet* de la parabole, la perpendiculaire AR, où se trouve le foyer de la parabole, s'appelle *l'Axe* : on compte ordinairement l'axe depuis le sommet S indéfiniment en dedans de la parabole. Ce point S est l'origine des abscisses ; la perpendiculaire MP, menée d'un point quelconque M de la courbe sur l'axe, s'appelle *l'ordonnée* à l'axe, SP est son *abscisse*.

755. Une droite MOB parallèle à l'axe, & tirée d'un des points de la parabole, s'appelle *le diametre* de la parabole, l'origine des abscisses est au point M, les ordonnées au diametre sont des droites comme *m*O paralléles à la tangente TM &c.

756. Une droite quadruple de SA ou de SF, s'appelle *le parametre* de l'axe. De même une droite quadruple de MD distance de l'origine du diametre MB à la directrice, s'appelle *le parametre* du diametre MB.

757. THEOR. I. *Le quarré d'une ordonnée quelconque* MP *à l'axe d'une parabole, est égal au produit de l'abscisse* SP *de cette ordonnée par le parametre.*

DEM. Soit MP$=y$, l'abscisse SP$=x$, le parametre $=p$, donc (756.) AS ou SF$=\frac{1}{4}p$. Il faut démontrer que $yy=px$: dans le triangle rectangle MPF on a (518.) $MP^2=MF^2-FP^2$; or (750.) MF$=$MD$=$SP$+$AS$=x+\frac{1}{4}p$; donc $MF^2=xx+\frac{1}{16}pp+\frac{1}{2}px$; de même FP$=SP-SF=x-\frac{1}{4}p$; donc $FP^2=xx-\frac{1}{2}px+\frac{1}{16}pp$; donc MP^2 ou $yy=xx+\frac{1}{16}pp+\frac{1}{2}px-xx+\frac{1}{2}px-\frac{1}{16}pp$; & en réduisant $yy=px$.

758. COROLL. I. *L'ordonnée est moyenne proportionnelle entre l'abscisse & le parametre* ; car puisque $yy=px$, donc $x.\ y :: y.\ p.$

759. COROLL. II. *Dans la parabole les quarrés des ordonnées à l'axe sont entr'eux comme leurs abscisses* ; car ils sont entr'eux comme les produits de leurs abscisses par le parametre : or le parametre étant une grandeur constante, les produits des abscisses par le parametre sont entr'eux comme les abscisses, (292.) & par conséquent les quarrés des ordonnées sont dans la même raison.

760. COROLL. III. *Tous les points de la parabole s'éloignent de plus en plus de son axe* ; car puisque les quarrés des ordonnées, c'est-à-dire, des distances de tous les points à l'axe, croissent comme les abscisses, il s'ensuit que les abscisses pouvant être prolongées à l'infini, tous les points de la parabole pourront aussi s'éloigner de l'axe à l'infini.

761. COROLL. IV. *Si par un point* p *quelconque de l'axe* AP, *on méne une paralléle* mpm *à ses ordonnées, elle coupera la parabole en deux seuls points* m, m, *à égale distance de l'axe* ; puisqu'en ce cas les deux parties *pm*, *pm* sont deux ordonnées qui ayant une même abscisse S*p*, ont leurs quarrés égaux, & sont par conséquent égales, & que tous les points de la parabole s'écartant toujours de l'axe (760.) il ne peut y en avoir deux du même côté qui soient à égale distance.

762. COROLL. V. *L'axe divise la parabole en deux parties egales* ; puisqu'il divise en deux également toutes les perpendiculaires qui rempliroient tout l'espace renfermé dans la parabole.

763. THEOR. II. *La perpendiculaire* QS *à l'axe* SP *élevée du sommet* S, *touche la parabole en ce seul point* ; car la ligne QS étant alors paralléle à la directrice, aucun de ses points ne s'en écarte plus que le point S, au lieu (752 & 760.) que tous les autres points de la parabole s'en écartent de plus en plus ; il n'y a donc que le point S qui soit commun à l'axe, à la parabole, & à la tangente QS.

764. THEOR. III. *Une perpendiculaire* MT *qui divise en deux également une droite* FD, *tirée du foyer à la directrice, va toucher la parabole.*

DEM. Puisque MT est perpendiculaire, & divise en deux également FD, elle passe nécessairement par les centres de tous les cercles possibles dont FD puisse être la corde (404.) & par conséquent par tous les angles de tous les triangles isosceles possibles dont FD puisse être la base ; or de tous ces triangles il n'y en a qu'un, qui est DFM, dont le sommet de l'angle soit dans la parabole, puisqu'il faut qu'un des côtés MD de ce triangle soit perpendiculaire à la directrice au point D, & (377.) qu'il est impossible d'élever plus d'une perpendiculaire du point D ; donc MT passe par le seul point M de la parabole : je dis maintenant que MT ne la coupe pas en ce point ; ou qu'elle n'entre pas au-dedans de la parabole ; car tous les points de MT qui sont au-delà de M vers X, vont toujours en s'écartant également des points D & F, au lieu que (753.) tous les points de la parabole qui sont au-delà de M vers V, s'écartant toujours également de F & de la directrice, s'écartent par conséquent plus de D que de F ; donc tous les points de MX sont en-deça de la parabole par rapport au point D ; donc aucun de ces points n'entre dans la parabole.

765. Coroll. I. ou Probleme. *Pour mener une tangente à la parabole par un point donné* M, il faut tirer MF au foyer, & MD perpendiculaire sur la directrice ; joindre FD, la diviser en deux également en E, & tirer par M & par E la droite MT.

766. Coroll. II. *Une tangente rencontre toujours l'axe ;* car l'angle FET étant droit, & l'angle EFT étant aigu, ET ne peut être paralléle à FT.

767. Coroll. III. *L'angle* BMX *à l'origine d'un diametre* BM *entre ce diametre & la tangente menée à son origine, est égal à l'angle* FMT *entre cette même tangente & la droite menée du point* M *au foyer ;* car l'angle XMB=DME (381.) =EMF. (764.)

768. Theor. IV. *Dans la parabole la souperpendiculaire* PC *est égale à la moitié du parametre de l'axe*, à cause des triangles égaux & semblables DAF, MPC.

769. Coroll. Puisque le parametre est une grandeur constante ; il suit *que toutes les souperpendiculaires de l'axe sont égales entr'elles dans la parabole.*

770. Theor. V. *La soutangente d'une ordonnée à l'axe, est double de son abscisse*, ainsi TP=2SP, ou ce qui est la même chose, SP=ST, ce qui est évident à cause des triangles rectangles égaux TSE, EQM, qui rendent ST=QM=SP.

771. Coroll. ou Probeeme. *Pour mener par un point donné* M *une tangente*, il faut mener du point M une ordonnée MP à l'axe, prendre au-delà du sommet la droite ST égale à l'abscisse SP, & la droite TM sera la tangente cherchée.

772. Theor. VI. *Le parametre d'un diametre quelconque est plus grand que celui de l'axe, du quadruple de l'abscisse de l'ordonnée à l'axe, menée par l'origine de ce diametre.* Car il est évident que 4MD=4AS+4SP. Si donc on appelle q le parametre du diametre, on aura $q=p+4x$.

773. Theor. VII. *Le parametre d'un diametre est une troisiéme proportionnelle à* ST *&* à MT ou $\div x.\ MT.\ q.$ ou encore $MT^2=qx$ car à cause du triangle rectangle MPT, on a $MT^2=MP^2+TP^2$. Or $MP^2=yy=px$, & $TP^2=4xx$. Donc $MT^2=px+4xx$ $=p+4xx$. Mais (772.) $q=p+4x$, donc $MT^2=qx$.

774. THEOR. VIII. *Le quarré d'une ordonnée quelconque* Om *à un diametre quelconque* MO, *est égal au produit* q×MO *du parametre* q *de ce diametre par son abscisse* MO. (Fig. 62, 63 & 64.)

DEM. Ayant mené par m l'ordonnée à l'axe mp, & tiré sa parallele OR, soit SP$=x$; MP, Np, ou OR$=y$; NO ou pR$=a$; MO ou PR$=b$; à cause des triangles semblables TPM, ONm, on a TP. PM :: ON. Nm, donc* N$m=\frac{ay}{2x}$.

Or suivant les différens cas, Sp & mp ont differentes valeurs. Dans les figures 62 & 63 Sp=SP+PR−pR ou S$p=x+b-a$, mais dans la figure 64 Sp=SP+PR+pR$=x+b+a$. Donc dans tous les cas S$p=x+b\mp a$. Dans la figure 63. mp=Np−Nm, donc $mp=y-\frac{ay}{2x}$. Dans la fig. 62. mp ou son égale μp (761.) =NP−Nm, donc aussi $mp=y-\frac{ay}{2x}$; & dans la fig. 64. mp=Np+Nm, ou $mp=y+\frac{ay}{2x}$. Donc dans tous les cas $mp=y\mp\frac{ay}{2x}$ Donc $mp^2=yy\mp\frac{ayy}{x}+\frac{aayy}{4xx}$. Mais (759.) SP. S$p$ :: PM². pm^2, ou x. $x+b\mp a$ :: yy. pm^2. Donc $pm^2=yy+\frac{byy\mp ayy}{x}$. Faisant une équation des deux valeurs de pm^2, on a $yy\mp\frac{ayy}{x}+\frac{aayy}{4xx}=yy+\frac{byy}{x}\mp\frac{ayy}{x}$, qui se réduit à $\frac{aayy}{4xx}=\frac{byy}{x}$, ôtant les fractions & divisant (214), reste $aa=4bx$; donc puisque NO$=a$, NO²$=4bx$; mais à cause des triangles semblables MPT, ONm, on a PT. ON :: MT. Om. ou (303.) PT². ON² :: MT². Om^2, ou $4xx.4bx$ :: qx. $\frac{4bqxx}{4xx}=bq$=MO×q; donc Om^2,=MO×q.

775. COROLL. GENERAL. Puisque ce Theorême est le même que le premier, il est clair que la propriété essentielle de l'axe est aussi celle d'un diametre quelconque, & qu'ainsi on peut également en déduire tous les mêmes Corollaires, en substituant le mot de diametre à celui d'axe, ou en regardant seulement l'axe comme un diametre, qui fait des angles droits avec ses ordonnées : on conclura donc en général ....

Dans la parabole 1°. *Toutes les abscisses sont entr'elles comme les quarrés de leurs ordonnées.*

2°. *Tous les points de la courbe s'éloignent de plus en plus du diametre.*

3°. *Tous les diametres coupent en deux également les ordonnées qui partent du même point de chaque diametre*; ensorte que *tout diametre*

tre divise en deux également l'espace Vm, MV, *compris entre la courbe & une droite qui devient double ordonnée à ce diametre.*

4°. *La ligne parallèle aux ordonnées tirée du sommet d'un diametre, touche la parabole en ce seul point*; car si on imagine que la ligne V*m* (fig. 63.) s'approche toujours du point M parallélement à elle-même, puisqu'elle est toujours divisée en deux également par le diametre, aussi-bien que l'espace compris entr'elle & la courbe, il s'ensuit qu'étant arrivée au point M, elle touchera la parabole en ce seul point.

5°. *D'un point donné sur une Parabole, on ne peut y mener qu'une tangente, parce qu'il n'y peut passer qu'un diametre.*

6°. *La soutangente* TP (fig. 61.) *de tout diametre, est double de l'abscisse* SP *de ce diametre*, à cause des triangles égaux STE, QEM.

Propriétés de l'Ellipse.

776. Hypothese. Si sur une droite S*s* (fig. 65.) on prend deux points F, *f*, à égale distance de ses extrémités, on pourra faire passer une courbe par une infinité de points comme M, tels que la somme FM+*f*M des distances de chaque point à F & à *f*, soit égale à la ligne S*s*; & cette courbe sera l'Ellipse.

Car si on divise S*s* en deux parties SR, R*s* comme on voudra, & si on décrit du point F comme centre à l'intervalle=SR un arc de cercle vers M, & du point *f* aussi comme centre à l'intervalle R*s* un autre arc de cercle vers M, l'intersection de ces deux arcs sera un des points de l'*Ellipse*.

777. Definitions. La droite S*s* s'appelle *le grand axe*; les points F, *f*, *les foyers*; la droite L*l* perpendiculaire, & passant au milieu de S*s*, s'appelle *le petit axe*; le point C où ces axes se coupent, s'appelle *le centre*. Une perpendiculaire MP menée d'un des points de la courbe sur un des deux axes, s'appelle *ordonnée* à cet axe; & les parties PS, P*s* de l'axe comprises entre la rencontre de l'ordonnée & la courbe de part & d'autre, sont les *abscisses* de cette ordonnée.

778. Corollaires I. Il suit d'abord de cette hypothese, que *l'ellipse se peut aisément décrire par un mouvement continu*; car si on suppose les foyers F, *f*, comme des piquets dans lesquels soit engagée une corde F*f*MF, qu'on fasse tourner tout autour de ces piquets, en marquant une trace avec une pointe M, cette trace sera évidemment une ellipse; car lorsque la pointe sera venue en S, il est clair que cette corde sera égale à 2F*f*+2SF, ou à 2F*f*+SF+*sf*, c'est-à-dire, qu'elle sera égale à S*s*+F*f*; or pendant tout le mouvement la partie F*f* de la corde ne mesure que la distance

des foyers, & le reste mesure les distances de tous les points de la trace à chaque foyer, la somme des distances de chaque point est donc égale à Ss; donc par l'hypothese la trace est une ellipse.

779. II. Si de l'extrêmité l du petit axe on méne aux foyers les droites lF, lf, les triangles rectangles lCF, lCf sont égaux (457.) donc *la distance du bout du petit axe à un des foyers est égale au grand demi-axe.*

780. III. *Le petit axe ne peut être égal au grand axe, tant que les foyers seront à une distance finie l'un de l'autre*; puisque le demi-axe LC est toujours un côté de triangle rectangle, dont le grand demi-axe est l'hypothenuse.

781. IV. *Si la distance des foyers devenoit infiniment petite, l'ellipse deviendroit un cercle*; puisqu'alors les piquets F, f étant confondus, la corde seroit toujours repliée sur elle-même & égale; d'où il suit que *le cercle est une ellipse dont les foyers sont infiniment proches*, ou que l'ellipse n'est qu'un cercle allongé, de même qu'un parallelogramme rectangle n'est qu'un quarré allongé; & que dans toutes les expressions algébriques des propriétés de l'ellipse, s'il y en a quelqu'une qui exprime la distance des foyers, en faisant cette expression $=0$, la formule deviendra une équation au cercle.

782. Etant donnés les deux axes d'une ellipse, on en trouve les foyers en portant de l'extrêmité l du petit axe, deux droites lF, lf, égales à la moitié du grand axe.

783. Si par un point quelconque M de l'ellipse (fig. 66.) & par le centre C on fait passer une droite MO, elle s'appelle *un diametre* de l'ellipse, & si par le centre C on mene une droite ND parallele à la droite MT tangente au point M, cette droite s'appelle *un diametre conjugué au diametre* MO. Une droite quelconque IH parallele à MT ou à ND s'appelle *ordonnée* au diametre MO, & les parties MH, HO en sont les abscisses.

784. Une troisiéme proportionnelle aux deux axes, ou à deux diametres conjugués quelconques s'appelle *le parametre* du premier terme de la proportion. Par exemple si on fait $\div Ss.\ Ll.\ P.$ la ligne P sera le parametre du grand axe Ss, qui est le premier terme de cette proportion.

785. J'appellerai dans la suite le demi-grand axe $CS=a$, (fig. 65.) son parametre p, le demi-petit axe $CL=b$, l'ordonnée $PM=y$ la partie CP de l'axe comprise entre le centre C & l'ordonnée $=x$, la distance FC du foyer au centre $=c$; on aura donc $SP=a-x$, $sP=a+x$, $FP=c-x$, $fP=c+x$, sf ou $SF=a-c$, & Sf ou $sF=a+c$.

786. THEOREME I. *Le demi-petit axe d'une ellipse est moyen proportionnel entre les distances d'un des foyers aux deux extrémités du grand axe*, ou $\div SF.\ Cl.\ sF.$ & en termes algébriques $\div a-c.\ b.\ a+c$ ou enfin $bb=aa-cc$; puisque dans le triangle rectangle fCl, on a (518.) $lC^2=lf^2-Cf^2$.

787. THEOREME II. *Dans une ellipse le quarré d'une ordonnée* MP

au grand axe, est au produit sP×PS *de ses abscisses, comme le quarré du petit axe, est au quarré du grand axe*, ou (293.) comme GL^2 à CS^2.

Il faut démontrer que $yy.\ aa-xx :: bb.\ aa$, ou que $yy=bb-\frac{bbxx}{aa}$.

DEM. Ayant tiré des foyers f, F les droites fM, FM, on a (776.) $fM+FM=2a$. Soit $=2z$ la différence entre fM & FM, on aura donc (224.) $fM=a+z$ & $FM=a-z$; & à cause des triangles rectangles FPM, fPM, on a (518.) $FP^2+PM^2=FM^2$. & $fP^2+PM^2=fM^2$, ou en termes algébriques $cc-2cx+xx+yy=aa-2az+zz$, & $cc+2cx+xx+yy=aa+2az+zz$, ôtant donc le premier membre de la premiere équation du premier membre de la seconde, & le second membre du second, reste $4cx=4az$, donc $z=\frac{cx}{a}$. Mettant donc dans la premiere équation $\frac{cx}{a}$ à la place de z, & $\frac{ccxx}{aa}$ à la place de zz, on a $cc-2cx+xx+yy=aa+2cx+\frac{ccxx}{aa}$, ôtant la fraction, réduisant & transposant, on a $aayy=a^4-aacc-aaxx+ccxx$, & divisant tout par $aa-cc$, reste $\frac{aayy}{aa-cc}=aa-xx$. Or (786.) $aa-cc=bb$: donc $\frac{aayy}{bb}=aa-xx$, Donc $yy=bb-\frac{bbxx}{aa}$.

788. COROLL. I. *Le Quarré de l'ordonnée au grand axe est au produit de ses abscisses, comme le produit des distances d'un des foyers aux sommets de l'ellipse, est au quarré du demi-grand axe*, car dans la proportion $yy.\ aa-xx :: bb.\ aa$, il n'y a qu'à substituer $aa-cc$ à la place de bb qui lui est égal. (786.)

789. COROLL. II. *Le quarré de l'ordonnée au grand axe est au produit de ses abscisses, comme le parametre du grand axe est au grand axe*, ou $yy.\ aa-xx :: p.\ 2a$. ce qui donne une équation de l'ellipse qu'on appelle *l'équation au parametre* $yy=\frac{ap}{2}-\frac{pxx}{2a}$. Car puisque (784.) $\div 2a.\ 2b.\ p$, donc $4bb=2ap$ & $bb=\frac{ap}{2}$, & mettant cette valeur dans l'équation $yy=bb-\frac{bbxx}{aa}$, on a $yy=\frac{ap}{2}-\frac{pxx}{2a}$.

790. THEOR. III. *Le quarré de l'ordonnée* MH *au petit axe est au produit* LH×Hl *de ses abscisses, comme le quarré du grand axe* Ss, *au quarré du petit axe* Ll, *ou comme* SC^2. CL^2.

DEM. MH étant $=x$, $LH=b-y$ & $lH=b+y$, donc $LH\times Hl=bb-yy$, or l'équation $yy=bb-\frac{bbxx}{aa}$ donne $aayy=aabb-bbxx$, ou $bbxx$

$=aabb-aayy$, donc $xx.\ bb-yy :: aa.\ bb$.

791. COROLL. *Donc le grand axe & le petit axe ont les mêmes propriétés respectives.*

792. THEOR. IV. *Les quarrés des ordonnées dans les ellipses, sont entr'eux comme les produits de leurs abcisses.*

Car (787.) $Ll^2.\ Ss^2 :: MP^2.\ PS\times Ps :: \mu\pi^2.\ S\pi\times\pi s$; donc $MP^2.\ \mu\pi^2 :: PS\times Ps.\ S\pi\times\pi s$.

793. COROLL. I. *Une ordonnée étant prolongée jusqu'à la rencontre de l'ellipse, est coupée en deux également par l'axe;* parce que son autre partie devient une ordonnée qui a les mêmes abscisses.

794. COROLL. II. *Les ordonnées également éloignées des sommets des axes, sont égales entr'elles.*

795. COROLL. III. *Un axe coupe l'ellipse en deux parties égales :* puisqu'elle coupe ainsi toutes les ordonnées qui remplissent sa surface.

796. COROLL. IV. *L'ellipse est coupée en quatre parties égales par ses deux axes.*

797. COROLL. V. *La ligne perpendiculaire au sommet* S *de l'axe, la touche en ce seul point;* car le point S de cette ligne doit être regardé comme une ordonnée infiniment petite à l'axe, laquelle n'entre qu'infiniment peu dans l'ellipse, ou ce qui est la même chose ne fait que la toucher.

798. PROBLEME I. *Faire passer une tangente par un point* M *donné sur une ellipse.*

SOLUTION. Du point M menez aux foyers, MF, M*f*; prolongez M*f* en *m*, ensorte que $fm=Ss$, & ayant décrit du centre M rayon MF l'arc FB*m*, divisez cet arc en deux également en B, & tirez BM, ce sera la tangente cherchée.

DEM. Il n'y a que le seul point M qui soit de l'ellipse, tous les autres points de BM en sont dehors, parce que la somme de leurs distances aux foyers F, *f* est plus grande que S*s* ou *fm*; puisque si d'un point quelconque autre que M on mene des droites à *f* & à *m*, elles feront un triangle dont *fm* sera un côté, lequel est par conséquent (445.) plus petit que la somme de ces deux lignes.

799. COROLL. *Les droites tirées des foyers au point de contact, font avec la tangente des angles* fMD, BMF *égaux;* parce que $fMD=mMB=BMF$.

800. THEOR. V. *Dans l'ellipse l'expression de la soutangente* PT *est* $\frac{aa-xx}{x}$.

DEM. On a (787.) $aayy=a^4-aacc-aaxx+ccxx$. Donc $yy=\frac{a^4-aacc-aaxx+ccxx}{aa}=PM^2$. De même on a trouvé (787.) $FM^2=cc-2cx+xx+yy$. Donc en substituant la valeur de yy, ôtant la fraction & réduisant, $FM^2=\frac{a^4-2aacx+ccxx}{aa}$. Donc $FM=\frac{aa-cx}{a}$.

Tirés Fm; & par M menés-lui la paralléle MN, qui sera par conséquent perpendiculaire à la tangente MT, on a donc (512.) fm ou $2a$. fF ou $2c$: : Mm ou FM ou $\frac{aa-cx}{a}$. NF Donc NF$=\frac{aac-ccx}{aa}$.

Or PF $=c-x$, donc PN$=\frac{acc-ccx}{aa}-c+x$, ou (110.) PN$=\frac{aax-ccx}{aa}$. Mais à cause du triangle rectangle NMT, on a ÷ PN. PM. PT. Donc PT$=\frac{PM^2}{PN}$. Divisant donc $\frac{a^4-aacc-aaxx+ccxx}{aa}$ par $\frac{aax-ccx}{aa}$, & divisant encore le quotient $\frac{a^4-aacc-aaxx+ccxx}{aax-ccx}$ par $aa-cc$, on a enfin PT$=\frac{aa-xx}{x}$.

801. COROLL. I. Ajoutant CP ou x à PT, on a CT$=\frac{aa}{x}$, ce qui donne cette proportion continuë ÷ CP. CS. CT, & par conséquent un autre moyen de mener une tangente à l'ellipse.

802. COROLL. II. Otant CS $=a$ de CT$=\frac{aa}{x}$, on a ST$=\frac{aa-ax}{x}$.

803. THEOR. VI. *Dans l'ellipse l'expression de la souperpendiculaire PN est* $\frac{bbx}{aa}$ *ou* $\frac{px}{2a}$.

DEM. On trouve (800.) PN$=\frac{aax-cxx}{aa}$, or (786.) $cc=aa-bb$, donc en substituant PN$=\frac{bbx}{aa}$. De même (789.) $p=\frac{2bb}{a}$ Donc $bb=\frac{ap}{2}$. Donc PN$=\frac{px}{2a}$.

804. THEOR. VII. *Les ordonnées au grand axe d'une ellipse, sont proportionnelles aux ordonnées au diametre d'un cercle décrit autour de cet axe.*

DEM. Puisque (792.) (fig. 67.) PM². $\mu\pi^2$: : SP×Ps. Sπ×πs, & que (521.) NP². $n\pi^2$: : SP×Ps. Sπ×πs, donc PM² $\pi\mu^2$: : NP². $n\pi^2$, donc (303.) PM. $\pi\mu$: : NP. $n\pi$.

805. COROLL. I. *Les excès des ordonnées au cercle sur les ordonnées correspondantes à l'ellipse, leur sont proportionnelles*; car *substrahendo* NP—PM. PM : : $n\pi-\pi\mu$. $\pi\mu$. ou NM. $n\mu$: : PM. $\pi\mu$: : NP. $n\pi$.

806. COROLL. II. *La surface de l'ellipse est à celle du cercle, comme le petit axe au grand axe*; car ayant rempli toute la surface du cercle d'ordonnées à son diametre, chacune est à sa correspondante

dans l'ellipse comme CL à CO ou CS, ou comme 2CL à 2CS, c'est-à-dire, comme L*l* à S*s*, donc (304) la somme de celles de l'ellipse est à la somme de celles du cercle, comme L*l* à S*s*.

SCHOLIE. Si on décrit un cercle autour du petit axe, on démontrera aussi que les ordonnées correspondantes sont proportionnelles, que l'excès de celles de l'ellipse sur celles du cercle leur sont aussi proportionnelles, & qu'enfin toute la surface de l'ellipse est à celle du cercle, comme le grand axe au petit axe.

807. THEOR. VIII. *La surface d'une ellipse est égale à celle d'un cercle, dont le diametre seroit moyen proportionnel entre les axes de l'ellipse.*

DEM. Soit $= sd$ la surface d'un cercle dont le diametre $= d$ est moyen proportionnel entre S*s* & L*l*: soit $= se$ celle de l'ellipse : soit $= sa$ celle d'un cercle dont le diametre $= a$ seroit le grand axe ; soit enfin le petit axe $= b$, on a (555.) $sa. sd :: aa. dd$; mais par supposition $\div a. d. b.$ donc (311.) $aa. dd :: a. b$ or (806.) $a. b :: sa. se.$ Donc $sa. sd :: sa. se.$ donc (301.) $sd = se.$

808. COROLL. I. *Les surfaces des ellipses sont entr'elles en raison composée de leurs axes* ; car les surfaces des ellipses sont entr'elles comme celles des cercles dont les diametres sont moyens proportionnels entre les axes de ces ellipses ; or 1°. (555.) les surfaces des cercles sont entr'elles comme les quarrés de leurs diametres. 2°. Les quarrés des diametres moyens proportionnels entre les axes des ellipses, sont égaux aux produits de ces axes ; donc les surfaces des ellipses sont entr'elles comme les produits, ou en raison composée de leurs axes.

809. THEOR. IX. *Si du centre C d'une ellipse dont le grand axe est diametre d'un cercle, on tire aux extrêmités M, N d'une ordonnée correspondante au cercle & à l'ellipse les droites CM, CN, la surface comprise dans la figure CSM, qu'on appelle secteur elliptique, est à la surface de la figure CSN, qu'on appelle secteur circulaire, comme le petit axe Ll est au grand axe Ss.*

DEM. Puisque toutes les ordonnées de l'ellipse sont à celles du cercle (806.) comme L*l* à S*s*, il suit que l'espace de l'ellipse compris dans le segment SPM, est à l'espace du cercle compris dans le segment SPN comme L*l* à S*s*, parce que ces espaces ne sont que la somme d'une infinité d'ordonnées correspondantes & proportionnelles à L*l* & S*s* ; or la surface du triangle rectangle CPM est à celle du triangle rectangle CPN qui a même hauteur CP, comme CL à CO, ou comme L*l* à S*s* ; & par conséquent le segment elliptique PSM plus ou moins le triangle CPM (plus lorsque P est entre S & C comme ici, & moins lorsque P est entre C & *s*), c'est-à-dire, le secteur elliptique CSM, est au segment circulaire SPN plus ou moins le triangle CPN, c'est-à-dire, est au secteur circulaire CSN, comme L*l* à S*s*.

810. COROLL. I. Puisque la surface du secteur circulaire CSN est égale (553.) à la moitié du produit de l'arc SN par le rayon CS,

il suit que *la surface du secteur elliptique est égale à la moitié du produit du même arc* SN *par le demi axe* CL.

811. COROLL. II. *Deux secteurs elliptiques quelconques* CSM, CSμ *sont entr'eux comme les deux secteurs circulaires* CSN, CSn *correspondans.*

812. PROBLEME. II. *Déterminer dans une ellipse un secteur qui soit à un autre secteur donné en raison donnée.*

SOLUTION. Ayant fait du grand axe le diametre d'un cercle, & tiré par le point M une ordonnée MP, qui détermine un point N sur le cercle, prenez sur le cercle un arc S*n* qui soit à l'arc SN dans la raison donnée, & du point *n* ayant mené au diametre l'ordonnée *n*π, elle déterminera le point μ de l'ellipse par où doit passer Cμ, pour faire le secteur SCμ dans la raison donnée au secteur CSM. (811.)

813. THEOR. X. *Un diametre quelconque* ND (*fig.* 66.) *d'une ellipse est coupé en deux également par le centre* C.

DEM. Par N menés à l'axe l'ordonnée NQ, & ayant pris CE = CQ élevés sur l'axe la perpendiculaire ED terminée par le diametre ND, je dis que le point D où elle le rencontrera est dans l'ellipse. Car par la construction les triangles CQN, CED sont égaux, donc CN = CD, & NQ = DE. Or les ordonnées également éloignées du centre étant égales (794), & NQ étant une ordonnée, DE est aussi une ordonnée, donc le point D où elle rencontre le diametre, est un point de l'ellipse.

814. THEOR. XI *Le quarré d'une ordonnée quelconque* IH *à un diametre* MO *quelconque est au produit* MH×HO *de ses abscisses, comme le quarré du demi-diametre conjugué* CN, *est au quarré du demi-diametre* CM.

Il faut démontrer que $IH^2 . MH \times HO :: CN^2 . CM^2$.

Menés par, M, I & N les ordonnées MP, IG, NQ au grand axe, & par H les droites HK, HR perpendiculaires sur chaque axe, & faisant HR ou GK = c, CK = g, CM = z, CQ = u, PT = s, à cause des triangles semblables CPM, CHK on a CP. PM :: CK. KH, donc KH ou RG = $\frac{gy}{x}$, & à cause des triangles semblables TPM, HIR on a TP. PM :: RH. RI = $\frac{cy}{s}$; Donc IG = $\frac{cy}{s} + \frac{gy}{x}$. Donc $IG^2 = \frac{ccyy}{ss} + \frac{2cgyy}{sx} + \frac{ggyy}{xx}$. Maintenant GC = $c - g$, ainsi SG = $a + c - g$ & sG = $a - c + g$; or (792.) $IG^2 . PM^2 :: SG \times Gs . SP \times Ps$. d'où ou tirera encore $IG^2 = \frac{aayy - ccyy + 2cgyy - ggyy}{aa - xx}$. Faisant une équation des deux valeurs de IG^2, on a $\frac{ccyy}{ss} + \frac{2cgyy}{sx} + \frac{ggyy}{xx} = \frac{aayy - ccyy + 2cgyy - ggyy}{aa - xx}$, divisant tout par yy, on a $\frac{cc}{ss} + \frac{2cg}{sx} +$

$\frac{gg}{xx} = \frac{aa-cc-gg}{aa-xx} + \frac{2cg}{aa-xx}$. Or (800.) $s = \frac{aa-xx}{x}$; Donc $sx = aa-xx$, & $aa = xx+sx$. Donc les deux termes $\frac{2cg}{sx}$, $\frac{2cg}{aa-xx}$ sont égaux, les ayant effacés de l'équation, reste $\frac{cc}{ss} + \frac{gg}{xx} = \frac{aa-cc-gg}{aa-xx}$, ou $\frac{ccxx}{ss} + gg = \frac{aaxx-ccxx-ggxx}{aa-xx}$, multipliant $\frac{ccxx}{ss}$ par $\frac{xx}{xx}$, ce qui n'en change pas la valeur, parce que $\frac{xx}{xx} = 1$, & mettant le second terme gg en fraction dont le dénominateur soit $aa-xx$, on a la nouvelle équation $\frac{ccx^4}{ssxx} + \frac{aagg-ggxx}{aa-xx} = \frac{aaxx-ccxx-ggxx}{aa-xx}$, réduisant & transposant, $\frac{ccx^4}{ssxx} = \frac{aaxx-ccxx-aagg}{aa-xx}$. Or à cause de $sx = aa-xx$, $ssxx = a^4-2aaxx+x^4$. Donc en substituant $\frac{ccx^4}{a^4-2aaxx+x^4} = \frac{aaxx-ccxx-aagg}{aa-xx}$, ôtant les fractions & divisant chaque membre par $aa-xx$, puis réduisant & divisant encore par $aaxx$, on a $aa-\frac{aagg}{xx}-xx+gg = cc = GK^2$ ou HR^2. Mais à cause des triangles semblables CHK, CPM, on a CP. CM :: CK. CH $= \frac{gz}{x}$. Donc MH $= z-\frac{gz}{x}$, & OH $= z+\frac{gz}{x}$, ainsi MH×OH $= \frac{xxzz-ggzz}{xx}$. D'ailleurs (792.) SP×sP ou $aa-xx$. SQ×sQ ou $aa-uu$ :: PM². NQ²; mettant donc sx à la place de $aa-xx$ & $xx+sx$ à la place de aa, on a $sx.xx+sx-uu$ :: PM². NQ². Or, à cause des triangles semblables TPM, CNQ, PM². NQ² :: TP² ou ss. CQ² ou uu. ainsi sx. $xx+sx-uu$ :: ss. uu. D'où on tire $uu = sx = aa-xx$. Donc CQ² $= aa-xx$. Or cela posé je dis que MH×HO. CM² :: HR². CQ², ou $\frac{xxzz-ggzz}{xx}$. zz :: $aa-\frac{aagg}{xx}-xx+gg$. $aa-xx$; ce qui est évident à cause du produit des extrêmes égal au produit des moyens. Et à cause des triangles semblables HIR, CNQ on a HR². CQ² :: HI². CN². Donc MH×HO. CM² :: HI². CN². ou HI². MH×HO :: CN². CM².

815. Coroll. *Les propriétés des Diametres des ellipses sont donc précisément les mêmes que celles des axes*, & il n'y a de difference qu'en ce que les ordonnées aux axes leurs sont perpendiculaires, au lieu que les ordonnées aux diametres leurs sont obliques.

Propriétés de l'Hyperbole.

816. HYPOTHESE. SI sur une droite Ss (Fig. 68.) on prend deux points F, f également éloignés du milieu C, on pourra faire passer une courbe par une infinité de points comme M, tels que la difference de leurs distances FM, fM aux points F, f, soit toujours égale à la ligne Ss, & cette courbe sera *l'hyperbole*.

Car si du centre f avec un rayon quelconque fM plus grand que fS on décrit de part & d'autre de la ligne fF des arcs de cercle vers M, & m, & si ayant pris ensuite un rayon FM égal à la difference de fM & de Ss, on décrit du centre F deux arcs qui aillent couper ceux qui sont vers M, m, les points d'intersection seront deux des points de l'hyperbole.

Il est clair que du point F on peut décrire vers s avec le même rayon fM deux arcs comme ceux qui sont vers M, m, & qu'on peut les couper par deux autres décrits du point f, avec le rayon FM, ce qui donnera deux points d'une courbe dsI entierement égale & semblable à l'hyperbole MSm. Ces deux courbes s'appellent deux hyperboles opposées.

817. DEFINITIONS I. La droite Ss se nomme *le premier axe* des deux hyperboles opposées, les points S, s en sont les sommets, F, f *les foyers*, C *le centre*. La droite Ll perpendiculaire à Ss passant par le centre & terminée en L, l par des arcs de cercles décrits du point S ou s avec un rayon égal à Cf ou à CF, s'appelle le *second axe*. La perpendiculaire MP menée d'un des points de la courbe sur le premier axe prolongé, est *une ordonnée* au premier axe, les parties PS, Ps en sont les abscisses. Une perpendiculaire MH menée d'un point quelconque sur le second axe, prolongé s'il est nécessaire, lui est *ordonnée*, & les abscisses sont HL, Hl.

818. II. Si par le sommet S on fait passer une perpendiculaire QSq dont les parties SQ, Sq soient égales à CL, Cl, & ensuite si par le centre C & par les points Q, q on fait passer deux droites indéfinies DCQR, ECqn, ou ce qui est la même chose : si ayant tiré SL, Sl on leur mene deux paralleles par le centre C, ces deux droites s'appellent les *Asymptotes* des hyperboles opposées.

819. Il est clair 1°. que l'angle QCq des asymptotes qui embrassent les hyperboles, est aigu droit ou obtus, lorsque le premier axe est plus grand égal ou plus petit que le second axe ; car dans le triangle rectangle SQC, l'angle SCQ est la moitié de celui des asymptotes : Or il est clair que cet angle est plus petit égal ou plus grand que de 45°. selon que SQ est plus petit égal ou plus grand que CS.

820. III. Quand l'angle des asymptotes est droit, les hyperboles s'appellent *équilateres*.

821. Il est évident 2°. que si on tire ql, QL on a deux rectangles égaux CLQS, ClqS traversés par des diagonales, & par conséquent

(474.) les droites CK, *Ck*, SK, *Sk*, KQ, *kq*, KL, *kl* sont égales entr'elles.

822. IV. Le Quarré d'une de ces droites s'appelle *la puissance* de l'hyperbole MS*m* ou de son opposée.

823. V. Une droite MO (fig. 70.) tirée d'un point M quelconque par le centre & terminée à l'hyperbole opposée, s'appelle un *premier diametre*, & la droite DN tirée par le centre parallelement à la droite MT tangente au point M, & terminée en D, N par deux droites MD, MN tirées du point M parallelement aux asymptotes, s'appelle le *second diametre* conjugué au diametre MO.

824. VI. Une droite IH tirée d'un point quelconque I de l'hyperbole parallelement à la tangente MT & terminée en H par le diametre MO prolongé, s'appelle ordonnée au premier diametre MO, & les droites HM, HO en sont les abscisses.

825. VII. Une droite troisiéme proportionnelle aux deux axes ou à deux diametres conjugués s'appelle *le Parametre* de celui qui est le premier terme de la proportion. Ainsi si on fait ∺ S*s* L*l*. *p*. la ligne *p* est le parametre du premier axe S*s*, qui est le premier terme de la proportion.

826. *Dans l'hyperbole équilatere le parametre est donc égal à chacun des deux axes.*

827. REMARQUE. L'ellipse étant une courbe telle que la somme des distances de chaque point aux foyers est constante, & égale au grand axe ; & l'hyperbole étant une courbe telle que la difference des distances de chaque point aux foyers est aussi constante & égale au premier axe, il est évident que presque toutes les expressions des propriétés de l'Ellipse ne doivent differer de celles des hyperboles, que dans les signes + & —, c'est aussi pour cela que nous ne ferons quasi que copier les Theorêmes & les demonstrations de l'ellipse.

Je ferai donc dans la suite CL ou C*l*$=b$, CS$=a$, le parametre du premier axe $=p$, son ordonnée PM$=y$, la partie CP comprise entre le centre & la rencontre de l'ordonnée $=x$, FC ou SL$=c$. Ainsi on aura SP$=x-a$, *s*P$=x+a$, FP$=x-c$, *f*P$=x+c$, *sf* ou SF$=c-a$, & S*f* ou *s*F$=c+a$.

828. THEOR. I. *Le second demi-axe est moyen proportionnel entre les distances d'un des foyers aux sommets des deux hyperboles.*

C'est-à-dire ∺ FS. CL. F*s* (fig. 68.) ou ∺ $c-a.\ b.\ c+a$. ce qui donne $bb=cc-aa$. Car dans le triangle rectangle SCL, on a LC$^2=$ SL$^2-$CS^2.

829. THEOR. II. *Le quarré de l'ordonnée au premier axe, est au produit de ses abscisses, comme le quarré du second axe, est au quarré du premier.*

Il faut démontrer que $yy.\ xx-aa :: 4bb.\ 4aa :: bb.\ aa.$ ce qui donne $yy=\dfrac{bbxx}{aa}-bb$. On a (816.) *f*M—FM$=2a$, soit $=2z$ la somme de FM+*f*M, on a donc (224.) *f*M$=z+a$, & FM$=z-a$; or FP^2+

$PM^2 = FM^2$, & $fP^2 + PM^2 = fM^2$. c'eſt-à-dire, $xx - 2cx + cc + yy = zz - 2az + aa$, & $xx + 2cx + cc + yy = zz + 2az + aa$, d'où on tire après la ſouſtraction des membres correſpondans, $z = \frac{cx}{a}$, & par la ſubſtitution, la premiere équation devient $xx - 2cx + cc + yy = \frac{ccxx}{aa} - 2cx + aa$, Donc $aayy = a^4 - aacc - aaxx + ccxx$; & diviſant par $bb = cc - aa$, on a $\frac{aayy}{bb} = xx - aa$, d'où on tire $yy = \frac{bbxx}{aa} - bb$. C'eſt là l'équation à l'hyperbole.

830. Coroll. I. Puiſque $bb = aa - cc$, il eſt clair qu'à la place du troiſiéme terme de la proportion précédente, on peut mettre le produit des diſtances d'un des foyers aux ſommets S, *s*.

831. Coroll. II. *Le quarré de l'ordonnée au premier axe, eſt au produit de ſes abſciſſes, comme le parametre eſt au premier axe*, ou $yy.\ xx - aa :: p.\ 2a$. Ce qui donne l'équation au parametre $yy = \frac{pxx}{2a} - \frac{ap}{2}$. Car puiſque $\div 2a.\ 2b.\ p.$ donc $bb = \frac{ap}{2}$ &c.

832. Coroll. III. L'équation à l'hyperbole Equilatere eſt $yy = xx - aa$, car alors $b = a$, & $p = 2a$ (826.)

833. Theor. III. *Le quarré de l'ordonnée* MH *au ſecond axe, eſt à la ſomme des quarrés de la partie* CH, *& du ſecond demi-axe* CL, *comme le quarré du premier axe, au quarré du ſecond axe.*

Dem. $MH = CP = x$, & $CH = MP = y$, or de l'équation $yy = \frac{bbxx}{aa} - bb$, on tire $aabb + aayy = bbxx$. Donc $xx.\ yy + bb :: aa.\ bb$.

834. Coroll. Si on avoit fait $CL = a$, $CS = b$, $MH = y$, $CH = x$ & le parametre du ſecond axe $= p$, l'équation $aabb + aayy = bbxx$ eût été $bbaa + bbxx = aayy$; donc l'équation au ſecond axe de l'hyperbole eſt $yy = \frac{bbxx}{aa} + bb$, & à ſon parametre $yy = \frac{pxx}{2a} + \frac{ap}{2}$. Ainſi *les équations au premier & au ſecond axe different dans les ſignes du ſecond terme du ſecond membre*, ce qu'il faut bien remarquer.

835. Theor. IV. *Les quarrés des ordonnées au premier axe ſont entr'eux comme les produits de leurs abſciſſes.*

La démonſtration & les corollaires comme dans l'ellipſe (voyez les articles 791 & ſuivans.)

836. Probleme. *Faire paſſer une tangente par un point* M (fig. 71.) *donné ſur une hyperbole.*

Solut. Du point M menés aux foyers MF, M*f*, & ayant décrit du centre M avec le rayon MF l'arc FI*m*, diviſés-le en deux également par la droite MT, qui ſera la tangente.

Dem. Il n'y a dans MT que le point M qui ſoit à l'hyperbole, parce que ſi d'un autre point quelconque A on tire aux foyers AF,

Af leur difference ſera toujours plus petite que Ss ou que fm. Car ſi du centre A avec le rayon AF on décrit un arc de cercle, il ira couper Mf en m (404.) & Af en V. Or (495.) fV difference entre AF & Af eſt plus petite que fm, ce qui ſera encore vrai ſi A eſt entre M & T. Donc il n'y a que le point M de commun à MT & à l'hyperbole ; & tous les autres ſont en dehors, car ſi la ligne MT entroit dans l'hyperbole, il faudroit que la difference des diſtances des foyers à chacun des points qui ſeroient en-dedans fût plus grande que Ss.

837. THEOR. V. *L'expreſſion de la ſoutangente* PT *eſt* $\frac{xx-aa}{x}$. La démonſtration eſt ſemblable à celle de l'ellipſe (800.) excepté 1°. que $FM = \frac{-aa+cx}{a}$ qui eſt la ſeconde racine de FM^2. 2°. que $PF = x-c$, ce qui donne $PN = \frac{ccx-aax}{aa}$. 3°. que la derniere diviſion ſe doit faire par $cc-aa$.

838. COROLL. I. ôtant PT de CP, reſte $CT = \frac{aa}{x}$, & par conſéquent ∺ CP. CS. CT.

839. COROLL. II. Otant CT de CS, reſte $ST = \frac{ax-aa}{x}$.

840. THEOR. VI. *L'expreſſion de la ſouperpendiculaire* PN *eſt* $\frac{bbx}{aa}$ ou $\frac{px}{2a}$.

DEM. Puiſque (837.) $PN = \frac{ccx-aax}{aa}$, & que (828) $bb = cc-aa$, en ſubſtituant la valeur de cc, on a $PN = \frac{bbx}{aa}$. De même en ſubſtituant $\frac{ap}{2} = bb$ (831.) on a $\frac{bbx}{aa} = \frac{px}{2a}$.

REMARQUE. Les propriétés ſuivantes ſont plus particulieres à l'hyperbole que les précédentes.

841. THEOR. VII. *Ayant prolongé une ordonnée* PM (fig. 68.) *au premier axe, enſorte qu'elle ſoit terminée de part & d'autre aux aſymptotes, en* N *& en* n, *je dis que* $NM \times Mn = CL^2$, *ou que* ∺ NM. SQ. Mn.

DEM. De l'équation $yy = \frac{bbxx}{aa} - bb$ on tire bb ou $CL^2 = \frac{bbxx}{aa} - yy$; mais à cauſe des triangles ſemblables CSL, CPM on a CS. CL :: CP. PN. Donc $PN = \frac{bx}{a}$, donc $MN = \frac{bx}{a} - y$; & $Mn = \frac{bx}{a} + y$. Donc $MN \times Mn = \frac{bbxx}{aa} - yy = CL^2$.

842. COROLL. I. *Deux ou tant d'ordonnées* MP, $\mu\pi$ *&c. qu'on voudra étant prolongées de la sorte, on aura toujours* $MN \times Mn = \mu\nu \times \mu r$ *&c.*

843. SCHOLIE. Les lignes PM, Pm étant égales, il est clair que MN, mn le sont aussi : Donc $mn \times mN = CL^2 = tr \times tv$.

844. COROLL. II. *L'asymptote d'une hyperbole s'en approche de plus en plus sans pouvoir la rencontrer qu'à une distance infinie.*

DEM. 1°. Puisque $PN = \frac{bx}{a}$, $PN^2 = \frac{bbxx}{aa}$; or $PM^2 = \frac{bbxx}{aa} - bb$, PM est donc nécessairement toujours plus petit que PN. Donc l'hyperbole ne peut rencontrer l'asymptote. 2°. $MN \times Mn$ étant un produit constant, en quelque endroit que soit pris le point M, il est clair que plus le point M est loin du centre, plus Mn devient grande, & par conséquent plus MN doit devenir petite, donc l'hyperbole approche toujours de l'asymptote.

SCHOLIE. C'est-pourquoi on peut regarder les asymptotes comme des tangentes infinies.

845. THEOR. VIII. *Si par un point* M *d'une hyperbole on tire à l'asymptote voisine une droite* MR *parallele à l'autre asymptote, je dis que* $MR \times RC = SK^2$, *ou* ∺ MR. SK. RC.

DEM. Ayant tiré MG parallelement à RC, on a MG=RC; & à cause des triangles semblables MNR, SQK on a MR. SK :: MN. SQ. Or (841.) MN. SQ :: SQ. Mn, & à cause des triangles semblables SQK, MnG on a SQ. Mn :: QK ou SK. MG ou RC. Donc MR. SK :: SK. RC.

846. SCHOLIE. Toute ligne comme MR parallele à une asymptote peut être regardée comme ordonnée à l'asymptote voisine (733.) & son abscisse est CR : si donc on fait $MR = y$, $RC = x$, CK ou $SK = a$, on aura $xy = aa$ pour *l'équation à l'hyperbole entre ses asymptotes.*

847. THEOR. IX. *Si on tire une droite quelconque* EF (fig. 69.) *à travers une hyperbole & terminée aux asymptotes, les deux parties* EG, FI *sont égales entr'elles.*

DEM. Par les points G, I, menés les ordonnées prolongées DT, BQ, puisque (842.) $DR \times RT$ ou $TG \times GD = BI \times IQ$, on a donc IQ. TG :: GD. BI. Mais à cause des paralleles DT, BQ, les triangles GTE : EIB, sont semblables, aussi-bien que FBI & FGD. Donc GD. BI :: GF. IF. &, IQ. TG :: IE. GE. Donc GF. IF :: IE. GE. Donc GF—IF. IF :: IE—GE. GE. ou IG. IF :: IG. GE. donc IF=GE.

848. SCHOLIE. Delà on tire une maniere de décrire une hyperbole étant données ses asymptotes & un de ses point I, car si par ce point on tire tant de droites AP, BQ, FE qu'on voudra terminées aux asymptotes, en prenant les parties PH, QK, GE &c. égales aux parties AI, BI, FI, ou aura les points H, K, G, &c. par où doit passer l'hyperbole.

849. COROLL. *Une tangente quelconque terminée aux asymptotes est divisée en deux également par le point de contact.* Car si la ligne FE tirée à volonté n'entroit qu'infiniment peu dans l'hyperbole, ou de-

venoit fr, alors les points I, G seroient confondus & formeroient le point de contact, & on auroit toujours $ft = te$.

850. THEOR. X. *Si on décrit deux hyperboles opposées* DL, Nl (fig. 70.) *dont le premier axe soit* Ll, *& le second* Ss, (ces deux hyperboles s'appellent alors *conjuguées* aux deux autres MSI, OsZ) je dis 1°. *que leurs asymptotes sont* zCQ, ZCq. Car à cause du rectangle QqzZ, les droites CQ, CZ sont des lignes qui passent par le centre C & par les extrémités Q, Z d'une perpendiculaire QZ égale au second axe Ss, & dont le milieu passe par le sommet L de l'hyperbole NL.

851. Je dis 2°. *Que tout second diametre* DN *des hyperboles* MSI, OsZ *est un premier diametre des hyperboles conjuguées, & réciproquement.* Car si du point M on tire MYD parallele à l'asymptote CZ & terminée en D par l'hyperbole voisine, on aura (845.) $CY \times YM = CK^2 = CK \times KS$. De même $CY \times YD = CK \times KL$. Or (821.) $SK = KL$, Donc $CY \times YM = CY \times YD$; Donc $YM = YD$. Cela posé les triangles tMY, tCV étant semblables, & $tM = MV$ (849.), on a $tY = YC$; Donc si du point D on tire DC, (qui sera un premier demidiametre de l'hyperbole DL) les triangles tMY, CYD seront égaux & semblables, & par conséquent DC sera parallele à la tangente MT, donc aussi (823.) DC sera le second demi-diametre de l'hyperbole MSI.

852. COROLL. I. Puisque $DC = tM$, $DN = tV$, ainsi $tDNV$ forme toujours un parallelogramme, & *les diametres sont coupés en deux également par le centre.*

853. COROLL. II. Etant donnés de grandeur & de position les deux diametres d'une hyperbole, il est facile d'en trouver les asymptotes. Par l'extrémité M du premier diametre tirés tV parallelement au second, & faites Mt, MV égales aux moitiés du second diametre. Ou bien joignés les extrémités M, D des deux diametres, & par le centre & par le milieu Y de la ligne MD, faites passer une droite CY qui sera une des asymptotes; l'autre sera une droite tirée du centre parallelement à MD.

854. COROLL. III. Réciproquement étant données les asymptotes & un point M d'une hyperbole, il est facile d'en trouver deux diametres conjugués, en tirant indéfiniment MD parallele à l'asymptote VC, & faisant $YD = YM$, & les droites MC, DC seront deux demi-diametres conjugués; ou bien en tirant la tangente MV terminée à l'asymptote & faisant passer par C, la droite CD parallele & égale à MV.

855. THEOR. XI. *Si de deux points quelconques* I, R (fig. 69.) *pris sur une hyperbole on tire à volonté deux droites* IA, RX *paralleles entr'elles & terminées à l'asymptote voisine, & deux autres* IE, RY *aussi paralleles & terminées à l'autre asymptote, je dis que* $IA \times IE = RX \times RY$.

DEM. Par les points I, R menés BQ, DT perpendiculaires à l'axe & terminées aux asymptotes, elles formeront les triangles semblables BIA, DRX, & IQE, TRY. Donc IB. IA :: DR. RX. & IQ. IE :: RT. RY. Donc (302.) IB×IQ. IA×IE :: DR×RT. RX×RY. Or (842.) IB×IQ=DR×RT. Donc IA×IE=RX×RY.

856. COROLL. I. *Si on tire à travers une hyperbole deux droites à volonté* FE, ZY *paralleles entr'elles & terminées aux asymptotes, on aura toujours* FI×IE=ZR×RY.

857. COROLL. II. *Si ayant tiré une tangente quelconque* tMV (fig. 70.) *terminée aux asymptotes, on lui tire une parallele quelconque* Aa *aussi terminée aux asymptotes, il est clair que* aI×IA=tM×MV or (849.) tM=MV Donc aI×IA=MV².

858. THEOR. XII. *Le quarré d'une ordonnée quelconque* HI *a un premier diametre* MO, *est au produit* HM×HO *de ses abscisses, comme le quarré du second diametre* DN, *au quarré du premier* MO.

DEM. Prolongés l'ordonnée HI de part & d'autre en A & en *a* jusqu'aux asymptotes, & parce qu'elle est parallele à la tangente *t*V qui est coupée (849.) en deux également en M, la droite A*a* est coupée aussi en deux également en H, soit donc CM$=a$, CN ou MV$=b$, CH$=x$, HI$=y$, donc HM$=x-a$, & HO$=x+a$, il faut démontrer que $yy.\ xx-aa :: 4bb.\ 4aa$, ce qui donne $yy=\frac{bbxx}{aa}-bb$. à cause des triangles semblables CMV, CHA, on a CM. MV :: CH. HA, donc HA$=\frac{bx}{a}$. Donc IA$=\frac{bx}{a}-y$. & I*a*$=\frac{bx}{a}+y$. Donc IA×I*a* $=\frac{bbxx}{aa}$ yy. Or (857.) IA×I*a*=MV²$=bb$. Donc $\frac{bbxx}{aa}-yy=bb$ ou $yy=\frac{bbxx}{aa}-bb$.

859. COROLL. Il est donc clair que *les propriétés des ordonnées à un premier diametre quelconque d'une hyperbole sont les mêmes que celles des ordonnées au premier axe*, puisqu'elles sont représentées par la même équation; & parce que les autres propriétés des axes de l'hyperbole énoncées aux articles 831, 833, 834, 835 sont déduites de l'équation $yy=\frac{bbxx}{aa}-bb$, il est clair aussi qu'elles conviennent à deux diametres conjugués quelconques.

Comparaisons & propriétés générales des Sections Coniques.

860. THEOR. I. *Dans toute section conique, l'ordonnée à l'axe qui aboutit au foyer, est la moitié du parametre de cet axe.*

DEM. 1°. Dans la parabole on a dans ce cas $x=\frac{1}{4}p$, mettant donc $\frac{1}{4}p$ à la place de x dans l'equation $yy=px$, on a $yy=\frac{1}{4}pp$ & par conséquent $y=\frac{1}{2}p$.

2°. Dans l'ellipse on a $c=x$, & à cause de $cc=aa-bb$ (786.), on a $xx=aa-bb$ ou $bb=aa-xx$. Donc l'équation $\frac{aayy}{bb}=aa-xx$ (587.) devient $\frac{aayy}{aa-xx}=aa-xx$, ôtant la fraction, & faisant l'extraction de la racine, $ay=aa-xx$. Or (803.) $bb=\frac{ap}{2}$ donc aussi $\frac{ap}{2}=aa-xx$, donc $ay=\frac{ap}{2}$, Donc en divisant tout par a, $y=\frac{1}{2}p$.

3°. Dans l'hyperbole on a aussi $c=x$, d'où on tire $bb=xx-aa=\frac{ap}{2}$, & par des opérations semblables aux précédentes, de l'équation $\frac{aayy}{bb}=xx-aa$ (829.) on tire $x=\frac{1}{2}p$.

861. COROLL. *Le parametre d'un axe est donc égal à la perpendiculaire qui passe par le foïer, & qui est terminée de part & d'autre à la section.*

862. THEOR. II. *La distance* FS *du sommet d'une section conique au plus proche foïer, est par rapport au quart du parametre de l'axe, égale dans la parabole, plus grande dans l'ellipse, & plus petite dans l'hyperbole.*

DEM. 1°. Pour la parabole (voyez art. 756.)

2°. Dans l'ellipse il faut faire voir que $a-c$ est plus grand que $\frac{1}{4}p$. De ce que $bb=aa-cc$ (786.) & $bb=\frac{ap}{2}$, on tire $2aa-2cc=ap$. Donc $2a+2c$. a :: p. $a-c$, or c étant toujours plus petit que a, a est plus que le quart de $2a+2c$, donc $a-c$ est plus que $\frac{1}{4}p$.

3°. Dans l'hyperbole il faut faire voir que $c-a$ est plus petit que $\frac{1}{4}p$. De ce que $bb=cc-aa$ (828.) & $bb=\frac{ap}{2}$, on a $2cc-2aa=ap$, donc $2c+2a$. a :: p. $c-a$. or c étant toujours plus grand que a, a est moins que le quart de $2c+2a$, donc $c-a$ est moins que $\frac{1}{4}p$.

863. THEOR. III. *Dans toute section conique la soutangente* PT (fig. 63, 65 & 71.) *est par rapport à l'abscisse* SP, *double dans la parabole, plus que double dans l'ellipse, moins que double dans l'hiperbole.*

DEM. 1°. Pour la parabole voyez art. 770.

2°. Dans l'ellipse SP$=a-x$, & PT$=\frac{aa-xx}{x}$ (800.) Donc PT. $a-x$ ou SP :: $a+x$. x. or a étant toujours plus grand que x, $a+x$ est plus que le double de x, donc PT est plus que le double de SP.

3°. Dans l'hyperbole SP$=x-a$, & PT$=\frac{xx-aa}{x}$ (837). Donc PT. $x-a$ ou SP :: $x+a$. x. or a étant toujours plus petit que x, $x+a$ est plus petit que le double de x, donc PT est moins que le double de SP.

864. COROLL. *Dans toute section conique la partie extérieure ST de la soutangente est par rapport à l'abscisse SP, égale dans la parabole, plus grande dans l'ellipse, plus petite dans l'hyperbole.*

865. THEOR. IV. *Dans toute section conique, la souperpendiculaire est par rapport à la moitié du parametre, égale dans la parabole, moindre dans l'ellipse, plus grande dans l'hyperbole.*

DEM. 1°. Pour la parabole, voyez art. 768.

2°. Dans l'ellipse & dans l'hyperbole la souperpendiculaire NP $=\frac{px}{2a}$. Donc NP. $\frac{1}{2}p::x.a$. Or x est toujours plus petit que a dans l'ellipse, & plus grand dans l'hyperbole, donc &c.

866. COROLLAIRE GENERAL. De toutes ces comparaisons, & de la formation des sections coniques, il résulte 1° que la parabole est une courbe moyenne entre l'ellipse & l'hyperbole; qu'on la peut regarder comme une portion d'ellipse dont le centre est infiniment éloigné du foyer, & à plus forte raison dont les foyers sont infiniment éloignés: ou comme une hyperbole dont l'opposée est infiniment éloignée au-delà du sommet, ou dont le centre est à une distance infinie du sommet. 2°. Que l'ellipse & l'hyperbole sont deux Polygones simmetriques dont les côtés sont infiniment petits; l'ellipse un Polygone tout composé d'angles saillans, & les quatre hyperboles conjuguées forment un Polygone symmetrique tout composé d'angles rentrans, exceptés les quatre angles saillans qui sont formés à la rencontre des asymptotes & des hyperboles, & qui sont par conséquent à une distance infinie du centre. Ce qui se démontre parce que tous les diametres sont coupés en deux également par le centre, & que les deux tangentes qui passent par leurs extrémités sont paralleles entr'elles, puisqu'elles sont paralleles aux ordonnées de ces diametres. 3°. Qu'on peut regarder le cercle comme une ellipse dont les axes sont égaux, ou dont le parametre est égal au diametre, puisque le parametre d'une ellipse est égal à la double ordonnée qui passe par le foyer (861.) 4°. Enfin que parce que dans l'hyperbole équilatere le parametre est égal à l'axe, cette hyperbole doit avoir beaucoup de propriétés analogues à celles du cercle.

867. En prenant toujours les abscisses en-dedans des sections coniques, & en mettant leur origine au sommet du diametre auquel les ordonnées sont tirées, on peut faire une équation générale qui leur convienne à toutes.

Par exemple de ce que (815.) le quarré de l'ordonnée au diametre d'une ellipse quelconque est au produit de ses abscisses, comme le parametre de ce diametre est à ce diametre; il est clair que si on suppose le diametre MO$=d$ (*fig. 66.*) son parametre $=p$, l'ordonnée IH$=y$, son abscisse HM$=x$, l'autre abscisse HO sera $=d-x$. On aura donc $yy.dx-xx::p.d.$ & par conséquent $yy=px-\frac{pxx}{d}$. Or je dis qu'on peut rapporter cette équation à toutes les sections coniques, suivant les différentes valeurs respectives des lettres p & d, & suivant la position du diametre d.

Car, 1°. Si le diametre d est en dedans de la courbe, comme il arrive toûjours au cercle, à la parabole & à l'ellipse, & si p & d sont deux quantités égales, l'équation $yy = px - \frac{pxx}{d}$ devient par la substitution, $yy = dx - xx$, & c'est l'équation au cercle (734.) Ce qui fait voir que l'ellipse se change en un cercle, quand ses diametres conjugués deviennent égaux entr'eux.

Si p & d sont deux quantités inégales, l'équation $yy = px - \frac{pxx}{d}$ est proprement celle de l'ellipse.

Si p est infiniment plus petit que d, ou si d devient une quantité infinie, alors l'équation $yy = px - \frac{pxx}{d}$ devient $yy = px$, & c'est (757.) l'équation à la parabole. D'où on voit que plus une ellipse devient allongée, plus sa courbure & ses propriétés approchent de celles de la parabole.

2°. Si le diametre d est en-dehors de la courbe, comme dans l'hyperbole, alors l'abscisse HI (fig. 70.) étant $= y$, l'autre abscisse HO sera $d + x$, & parce qu'on a la même proportion pour les diametres de l'hyperbole, que pour ceux de l'ellipse, l'équation à l'hyperbole sera $yy = px + \frac{pxx}{d}$ qui ne differe de la précédente que dans le signe du second membre.

Si donc d & p sont deux quantités inégales, cette équation est proprement celle de l'hyperbole.

Si d est égal à p, cette équation devient $yy = dx + xx$, & c'est celle de l'hyperbole équilatere.

Si d & p sont deux quantités infiniment petites, l'équation devient $yy = xx$, ou $y = x$, ce qui est l'équation au triangle rectiligne; car il est évident que toutes les droites tirées en-dedans d'un triangle parallelement à sa base, peuvent être regardées comme les ordonnées de ce triangle, & les parties d'un des côtés coupées par ces ordonnées & comptées depuis le sommet, peuvent être considérées comme les abscisses. Or ces ordonnées sont toujours entr'elles comme les abscisses, & cette égalité perpétuelle de rapport s'exprime par $y = x$.

Pour rapporter tout de suite la premiere équation $yy = px - \frac{pxx}{d}$ à l'hyperbole, on peut se servir d'une regle générale que les Geometres ont établie pour les signes des équations, qui est, *quand il y a un point fixe, une ligne fixe, un plan fixe &c. auquel on rapporte des quantités ou des parties de quantités, toutes celles qui sont précisément dans le lieu fixe sont supposées* $= 0$, *on fait positives toutes celles qui sont d'un certain côté du lieu fixe, & négatives toutes celles qui sont de l'autre côté* : On marque par exemple toutes les lignes qui vont de gauche à droite par le signe $+$, & toutes celles qui vont de droite à gauche par le signe —, ou réciproquement &c. De cette sorte après le calcul, on trouve la situation des quantités, par le signe dont elles se trouvent précédées.

Cela posé, les diametres des hyperboles étant toujours en-dehors, & les ordonnées aux premiers diametres aussi-bien que leurs abscisses étant en-dedans, il est clair que dans l'équation générale de l'ellipse $yy = px - \frac{pxx}{d}$, il faut faire d négatif, pour la rapporter à l'hyperbole, on aura donc $yy = px - \frac{pxx}{-d}$, ou bien $yy = px + \frac{pxx}{d}$.

868. PROBLEME. *Trouver des diametres d'une section conique donnée quelconque, & déterminer son espece par leur moyen.*

SOLUT. 1°. Menez deux droites quelconques paralleles entr'elles, & terminées de part & d'autre à la section : la droite qui passera par le milieu de ces deux paralleles sera un diametre.

2°. Menez de même deux autres paralleles, mais obliques aux deux précédentes, pour avoir un autre diametre : si ces deux diametres se trouvent paralleles, la section est une parabole ; s'ils se coupent au-dedans de la section, c'est une ellipse ; s'ils se coupent en dehors, c'est une hyperbole, & le point d'intersection est le centre.

869. SCHOLIE. Il reste maintenant à démontrer que les trois sections du cone exposées aux art. 746. & suivans, forment les trois courbes dont on a rapporté les propriétés.

1°. Si le cone ABC (fig. 72.) est coupé par un plan ensorte que l'axe Sp de la section soit parallele à l'apothême AB, & que ce plan soit perpendiculaire au diametre BC de la base du cone qui aboutit à cet apothême, je dis que la courbe mSM qui termine cette section est une parabole.

DEM. Faites passer un plan parallele à celui de la base, la section sera un cercle comme EMD (745.) & parce que les deux cercles EMD, BmC sont coupés en MM, & en mm par la section, puis en ED & en BC par le plan du triangle ABC qui passe par le sommet A & par les apothêmes opposés AB, AC, il est clair (581.) que les droites MM, mm sont paralleles entr'elles, aussi-bien que les diametres ED, BC. Or on a supposé mm perpendiculaire à BC, donc MM est perpendiculaire à ED. D'ailleurs les diametres ED, BC étant coupés en P & en p par l'axe Sp de la section, cet axe est (571.) dans le plan de ces diametres ou du triangle ABC ; donc MM, & mm sont aussi perpendiculaires à Sp. Ainsi les droites pm, PM sont des ordonnées communes aux cercles BmC, EMD & à la section mSm. Maintenant (520.) $pm^2 = Bp \times pC$, & $PM^2 = EP \times PD$. Donc $pm^2 . PM^2 :: Bp \times pC . EP \times PD$. Mais à cause des paralleles AB, Sp on a $EP = Bp$; donc (292.) $pm^2 . PM^2 :: pC . PD$. Donc la courbe mSm est telle que les quarrés de ses ordonnées sont entr'eux comme leurs abscisses, donc (759.) cette courbe est une parabole.

2°. Si l'axe SD (fig. 73.) de la section est plus incliné sur le diametre CB de la base du cone que n'est l'apothême AC ; & si par conséquent le plan coupant peut couper le cone de part en part ; je dis que la section SMs est une ellipse.

Dem. Ayant fait passer deux plans paralleles à la base du cone, on aura deux cercles EmF, GMH qui couperont le plan de la section, & on verra comme cy-dessus, que mp & MP sont des ordonnées communes au cercle & à la section : & que par la propriété des cercles on a $mp^2. MP^2 :: Ep \times pF. GP \times PH$. Mais à cause des triangles semblables SPH, SpF, & sEp, sGP, on a $pF. PH :: Sp. SP$. & $Ep. GP :: sp. sP$. Donc (302.) $Ep \times pF. GP \times PH :: sp \times Sp. sP \times SP$. Donc $pm^2. PM^2 :: sp \times Sp. sP \times SP$. Donc la section sMS est une courbe telle que les quarrés de ses ordonnées sont entr'eux comme les produits des abscisses, donc c'est une ellipse. (792.)

3°. Si l'axe Sp (fig. 74.) de la section est moins incliné sur BC que ne l'est l'apothême AB, & si par conséquent il peut aller rencontrer le cone opposé en s, je dis que la section SMm est une hyperbole, & que son opposée a son sommet en s.

Dem. A cause des cercles EMD, BmC on a, $pm^2. PM^2 :: Bp \times pC. EP \times PD$. Or à cause des triangles semblables DPS, CpS, & psB, PsE, on a, $pC. PD :: pS. PS$. & $pB. PE :: ps. sP$. Donc $pC \times pB. PD \times EP :: pS \times ps. PS \times sP$. Donc en substituant $pm^2. PM^2 :: pS \times ps. PS \times Ps$. c'est la propriété de l'hyperbole. (835.)

870. Coroll. Il est clair que si on fait passer par le sommet du cone, un plan parallele à celui de la section, ce plan touchera le cone dans le cas de la parabole, il sera totalement en dehors dans le cas de l'ellipse, & il entrera dans le cone dans le cas de l'hyperbole : & si on applique deux plans qui touchent l'hyperbole le long des lignes droites, suivant lesquelles ce plan qui passe par le sommet coupe la surface du cone, les intersections de ces deux plans avec le plan des hyperboles en seront les asymptotes. Or il est clair que puisque ces deux plans touchent chaque élément du cone dans celui de leurs points qui est dans un plan parallele à celui de la section, ils ne pourront plus toucher aucun de ces élémens dans un autre point ; donc ils ne pourront pas rencontrer l'hyperbole, puisque son plan est parallele à celui dans lequel sont tous les points de contingence.

FIN.

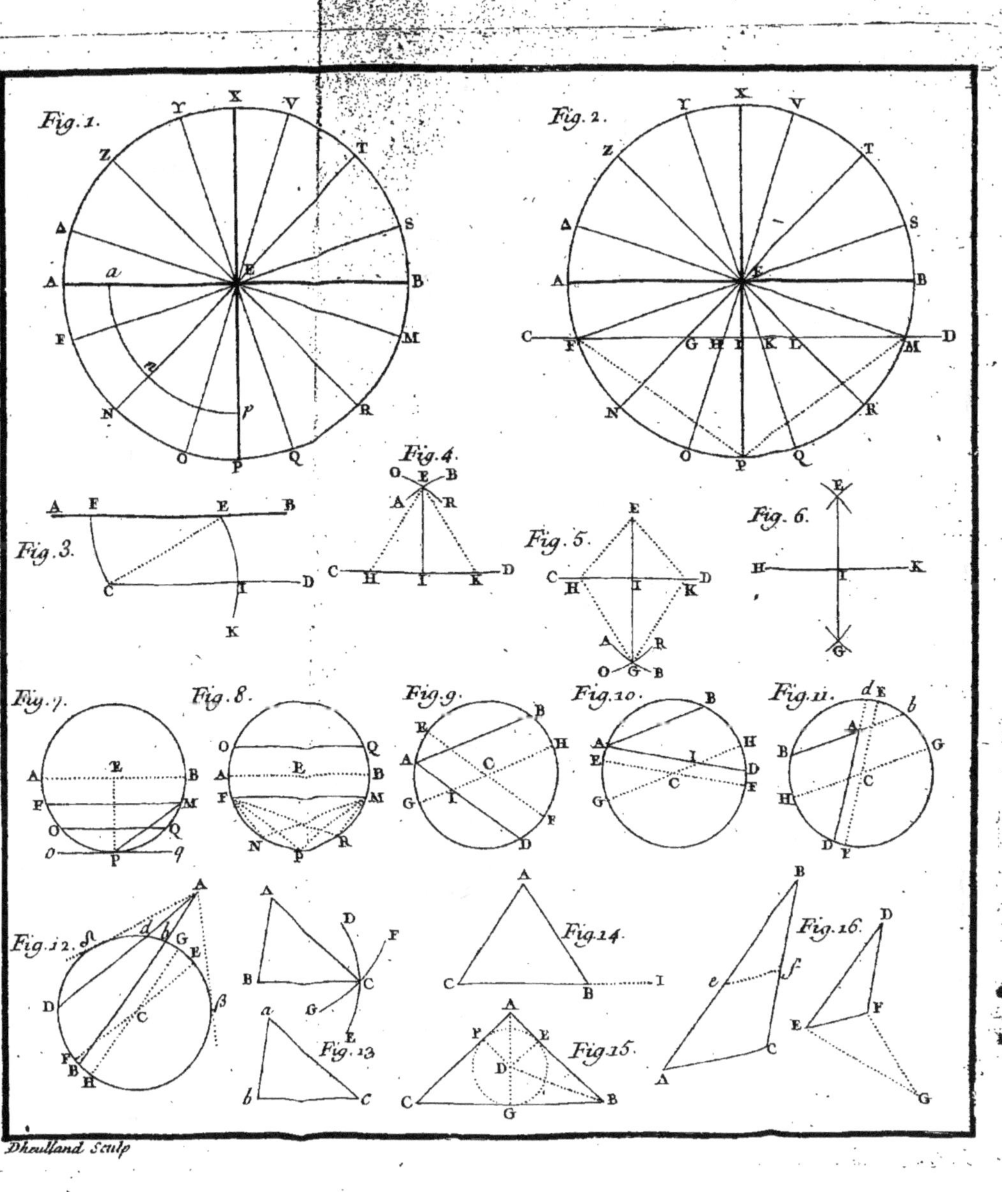

Fig. 1.
Fig. 2.
Fig. 3.
Fig. 4.
Fig. 5.
Fig. 6.
Fig. 7.
Fig. 8.
Fig. 9.
Fig. 10.
Fig. 11.
Fig. 12.
Fig. 13
Fig. 14.
Fig. 15.
Fig. 16.
Dheulland Sculp

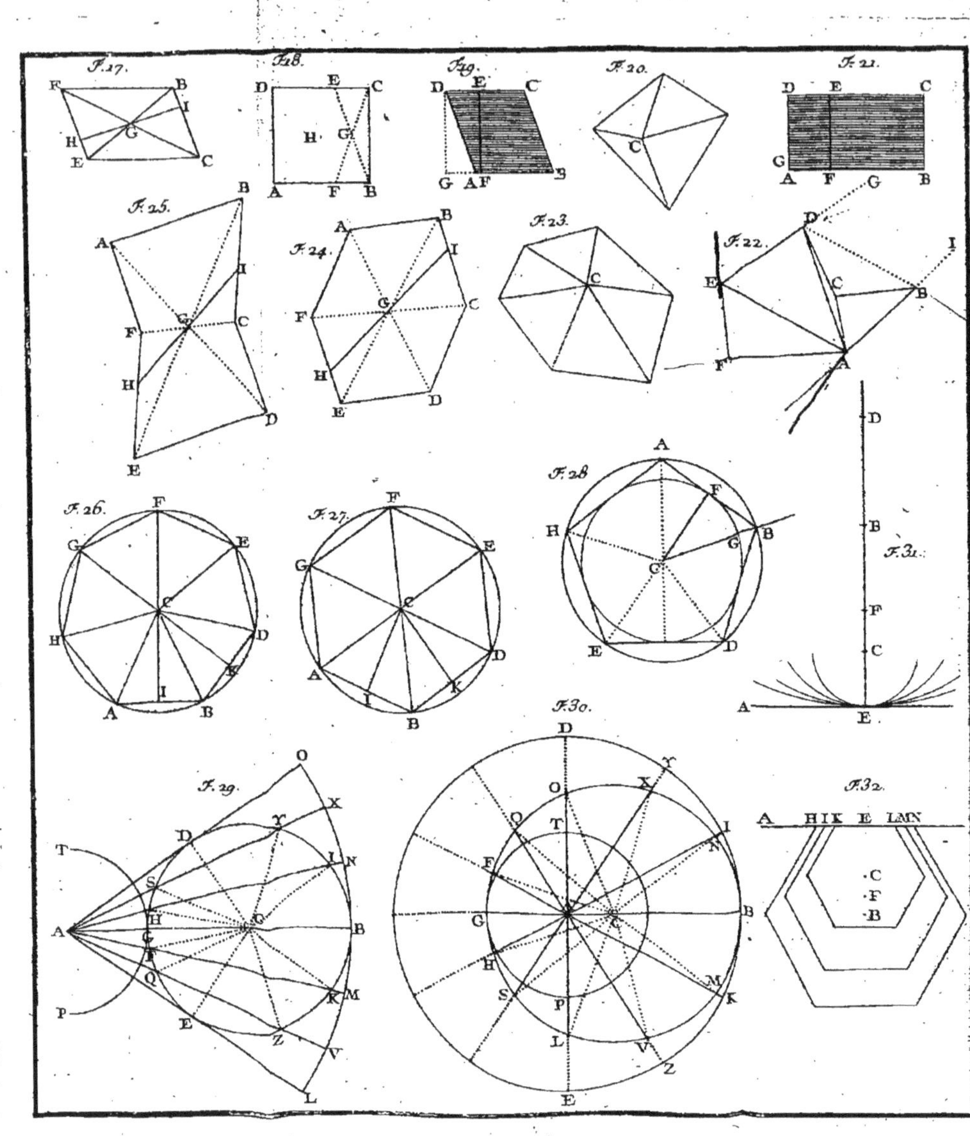

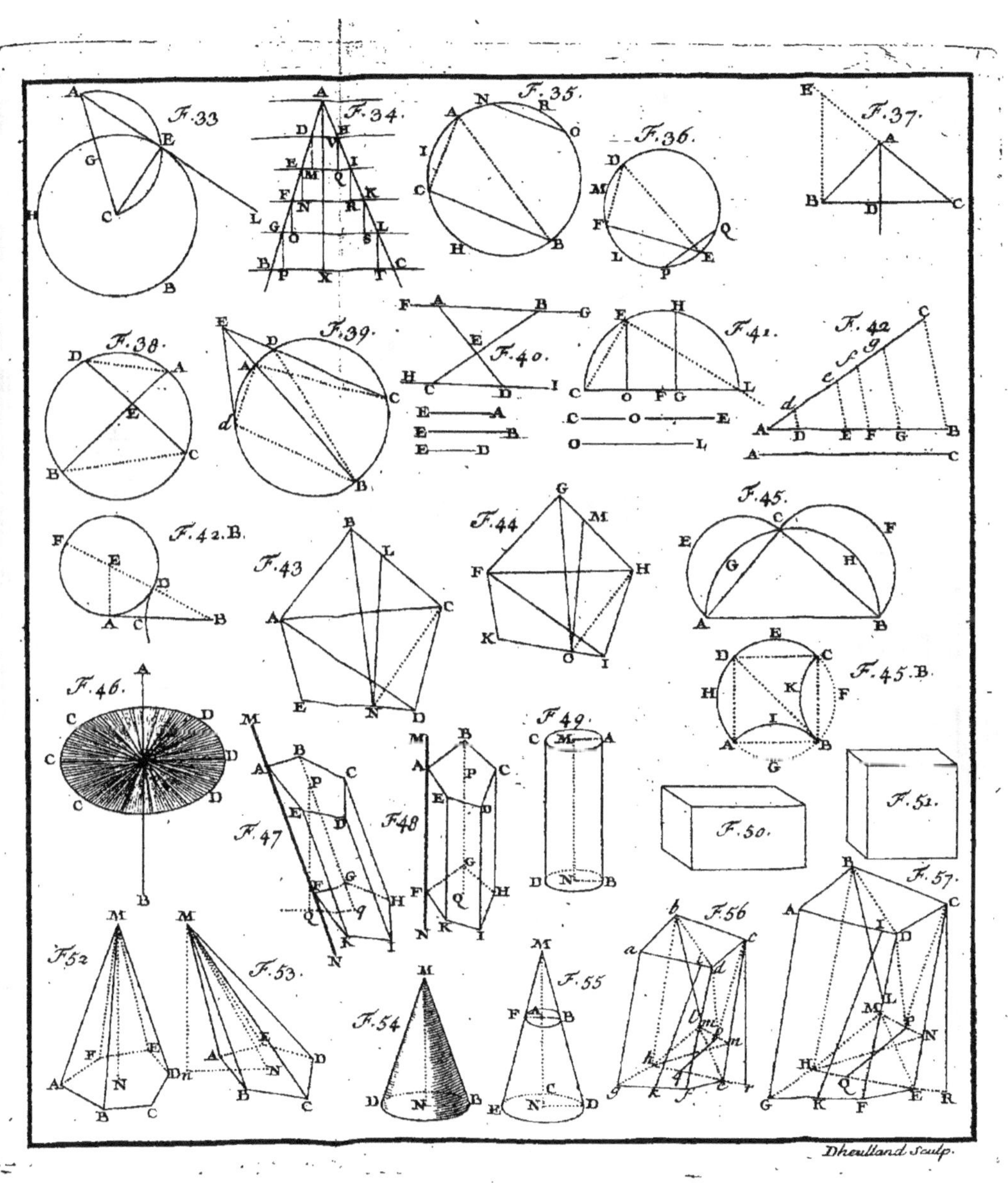
F.33
F.34
F.35
F.36
F.37
F.38
F.39
F.40
F.41
F.42
F.42.B.
F.43
F.44
F.45
F.45.B.
F.46
F.47
F.48
F.49
F.50
F.51
F.52
F.53
F.54
F.55
F.56
F.57
Dheulland Sculp.

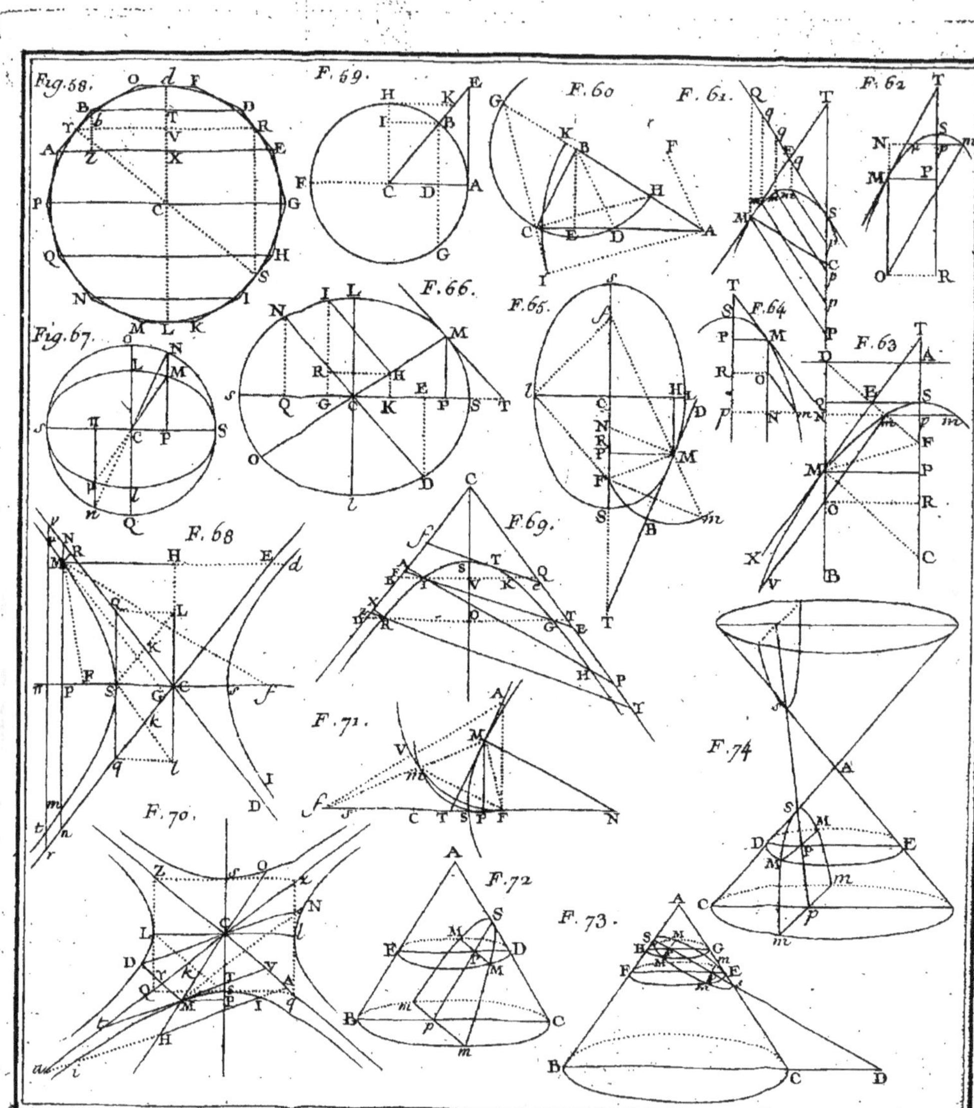
Fig. 58.
F. 59.
F. 60
F. 61.
F. 62
F. 63
F. 64
F. 65.
F. 66.
Fig. 67.
F. 68
F. 69.
F. 70.
F. 71.
F. 72
F. 73.
F. 74

FAUTES A CORRIGER.

Pages.	Lignes.	
10	25	Colomne 3. *lisez* $8\times7=56$, & au-dessous *lis.* $8\times8=64$.
39	8	*lisez* pour diviser $4\frac{2}{3}$ par $2\frac{1}{4}$.
48	21	*lisez* 17 j. 11h. 47′ 5″
59	24	*lisez* un certain nombre pair de chiffres.
61	24 & suiv.	*corrigez l'exemple comme il suit*, l'expression $\sqrt[3]{432}$ est telle, que 432 peut etre divisé sans reste par le cube de 3 qui est 27, & par le cube de 2 qui est 8; Car $\frac{432}{27}=16$, & $\frac{432}{8}=54$. On peut donc réduire $\sqrt[3]{432}$ à l'une ou à l'autre de ces deux expressions équivalentes $3\sqrt[3]{16}$ ou $2\sqrt[3]{54}$ &c.
62	1	*lisez* ou bien $\frac{aq}{bp}\sqrt[n]{\frac{cp^n}{dq^n}}$
64	19	*lisez* $a^{-2}=\frac{1}{a^2}$ &c. & en général $a^{-m}=\frac{1}{a^m}$.
65	15	lisez $a^{\frac{q}{n}}$ au lieu de $a^{\frac{n}{q}}$,
	17	lisez $b^{-m}=\frac{1}{b^m}$ & *ligne* 20 *lisez* ou bien $\frac{1}{b^{\frac{m}{p}}}$
114	13	*mettez* au troisiéme terme de la progression ∞^2
145	11	*lisez* qu'il y a des côtés moins deux, sçavoir &c.
206	34	*lisez* & on aura 108.3. pour la &c.
207	1	*lisez* Je dis que 4.615 est &c.
218	32	*lisez* $EO^2=CO\times OL$. *Lig.* 42 *lis.* on aura $LO=a-x$
224	12	*lisez* $Np-Nm$ *au lieu de* $NP-Nm$
227	15	*lisez* on a $cc-2cx+xx+yy=aa-2cx+\frac{ccxx}{aa}$
229	4	*lisez* donc $PN=\frac{aac-ccx}{aa}-c+x$, & *ligne* 16 *lisez* $PN=\frac{aax-ccx}{aa}$
236	29	*lisez* CPN *au lieu de* CPM
237	35	*lisez* , EIQ *au lieu de* , EIB
240	2	*lisez* (787) *au lieu de* (587) *lig.* 7 *l.* on tire $y=\frac{1}{2}p$
242	15	*lisez* alors l'ordonnée HI (fig. 70) étant $=y$, & l'abscisse $HM=x$, l'autre &c.
243	41	après PD *ajoutez*, & à cause des triangles semblables SPD, SpC, on a pG. PD : : Sp. SP. Donc pm^2. PM^2 : : Sp. SP. Donc la courbe &c.

Dans la figure 69. *mettez* sur la ligne *fe* un petit *t* à la place de T.

Dans la figure 74 *mettez* B au bout du diametre C.

EXTRAIT DES REGISTRES

DE L'ACADEMIE ROYALE DES SCIENCES,

Du 29 Juillet 1741.

MEssieurs Clairaut & de Montigni, ayant lû par ordre de l'Académie des Elémens d'Algebre & de Géometrie, composés par Monsieur l'Abbé de la Caille, & ayant fait leur rapport, l'Académie a jugé cet Ouvrage digne de l'impression. En foi de quoi j'ai signé le present Certificat à Paris, ce 31 Juillet 1741.

Signé, DORTOUS DE MAIRAN, *Secr. perp. de l'Ac. R. des Sc*

PRIVILEGE DU ROI.

LOUIS, par la grace de Dieu, Roi de France & de Navarre : A nos amés & féaux Conseillers, les Gens tenans nos Cours de Parlement, Maîtres des Requêtes ordinaires de notre Hôtel, Grand Conseil, Prevôts de Paris, Baillifs, Sénéchaux, leurs Lieutenans Civils, & autres nos Justiciers, qu'il appartiendra, SALUT. Notre ACADEMIE ROYALE DES SCIENCES nous a très-humblement fait exposer, que depuis qu'il nous a plû lui donner par un Réglement nouveau de nouvelles marques de notre affection, Elle s'est appliquée avec plus de soin à cultiver les Sciences, qui font l'objet de ses exercices, ensorte qu'outre les Ouvrages qu'elle a déja donnés au public, Elle seroit en état d'en produire encore d'autres, s'il nous plaisoit de lui accorder de nouvelles Lettres de Privilége, attendu que celle que Nous lui avons accordées en date du six Avril 1693. n'ayant point eû de tems limité, ont été déclarées nulles par un Arrêt de notre Conseil d'Etat, du 13 Août 1704. celles de 1713. & celles de 1717. étant aussi expirées; & désirant donner à notredite Académie en corps & en particulier & à chacun de ceux qui la composent, toutes les facilités & les moyens qui peuvent contribuer à rendre leurs travaux utiles au Public, Nous avons permis & permettons par ces Présentes à notredite Académie, de faire vendre ou débiter dans tous les lieux de notre obéissance, par tel Imprimeur ou Libraire qu'elle voudra choisir, *Toutes les Recherches ou Observations journalieres, ou Relations annuelles de tout ce qui a été fait dans les assem-*

blées de notredite Académie Royale des Sciences; comme aussi les Ouvrages, Mémoires, ou Traités de chacun des Particuliers qui la composent, & généralement tout ce que ladite Académie voudra faire paroître, après avoir fait examiner lesdits Ouvrages, & jugé qu'ils sont dignes de l'impression; & ce pendant le tems & espace de quinze années consécutives, à compter du jour de la date desdites Présentes. Faisons défenses à toutes sortes de personnes de quelque qualité & condition qu'elles soient, d'en introduire d'impression étrangére dans aucun lieu de notre obéissance: comme aussi à tous Imprimeurs-Libraires, & autres, d'imprimer, faire imprimer, vendre, faire vendre, débiter ni contrefaire aucun desdits Ouvrages ci-dessus spécifiés, en tout ni en partie, ni d'en faire aucuns extraits, sous quelque prétexte que ce soit, d'augmentation, correction, changement de titre, feuilles même séparées, ou autrement, sans la permission expresse & par écrit de notredite Académie, ou de ceux qui auront droit d'Elle, & ses ayans cause, à peine de confiscation des Exemplaires contrefaits, de dix mille livres d'amende contre chacun des Contrevenans, dont un tiers à Nous, un tiers à l'Hôtel-Dieu de Paris, l'autre tiers au Dénonciateur; & de tous dépens, dommages & intérêts: à la charge que ces Présentes seront enregistrées tout au long sur le Registre de la Communauté des Imprimeurs & Libraires de Paris, dans trois mois de la date d'icelles; que l'impression desdits Ouvrages sera faite dans notre Royaume & non ailleurs, & que notredite Académie se conformera en tout aux Réglemens de la Librairie, & notamment à celui du 10 Avril 1725. & qu'avant de les exposer en vente, les Manuscrits ou Imprimés qui auront servi de copie à l'impression desdits Ouvrages, seront remis dans le même état, avec les Approbations & Certificats qui en auront été donnés, ès mains de notre très-cher & féal Chevalier Garde des Sceaux de France, le Sieur Chauvelin; & qu'il en sera ensuite remis deux Exemplaires de chacun dans notre Bibliothéque publique, un dans celle de notre Château du Louvre, & un dans celle de notre très-cher & féal Chevalier Garde des Sceaux de France le Sieur Chauvelin: le tout à peine de nullité des Présentes: du contenu desquelles vous mandons & enjoignons de faire jouir notredite Académie, ou ceux qui auront droit d'Elle & ses ayans cause, pleinement & paisiblement, sans souffrir qu'il leur soit fait aucun trouble ou empêchement: Voulons que la Copie desdites Présentes qui sera imprimée tout au long au commencement ou à la fin desdits Ouvrages, soit tenue pour dûement signifiée, & qu'aux Copies collationnées par l'un de nos amés & féaux Conseillers & Sécrétaires foi soit ajoutée comme à l'Original: Commandons au premier notre Huissier ou Sergent de faire pour l'exécution d'icelles tous actes requis & nécessaires, sans demander autre permission, & nonobstant clameur de Haro,

Charte Normande & Lettres à ce contraires : Car tel est notre plaisir. Donné à Fontainebleau le douziéme jour du mois de Novembre, l'an de grace mil sept cent trente-quatre, & de notre Regne le vingtiéme. Par le Roi en son Conseil.

Signé, SAINSON.

Registré sur le Registre VIII. de la Chambre Royale & Syndicale des Libraires & Imprimeurs de Paris, num. 792. fol. 775, conformément aux Réglemens de 1723. qui font défenses, Art. IV. à toutes personnes de quelque qualité & condition qu'elles soient, autres que les Libraires & Imprimeurs, de vendre, débiter & faire afficher aucuns Livres pour les vendre en leur nom, soit qu'ils s'en disent les Auteurs ou autrement, & à la charge de fournir les Exemplaires prescrits par l'Art. CVIII. du même Réglement. A Paris le 15. Novembre 1734.

G. *MARTIN*, *Syndic.*

www.ingramcontent.com/pod-product-compliance
Lightning Source LLC
Chambersburg PA
CBHW071615210326
41519CB00049B/2148

* 9 7 8 2 0 1 3 5 7 4 4 1 9 *